"十二五"职业教育国家规划教材
经全国职业教育教材审定委员会审定

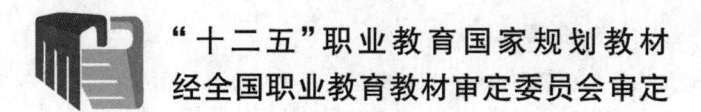

工程流体力学

(第三版·富媒体)

潘晓梅　马志荣　丁玉波　主编
王树立　主审

石油工业出版社

内 容 提 要

本书从高等职业院校石油类专业的人才培养需求出发，以培养学生职业能力为宗旨，介绍流体力学的基本理论、基本方法及工程应用。全书共八章，主要内容包括流体及其主要物理性质、流体静力学及应用、流体动力学及应用、流动阻力及水头损失计算、压力管路水力计算、孔口和管嘴水力计算、非牛顿流体的流变性及水力计算、气体管道流动分析。

本书不仅可以作为高职专科和高职本科石油类相关专业工程流体力学课程的教学用书，也可作为石油工程技术人员的参考用书和培训用书。

图书在版编目（CIP）数据

工程流体力学：富媒体/潘晓梅，马志荣，丁玉波主编. --3版. --北京：石油工业出版社，2024.7.
(2025.6重印)（"十二五"职业教育国家规划教材）.
--ISBN 978-7-5183-6757-3

Ⅰ. TB126

中国国家版本馆 CIP 数据核字第 202436BQ48 号

出版发行：石油工业出版社
　　　　　（北京市朝阳区安华里二区 1 号楼　100011）
　　　　　网　　址：www.petropub.com
　　　　　编辑部：（010）64523733
　　　　　图书营销中心：（010）64523633
经　　销：全国新华书店
排　　版：三河市聚拓图文制作有限公司
印　　刷：北京中石油彩色印刷有限责任公司

2024 年 7 月第 3 版　2025 年 6 月第 2 次印刷
787 毫米×1092 毫米　开本：1/16　印张：15.5
字数：396 千字

定价：39.00 元
（如发现印装质量问题，我社图书营销中心负责调换）
版权所有，翻印必究

第三版前言

本书是在 2014 年 12 月出版的"十二五"职业教育国家规划教材《工程流体力学（第二版）》一书的基础上由石油高等职业院校骨干教师联合研讨修订完成的。修订过程中，在保留原书风格的基础上，结合教学中遇到的问题，以及石油行业的职业岗位能力需求和高等职业院校学生的特点，对教材的部分内容进行了调整、修改和补充，使修订后教材结构更合理，层次更清晰，所选例题和习题更能突显石油特色，同时对部分难点、重点配置了相应的动画、视频、微课等富媒体资源，以便于教师备课和学生自学。

全书共八章，包括流体及其主要物理性质、流体静力学及应用、流体动力学及应用、流体阻力及水头损失计算、压力管路水力计算、孔口和管嘴水力计算、非牛顿流体的流变性及水力计算、气体管道流动分析。附录部分包含了流体力学常用物理量的国际单位、工程单位对照换算表，常见气体性质，以及输水管局部阻力计算表、工程流体力学部分实验、工程流体力学部分理论公式推导。

本书由潘晓梅、马志荣、丁玉波任主编，高颜儒、祝守丽任副主编，具体编写分工如下：第一章由天津石油职业技术学院丁玉波编写，第二章由大庆职业学院王娜编写，第三章由克拉玛依职业技术学院马志荣编写，第四章由大庆职业学院潘晓梅编写，第五章由大庆职业学院高颜儒编写，第六章、第七章由大庆职业学院薛峥编写，第八章由克拉玛依职业技术学院祝守丽编写，附录由薛峥、高颜儒编写。全书由潘晓梅统稿，泉州职业技术大学王树立教授主审。

由于编者水平有限，书中难免存在不当或错误之处，恳请读者提出宝贵意见，以便今后修订和完善。

编者
2024 年 3 月

第二版前言

本书是根据 2013 年 11 月，由石油工业出版社组织召开的《工程流体力学》教材编写会议纪要精神，结合教育部教改试点方案及石油与天然气开采技术专业、石油钻井工程技术专业、石油与天然气储运技术专业、城市燃气输配专业教学要求编写的。

本书从相关专业人才培养需要出发，以解决生产实际问题为主线，以培养学生应用能力为宗旨，以"够用、适用、实用"为原则精选教学内容。为此，编写中充分考虑高职教育及生源特点，综合分析相关专业及生产岗位需求，使内容尽量贴近石油与天然气行业生产实际。为了便于学生更好地掌握本书的知识和技能，增强学生对专业的认同感，提高学生运用流体力学知识解决生产实际问题的能力，各章适当增加了例题、思考题和习题，并尽量选择与本专业生产实际相关的例题和习题。同时为了满足学生个性化学习与发展的需要，将一些虽然有一定难度但又非常经典的知识作为知识扩展放在每章的最后，供部分有学习能力和发展需求的学生选学。

本书是对 2007 年 8 月由汪楠、陈桂珍主编的《工程流体力学》教材的修订。全书共分八章，包括流体主要物理性质与测定、流体静力学与应用、流体动力学与应用、流体阻力与水头损失计算、孔口和管嘴的水力计算、压力管路的水力计算、非牛顿流体运动规律与应用、气体动力学基础与应用。在附录部分包含了流体力学常见人名中外文对照表，常用物理量国际单位、工程单位、物理单位对照换算表，以及工程流体力学部分实验基本原理、输水管局部阻力计算表等。

本书由孟士杰、时放、孙素凤任主编，潘晓梅、田欣、王岩任副主编。全书编写分工为：前言、绪论、第一章由孟士杰编写，第二章由孙素凤编写，第三章由王岩编写，第四章由潘晓梅编写，第五章、第六章由时放编写，第七章、附录由赵静编写，第八章由田欣编写。本书由汪楠任主审。

经过几番的审核，我们尽量寻找出书中的错误和不足，对其进行了修改。但由于编者水平有限，在内容选择、叙述、文字等方面难免仍然存在不当或错误之处，恳请读者批评指正。

编者
2014 年 5 月

第一版前言

本书是根据 2006 年 4 月，由石油工业出版社组织、在重庆科技学院召开的《工程流体力学》教材编写会议纪要精神，结合教育部教改试点方案精神及石油与天然气开采专业、石油钻井工程技术专业、石油与天然气储运技术专业、城市燃气输配专业教学要求编写的。

本书以培养学生工程技术应用能力为指导思想，以基本知识、基本理论和基本技能为主要内容，贯彻少而精的原则，理论推导从简，组织内容既考虑到其自身的科学性和系统性，又强调针对性和应用性。在理论叙述上力求深入浅出，条理清楚，内容尽量结合石油与天然气工业的实际，以适应相关特点，文字通俗易懂。每章都有一定量的例题、思考题和习题，便于教学、自学。其中加"*"号部分为根据层次、学时等具体情况选学的内容。

本书适用于石油与天然气开采、钻井工程技术、石油与天然气储运技术、城市燃气输配等专业；也可供各类涉及管道输送工程的技术人员参考。

全书共分七章，考虑到理论连续性、完整性，附录部分包含了部分理论（数学）延展、推导，中英文人名、名词对照，及部分流体力学实验目的、要求、流程等，这是本教材的又一特点。

本书由汪楠、陈桂珍主编，李智勇、孟士杰为副主编。全书编写分工为：绪言由汪楠编写，第一章由孟士杰编写，第二章由尹爱东、刘秀云、李伟编写，第三章由陈桂珍、郑洪涛编写，第四章由汪楠编写，第五章由雷西娟编写，第六章由李智勇编写，第七章由梁平、徐春碧编写，附录由汪楠、王岚编写。

经过几番的审核，我们尽量寻找出书中的错误和不足，对其进行了修改。但由于编者水平有限，在内容选择、叙述、文字等方面难免仍然存在不当或错误之处，恳请读者批评指正。

编者
2007 年 3 月

目　录

绪论 ··· 1

第一章　流体及其主要物理性质 ·· 2

第一节　流体特征与连续介质假设 ··· 2
第二节　流体主要物理性质 ·· 3
第三节　作用在流体上的力 ··· 12
知识扩展　流体力学发展简史 ··· 13
思考题 ·· 16
习题 ·· 17

第二章　流体静力学及应用 ·· 18

第一节　流体静压力及其量度标准 ··· 18
第二节　流体静力学基本方程式及应用 ·· 22
第三节　静止流体作用在平面上的总压力计算 ··· 34
第四节　静止流体作用在曲面上的总压力计算 ··· 38
知识扩展　流体静平衡微分方程 ·· 43
思考题 ·· 48
习题 ·· 51

第三章　流体动力学及应用 ·· 57

第一节　流体运动的基本概念 ··· 57
第二节　连续性方程式 ··· 61
第三节　流体的伯努利方程式 ··· 63
第四节　伯努利方程式的应用 ··· 69
第五节　流体的动量方程式及其应用 ·· 85

  知识扩展　不稳定流的伯努利方程式 ………………………………………… 92
  思考题 …………………………………………………………………………… 93
  习题 ……………………………………………………………………………… 95

第四章　流动阻力及水头损失计算 ………………………………………… 101
  第一节　管路中流动阻力产生的原因及分类 ………………………………… 101
  第二节　两种流态及其判别标准 ……………………………………………… 105
  第三节　圆管层流沿程水头损失计算 ………………………………………… 108
  第四节　圆管紊流沿程水头损失计算 ………………………………………… 112
  第五节　非圆管沿程水头损失计算 …………………………………………… 121
  第六节　局部水头损失计算 …………………………………………………… 123
  知识扩展　量纲分析与相似原理 ……………………………………………… 129
  思考题 …………………………………………………………………………… 133
  习题 ……………………………………………………………………………… 134

第五章　压力管路水力计算 ………………………………………………… 137
  第一节　简单长管水力计算 …………………………………………………… 138
  第二节　复杂长管水力计算 …………………………………………………… 145
  第三节　短管水力计算 ………………………………………………………… 154
  知识扩展　压力管路中的水击及预防 ………………………………………… 157
  思考题 …………………………………………………………………………… 162
  习题 ……………………………………………………………………………… 163

第六章　孔口和管嘴水力计算 ……………………………………………… 166
  第一节　孔口出流水力计算 …………………………………………………… 166
  第二节　管嘴出流水力计算 …………………………………………………… 172
  知识扩展　射流 ………………………………………………………………… 176
  思考题 …………………………………………………………………………… 177
  习题 ……………………………………………………………………………… 178

第七章　非牛顿流体的流变性及水力计算 ………………………………… 181
  第一节　非牛顿流体流变性分析 ……………………………………………… 181
  第二节　塑性流体水力计算 …………………………………………………… 185
  第三节　幂律流体水力计算 …………………………………………………… 190
  知识扩展　钻井液循环系统压力损失计算 …………………………………… 193
  思考题 …………………………………………………………………………… 196
  习题 ……………………………………………………………………………… 196

第八章 气体管道流动分析 198

- 第一节 一元稳定流动基本方程 198
- 第二节 声速、马赫数、滞止参数 204
- 第三节 气体流动计算 209
- 知识扩展 气体动力学函数 214
- 思考题 215
- 习题 216

附录 217

- 附录A 国际单位、工程单位对照换算表 217
- 附录B 常见气体性质 218
- 附录C 输水管局部阻力计算表 219
- 附录D 工程流体力学部分实验 223
- 附录E 工程流体力学部分理论公式推导 232

参考文献 238

富媒体资源目录

序号	名称	类型	页码
1	视频 1-1　流体的黏滞性	视频	7
2	视频 1-2　表面张力和毛细管现象	微课	10
3	动画 2-1　静力学基本方程演示	动画	26
4	动画 2-2　平面坐标系建立	动画	34
5	动画 2-3　曲面坐标系建立	动画	38
6	动画 2-4　曲面压力体的绘制	动画	40
7	视频 3-1　研究流体运动的方法	微课	57
8	视频 3-2　稳定流和不稳定流	微课	58
9	视频 3-3　迹线和流线	微课	59
10	视频 3-4　过流断面	微课	60
11	视频 3-5　流量	微课	60
12	视频 3-6　伯努利方程式的导出	微课	65
13	视频 3-7　伯努利方程式的意义	微课	66
14	视频 3-8　皮托管	微课	75
15	动画 3-1　浮子流量计	动画	79
16	视频 3-9　泵对液体做功的伯努利方程式	微课	79
17	视频 3-10　离心泵中的气蚀	视频	83
18	视频 3-11　飞机起飞的原理	视频	85
19	视频 4-1　雷诺实验	视频	105
20	视频 4-2　层流与紊流演示	视频	105
21	视频 4-3　层流的发生	视频	106
22	视频 4-4　紊流的脉动现象	视频	113
23	视频 5-1　水击	视频	157
24	视频 6-1　孔口出流	视频	167
25	视频 6-2　管嘴出流	视频	172
26	视频 6-3　圆柱形外管嘴的真空	视频	174
27	视频 7-1　神奇的非牛顿流体	视频	181
28	视频 8-1　气体状态方程	微课	199
29	视频 8-2　声速	微课	204
30	视频 8-3　马赫数	微课	206
31	视频 8-4　拉瓦尔喷管	微课	210
32	动画 D-1　静水压强测定	动画	223
33	动画 D-2　文丘里管流量系数测定	动画	225
34	动画 D-3　沿程阻力系数测定	动画	228
35	动画 D-4　局部阻力系数测定	动画	230

绪 论

一、工程流体力学的研究内容、方法及应用范围

工程流体力学属于力学的一个分支，它主要研究流体平衡和运动的基本规律，以及流体与固体的相互作用力，并用以分析解决工程实际问题。

流体力学的研究方法有理论方法和实验方法。理论方法是根据物理模型和物理定律建立描写流体运动规律的封闭方程组及相应的初始条件和边界条件，运用数学方法准确或近似地求解流场，揭示流动规律。实验方法是运用模型实验理论，设计实验装置直接观测流动现象，测量流体的运动参数并加以分析和处理，然后从中得到流动规律。

工程流体力学应用非常广泛，它不仅应用于石油工业和水利建设中，而且还广泛应用在城市建设、机械制造、船舶工程、环境保护、化工和冶金等领域。本书主要针对石油及天然气开采、石油钻井、油气储运、燃气输配等相关专业中涉及的流体力学现象和问题，从理论上作系统的分析，以实验的方法作相应的补充，并结合工程实际进行典型例题分析。通过学习，培养学生分析解决工程实际问题的能力，并为后续学习相关专业课程及工程技术打下一定的基础。

二、工程流体力学在石油工业中的地位和作用

在石油工业中，从钻井过程中的钻井液循环系统、涡轮钻具、高压喷射钻井工艺，到油气开采过程中的油田注水、压裂、酸化、油气集输，以及油气储运过程中的储存、装卸、运输、成品油的加工等都涉及流体力学方面的问题。例如分析流体在管道内的流动规律，压力、流量、流速、阻力的关系，钻井液的循环压力和流速的设计，油水井套管强度的校核，地面管线的布设、管径设计、管线强度的校核，输液泵的选择和安装位置的确定，储油罐强度的校核，油品装卸时间的计算，以及气蚀和水击的预防等，有时还会遇到输送"三高"（高含蜡、高黏度、高凝点）原油、增黏剂、降黏剂及某些化工产品，这就涉及非牛顿流体的运动规律。所有这些问题的解决，都要求从事石油相关工作的技术人员必须具备工程流体力学的相关知识，以便在石油工程的建设和管理中更好地发挥作用。

学习工程流体力学，不仅为了掌握流体的运动规律，更重要的是运用这些规律不断改进工程设计与管理，开展技术革新和创新，从而使我国石油工业不断发展进步，早日跻身于世界前列。

第一章 流体及其主要物理性质

引言

在自然界中，流体是无处不在的，与人们的日常生活和工作都息息相关。譬如，人类生存离不开的空气和水都属于流体，人类发明的汽车、轮船和飞机也都在流体中运动，从地下开采出来的石油和天然气，钻井作业中使用的钻井液等也都属于流体。那么，流体与固体有何不同？流体具有哪些特性？这些性质对流体运动有何影响？这正是本章主要阐述的问题。

流体的平衡和运动规律不仅与外部作用力有关，还与流体本身的物理性质有关，即流体的内在属性，如流体的密度、压缩性、膨胀性及黏滞性等。因此，在研究流体的力学规律之前，应首先了解流体的特征及其主要物理性质。

第一节 流体特征与连续介质假设

一、流体特征

自然界中的物质，一般以固体、液体和气体三种形态存在，其中液体和气体都具有易流动的特性，属于流体。另外，部分胶体、粉体也可作为流体力学的研究内容。

固体的分子具有排列紧密、分子间引力大的特点，所以固体不仅具有一定的体积，而且还能保持一定的形状。而流体与固体相比，由于分子排列松散，分子间引力较小，这就决定了流体具有不同于固体的特性。如流体不能保持一定的形状，不能抵抗拉力和切力的作用，当受到微小切力作用时，将发生连续不断的变形，有很强的流动性。因此，凡是没有固定形状、易于流动的物质都称为**流体**。

虽然液体和气体均为流体，但其状态和性质也不尽相同。由于气体分子具有间距更大、引力更小的特点，故气体既没有一定形状，也没有一定的体积，且易于压缩。当一定量气体进入较大容器内，由于分子不断地运动，气体均匀充满容器，从而不能形成自由表面。

相较于气体，液体分子间引力更大，分子排列较紧密，间距相对均匀，均处于稳定状态。当对液体增加压力时，分子间距稍有缩小就会出现强大的分子斥力来抵抗外力，所以液体不易被压缩，或者说压缩性很小，以致液体虽然没有一定的形状，却具有一定的体积，并能承受很大的压力。由于分子引力作用，液体有力求自身表面收缩到最小的特性，所以在容器里只能占据一定的体积，并在上部形成自由界面。

二、连续介质假设

气体和液体都属于流体，都是由无数分子组成的，但是分子间引力较小、排列松散。由于分子之间存在间隙，流体实质上是不连续的，而流体力学研究的是宏观的机械运动，由无数分子组成的流体质点正是力学研究的最小单位。为了研究问题方便，在流体力学中引入了连续介质假设，即认为流体不是由分子构成的，而是由无限多的彼此之间没有间隙且完全充满所占空间的流体微小质点所组成的连续介质。

流体连续介质模型是对流体物质结构的简化，分析问题时可以不考虑复杂的微观分子运动，只考虑在外力作用下的宏观机械运动，同时能运用数学分析的连续函数工具进行运算。

第二节　流体主要物理性质

一、流体的密度和相对密度

1. 流体的密度

流体的密度是指在一定温度、压力下，单位体积流体所具有的质量，用 ρ 表示，即

$$\rho = \frac{m}{V} \tag{1-1}$$

式中　ρ——流体的密度，kg/m^3；
　　　m——流体的质量，kg；
　　　V——流体的体积，m^3。

对于非均匀流体，因为各点处密度不同，则某一点处的密度为

$$\rho = \lim_{\Delta V \to 0} \frac{\Delta m}{\Delta V} = \frac{dm}{dV}$$

在实际工程上，还常用比容这一物理量，比容是指单位质量流体的体积，可用来表征气体的密度指标，比容和密度互为倒数。

重度也是工程上的常用指标，即在一定温度下，单位体积流体所具有的重量，用 γ 来表示：

$$\gamma = \frac{G}{V} \tag{1-2}$$

式中　γ——流体的重度，N/m^3；
　　　G——流体的重量，N；
　　　V——流体的体积，m^3。

根据牛顿第二定律，流体的密度和重度的关系为

$$\gamma = \rho g \tag{1-3}$$

式中　g——重力加速度，在国际单位制中一般取 $9.8 m/s^2$。

2. 流体的相对密度

1) 液体的相对密度

液体的相对密度是指液体的密度与标准大气压下、温度为4℃时纯水的密度之比值，常用 d 来表示，即

$$d = \frac{\rho}{\rho_{水}} \tag{1-4}$$

式中　　d——液体的相对密度，无量纲。

由于纯水在4℃时的密度最大，此时水的密度为 1000kg/m^3，因此选择4℃纯水的密度作为参照标准。表1-1为标准大气压下，不同温度时纯水的密度。

表1-1　标准大气压下纯水在不同温度时的密度

温度，℃	0	4	20	40	60	80	100
密度，kg/m³	999.87	1000.00	998.23	992.24	983.24	971.83	958.38

在流体力学中，曾经将相对密度称为比重，虽然现在"比重"一词已基本不用，但在一些工程类文献中仍有出现，阅读时需加以注意。表1-2中列出了几种常见液体的相对密度。

表1-2　几种常见液体的相对密度

液体种类	相对密度	温度，℃	液体种类	相对密度	温度，℃
蒸馏水	1.00	4	汽油	0.70~0.78	15
海水	1.02~1.07	4	柴油	0.81~0.85	15
乙醇（酒精）	0.79~0.80	20	航空煤油	0.78	15
汞（水银）	13.6	20	润滑油	0.86~0.92	20
原油	0.75~0.95	20	重油	0.82~0.95	15

2) 气体的相对密度

气体的相对密度标定方法与液体不同，一般是指在相同温度和压力条件下，气体密度与干燥空气密度之比。工程中通常采用标准大气压下、20℃的干燥空气密度作为标准值来计算相对密度，如甲烷的相对密度为0.55，甲醛的相对密度为1.03。

【例1-1】　若某空置油罐总容积为 30m^3，充装了相对密度为0.85的油品后总质量增加20.4t，试确定该油罐内实际充装液体体积。

解：该温度下油品的密度为

$$\rho_{油} = d \cdot \rho_{水} = 0.85 \times 1000 = 850\,(\text{kg/m}^3)$$

实际充装油品体积为

$$V = \frac{m}{\rho} = \frac{20.4 \times 10^3}{850} = 24\,(\text{m}^3)$$

二、流体的压缩性和膨胀性

受分子间作用力的影响，流体的体积会随着压力、温度的变化而变化，即流体具有压缩性和膨胀性。

1. 流体的压缩性

在温度不变的条件下，流体的体积随压力增大而缩小的性质称为流体的压缩性。流体压缩性的大小用体积压缩系数 β_p 表示，其定义为：当压力变化单位压力时所引起的体积相对变化量，即

$$\beta_p = \frac{-dV/V}{dp} = -\frac{1}{V}\frac{dV}{dp} \tag{1-5}$$

式中 β_p ——流体的体积压缩系数，Pa^{-1}；

V——流体体积，m^3；

dV——流体体积变化量，m^3；

dp——压力变化量，Pa。

因为 dV 与 dp 的变化方向相反，即随着压力增加时体积减小，故式(1-5)中加一负号，以使系数 β_p 保持正值。工程上也经常采用流体的体积弹性系数 E_0 来表示流体的压缩性，体积弹性系数是体积压缩系数的倒数，即

$$E_0 = \frac{1}{\beta_p} \tag{1-6}$$

体积弹性系数的物理意义是压缩单位体积流体所需要做的功，它表示了流体抵抗压缩的能力，E_0 值越大，表明流体越难被压缩。表 1-3 列出了水在 0℃时的体积压缩系数和体积弹性系数。

表 1-3 水在 0℃时的体积压缩系数和体积弹性系数

压力，10^5Pa	5	10	20	40	80
β_p，10^{-9}Pa^{-1}	0.529	0.527	0.521	0.513	0.505
E_0，10^9Pa	1.890	1.898	1.919	1.949	1.980

压缩性是流体的基本属性，所有流体都是可以压缩的，只是不同流体的可压缩程度相差很大，如液体相较于气体就更不容易被压缩。从表 1-3 可以看出，在压力为 $5×10^5$Pa 情况下，压力每改变 10^5Pa 时，水的体积相对变化量仅为万分之 0.529，可见水的压缩性是很小的，其他液体也有类似特性。一般来讲，液体的压缩性很小。因此，除研究水击现象外，在工程实际中，一般不考虑液体的压缩性，而把**液体视为不可压缩流体**。所谓不可压缩流体，是指流体在外力作用下形状可以发生变化，但其体积保持不变，即密度 ρ 为常数。

气体的压缩性要比液体的压缩性大得多，通常将**气体视为可压缩流体**。气体的压缩性不仅与压力有关，还和温度有关。通常气体的密度、压力、温度三者之间的关系满足理想气体状态方程，即

$$p = \rho RT \tag{1-7}$$

式中 p——气体的绝对压力，Pa；

ρ——气体的密度，kg/m^3；

T——气体热力学温度，K；

R——气体常数，$J/(mol·K)$。

【例 1-2】 体积为 $5.0m^3$ 的水，在温度不变的条件下，压力从 $9.81×10^4$Pa 增加到 $4.91×10^5$Pa，体积缩小了 1.0L，试求水的体积压缩系数 β_p。

解： $dp = p_1 - p_2 = 4.91 \times 10^5 - 9.81 \times 10^4 = 39.3 \times 10^4 (\text{Pa})$

$$dV = -1.0\text{L} = -1.0 \times 10^{-3} (\text{m}^3)$$

根据式（1-5）得

$$\beta_p = -\frac{1}{V}\frac{dV}{dp} = \frac{1}{5.0} \times \frac{1.0 \times 10^{-3}}{39.3 \times 10^4} = 5.09 \times 10^{-10} (\text{Pa}^{-1})$$

2. 流体的膨胀性

流体的体积不仅随压力变化，而且也随温度变化。在压力不变的条件下，流体的体积随温度升高而增大的性质称为流体的膨胀性。流体膨胀性的大小用体积膨胀系数 β_t 表示，它是指单位温度的变化所引起的体积相对变化量，即

$$\beta_t = \frac{dV/V}{dt} = \frac{1}{V}\frac{dV}{dt} \tag{1-8}$$

式中　β_t——流体的体积膨胀系数，℃$^{-1}$；

　　　dt——温度变化量，℃。

表 1-4 给出了水的体积膨胀系数在不同压力和温度下的数值。

表 1-4　水的体积膨胀系数　　　　　单位：10^{-5}℃$^{-1}$

p, 10^5Pa \ t, ℃	0~10	10~20	40~50	60~70	90~100
1	1.4	15.0	42.2	55.6	71.9
100	4.3	16.5	42.2	54.8	70.4
500	14.9	23.6	42.9	52.3	66.1

不难发现，在标准大气压下，水的温度每增加 1℃，温度在 10~20℃ 时，体积相对变化量仅为万分之 1.5；温度在 90~100℃ 时，也只改变万分之 7 左右。所以，在工程问题中一般不考虑水的膨胀性，只有当工作温度变化较大时，才需要考虑液体的体积膨胀带来的影响。

【例 1-3】 已知某常压水罐现储存 20℃ 的纯净水 5.0m^3，试计算将水加热至 40℃ 时的体积（以 m^3 为单位）。此时水的体积膨胀系数为多少？

解： 根据式（1-1）得

$$m = \rho V$$

根据表 1-1 可查得水在 20℃ 时密度 $\rho_1 = 998.23\text{kg/m}^3$，水在 40℃ 时密度 $\rho_2 = 992.24\text{kg/m}^3$，根据：

$$m = \rho_1 V_1 = \rho_2 V_2$$

$$V_2 = \frac{\rho_1 V_1}{\rho_2} = \frac{998.23 \times 5.0}{992.24} = 5.03 (\text{m}^3)$$

因此，40℃ 时水的体积为 5.03m^3，其体积变化量为

$$dV = V_2 - V_1 = 5.03 - 5.0 = 0.03 (\text{m}^3)$$

根据式（1-8）可计算其体积膨胀系数 β_t 为

$$\beta_t = \frac{1}{V_1}\frac{dV}{dt} = \frac{1}{5.0} \times \frac{0.03}{40-20} = 3 \times 10^{-4} (\text{℃}^{-1})$$

三、流体的黏滞性

流体的黏滞性是指当流体内部质点发生相对运动时而产生切向阻力的性质，简称黏性。流体是由分子组成的物质，当它以某一速度流动时，其内部分子间存在着引力。此外，流体分子与固体壁面之间有附着力的作用。流体分子间的引力和流体分子与壁面间的附着力都属于抵抗流体运动的阻力，而且是以摩擦力的形式表现出来，其作用是抵抗流体内部的相对运动，从而影响着流体的运动状况。由于黏滞性的存在，流体在运动中需要克服摩擦力而做功，所以黏滞性也是流体中发生机械能量损失的根源。

1. 牛顿内摩擦定律

牛顿在其著作《自然科学的数学原理》中研究了流体的黏滞性。假设将两块平板相隔一定距离水平放置，其间充满某种黏滞性较大的液体。若下板固定不动，上板在牵引力 F 的作用下以速度 u_0 向右平行作匀速运动，由于液体和固体平板间的附着力作用，紧贴上板的液层将以相同的速度随上板一起向右运动，而紧贴下板的液层将和下板一样静止不动，两板之间各液层在上板带动下，都作平行于平板的运动，其速度呈线性分布，自上而下由紧贴上板的最大速度 $u=u_0$ 逐渐减小到紧贴下板的最小速度 $u=0$，如图 1-1(a) 所示。

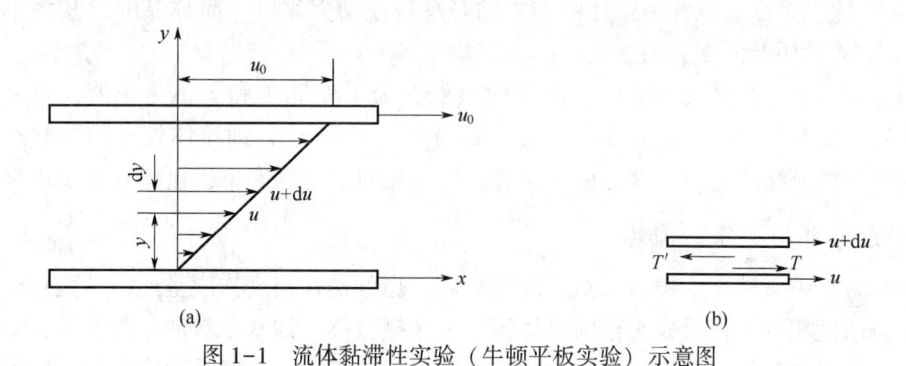

图 1-1 流体黏滞性实验（牛顿平板实验）示意图

实验表明，速度较慢的液层都是在速度较快液层的带动下才运动的。同时，速度较快的液层（简称快层）也受到速度较慢的液层（简称慢层）的阻力作用而减速。这说明，相邻液层发生相对运动时，快层对慢层有一作用力 T 带动慢层运动，使得慢层加速，其方向与流动方向一致。根据作用力与反作用力之间的关系可知，慢层对快层也有一反作用力 T'，阻碍快层运动，使得快层减速，其方向与流动方向相反，如图 1-1(b) 所示。这是一对大小相等、方向相反，分别作用在相邻两液层接触面上的力，并且都有阻碍其相对运动的特性，称 T 为流体内摩擦力，简称为内摩擦力或黏滞力（视频 1-1）。

液体在圆管中流动时也有类似的情况。由于附着力的作用，紧贴管壁的液体层附在管壁上静止不动，越接近管轴中心，流体速度越大。在垂直于管轴的截面上，液体运动速度分布如图 1-2 所示。因此，液体在圆管中的流动，可以看成是由很多同轴圆筒形的液体层组成的相对运动。

视频 1-1 流体的黏滞性

为了确定内摩擦力的大小，牛顿在 1686 年根据实验提出了流体内摩擦定律，并经后人加以验证，内容如下：取无限薄的流体层进行研究，坐标 y 处流速为 u，坐标 $y+dy$ 处流速

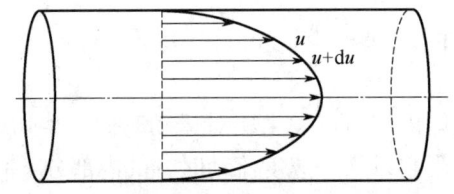

图 1-2 圆管中的流体速度分布示意图

为 $u+\mathrm{d}u$，显然在厚度为 $\mathrm{d}y$ 的薄层中速度梯度为 $\mathrm{d}u/\mathrm{d}y$。流层间内摩擦力 T 的大小与速度梯度 $\mathrm{d}u/\mathrm{d}y$ 及接触面积 A 成正比，还与液体性质有关，即

$$T = \pm \mu A \frac{\mathrm{d}u}{\mathrm{d}y} \tag{1-9}$$

如果以 τ 代表单位面积上的内摩擦力，即黏性切应力，则

$$\tau = \frac{T}{A} = \pm \mu \frac{\mathrm{d}u}{\mathrm{d}y} \tag{1-10}$$

式中　T——相邻两流层接触面上的内摩擦力，N；
　　　A——流层间的接触面积，m^2；
　　　$\mathrm{d}u/\mathrm{d}y$——流体速度梯度，s^{-1}；
　　　μ——比例系数，也称为流体的动力黏滞系数或动力黏度，简称黏度，其大小与流体的性质及温度有关，Pa·s。

式(1-10)中正负号反映 $\mathrm{d}u/\mathrm{d}y$ 的变化关系，为了保证 T 和 τ 恒为正值，当 $\mathrm{d}u/\mathrm{d}y>0$ 时，取正号；$\mathrm{d}u/\mathrm{d}y<0$ 时，取负号；当 $\mathrm{d}u/\mathrm{d}y=0$ 时，$T=\tau=0$，即流体处于静止状态，流体不呈现内摩擦力或黏滞力。也就是说，只有流层在相对运动状态下，流体才呈现黏滞力。

2. 牛顿流体与非牛顿流体

在流体力学中，遵循牛顿内摩擦定律的流体，也就是在速度梯度呈连续性变化时，切应力的大小与速度相对变化量成正比的流体被称为牛顿流体，如水、汽油、煤油等，本书以牛顿流体为主要研究对象；对于不遵循牛顿内摩擦定律的流体，也就是切应力与速度梯度之间不呈线性关系的流体被称为非牛顿流体。自然界中非牛顿流体存在的更为广泛，例如油漆、血浆、牙膏、高分子聚合物等，非牛顿流体的运动规律将在第七章介绍。

3. 黏度的表示方法及其影响因素

1) 黏度的表示方法

通过前面的分析可知，牛顿内摩擦定律的比例系数 μ 称为流体的动力黏度或简称黏度，其大小可以反映流体黏滞性的大小，其数值等于单位速度梯度下的黏性切应力的大小。动力黏度 μ 的国际单位为 Pa·s（帕斯卡秒或帕秒）。在工程单位制中，μ 的单位为 P（泊）或 cP（厘泊），1P=100cP，1P=0.1Pa·s。

在流体力学中，还常用到运动黏度，它是动力黏度 μ 与密度 ρ 的比值，用希腊字母 "ν" 表示：

$$\nu = \frac{\mu}{\rho} \tag{1-11}$$

ν 的国际单位是 m^2/s，计算时常用 cm^2/s，也称作斯，符号为 St。斯的百分之一称为厘斯，符号为 cSt，1St=100cSt。因为 ν 具有运动学中的量纲，故称为运动黏度。

2）温度对流体黏度的影响

温度、压力的变化都会影响流体的黏度，尤其是温度的影响更为显著。对液体来说，温度升高，黏度下降。例如水，当温度为 0℃ 时，$\nu_{水}=1.792\times10^{-6}\mathrm{m}^2/\mathrm{s}$；当温度升高到 30℃ 时，$\nu_{水}=0.803\times10^{-6}\mathrm{m}^2/\mathrm{s}$，大约为 0℃ 时的 1/2。因此，在石油工业中，为了降低原油的黏度，减少运输阻力，常对原油进行加热处理。气体却恰恰相反，当温度升高时，气体的黏度反而增大。例如空气，当温度为 0℃ 时，$\nu_{空气}=1.319\times10^{-5}\mathrm{m}^2/\mathrm{s}$；当温度升高到 30℃ 时，$\nu_{空气}=1.607\times10^{-5}\mathrm{m}^2/\mathrm{s}$。在标准大气压下，水和空气在不同温度下的动力黏度及运动黏度见表 1-5。

表 1-5　水和空气在不同温度下的黏度

温度，℃	水 动力黏度 μ, $10^{-3}\mathrm{Pa\cdot s}$	水 运动黏度 ν, $10^{-6}\mathrm{m}^2/\mathrm{s}$	空气（标准大气压下）动力黏度 μ, $10^{-3}\mathrm{Pa\cdot s}$	空气（标准大气压下）运动黏度 ν, $10^{-6}\mathrm{m}^2/\mathrm{s}$
0	1.792	1.792	0.0172	13.7
5	1.519	1.519	—	—
10	1.308	1.308	0.0178	14.7
15	1.140	1.141	—	—
20	1.005	1.007	0.0183	15.7
25	0.894	0.897	—	—
30	0.801	0.804	0.0187	16.6
40	0.656	0.661	0.0192	17.6
50	0.549	0.556	0.0196	18.6
60	0.469	0.477	0.0201	19.6
70	0.406	0.415	0.0204	20.6
80	0.357	0.367	0.0210	21.7
90	0.317	0.328	0.0216	22.9
100	0.284	0.296	0.0218	23.6

温度变化对液体和气体黏度的影响为什么会不同呢？这是由于液体分子间距较小，其黏度的大小主要是由分子间的内聚力所决定的。温度升高，分子间距增大，内聚力减小，液体黏度降低，反之亦然。而气体分子间距较大，其黏度的大小主要由气体内部分子热运动所决定的。当温度升高时，气体分子的热运动加剧，分子间的动量交换增多，导致气体黏度增大。

此外，液体的黏度几乎与压力无关，即使在高压系统中，液体黏度 μ 值变化也很小。因此，在工程上一般不考虑压力对液体黏度 μ 值的影响。

4. 黏度的测定

常用的黏度测定方法有两种，一是直接测定 μ 和 ν 值，因此 μ 和 ν 又称为流体的绝对黏度；二是使用恩氏黏度计测定液体的相对黏度，然后用经验公式将恩氏黏度换算成运动黏度，在工程上常用此种方法测定流体的黏度。

常用的黏度计有毛细管式黏度计、旋转式黏度计、漏斗黏度计等多种类型。毛细管式黏度计是将样品容器内充满待测样品，处于恒温浴内，液柱高度为 h。打开旋塞，样品开始流向受液器，同时开始计算时间，到样品液面达到刻度线为止。样品黏度越大，这段时间越长，但因其不能调节线速度，不便测定非牛顿流体的黏度。

常见的旋转式黏度计是锥板式黏度计，主要包括一块平板和一块锥板。电动机经变速齿轮带动平板恒速旋转，依靠毛细管作用使被测样品保持在两板之间，并借样品分子间的摩擦力带动锥板旋转。在扭矩检测器内的扭簧的作用下，锥板旋转一定角度后不再转动。此时，扭簧所施加的扭矩与被测样品的分子内部摩擦力有关，样品黏度越大，扭矩越大。旋转式黏度计可适用于非牛顿流体的黏度测定。

恩氏黏度 $°E$ 是一种相对黏度，通常是指 200mL 的液体从恩氏黏度计流出的时间 t_1，与等量 20℃纯水从同一恩氏黏度计中流出的时间 t_2 之比，$°E$ 是无量纲的纯数字。一般情况下，t_2 约为 50s，当 $°E>2$ 时，该液体的运动黏度 ν 可按照经验式（1-12）进行换算：

$$\nu = 0.0731°E - \frac{0.0631}{°E} (\text{cm}^2/\text{s}) \tag{1-12}$$

【例 1-4】 相对密度为 0.9 的石油，其动力黏度为 28cP，求运动黏度为多少。

解： 已知动力黏度 $\mu=28\text{cP}=0.28\text{P}=0.028\text{Pa}\cdot\text{s}$，由式（1-11）可知，运动黏度为

$$\nu = \frac{\mu}{\rho} = \frac{0.028}{0.9\times 1000} = 3.1\times 10^{-5}(\text{m}^2/\text{s})$$

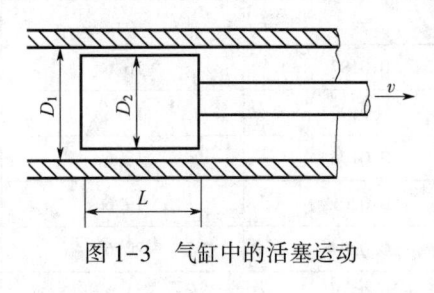

【例 1-5】 如图 1-3 所示，气缸内径 $D_1=190\text{mm}$，活塞外径 $D_2=189.5\text{mm}$，活塞长 $L=100\text{mm}$，活塞与气缸壁的间隙中充满动力黏度 $\mu=0.12\text{Pa}\cdot\text{s}$ 的润滑油，试计算当活塞运动速度 $v=1.5\text{m/s}$ 时，活塞上所受的摩擦力 T。

解： 根据式（1-10）得

$$\tau = \mu\frac{\text{d}u}{\text{d}y} = 0.12\times\frac{1.5-0}{0.5\times(0.19-0.1895)} = 720(\text{N/m}^2)$$

图 1-3 气缸中的活塞运动

活塞上所受摩擦力为

$$T = A\tau = \pi D_2 L\tau = 3.14\times 0.1895\times 0.1\times 720 = 42.84(\text{N})$$

四、表面张力和毛细管现象

表面张力现象很常见，如荷叶上的露珠、水龙头缓缓垂下的水滴、滴在玻璃板上的水银等，都可以看到液滴呈球形，这都是表面张力作用的结果（视频 1-2）。液体具有内聚性和吸附性，这两者都是分子引力的表现形式。内聚性使液体能抵抗拉力，而吸附性则使液体可以黏附在其他物体上面。

视频 1-2 表面张力和毛细管现象

究其原因不难发现，在静止的液体内部，分子同时受到周围其他分子对它的吸引力，各个方向上的吸引力大小相等、方向相反，处于平衡状态。但在液体与大气相接触的自由表面上，液体分子间的引力大于气体对液体分子的引力，造成两侧分子引力不平衡，使自由表面上液体分子具有被拉向液体内部的倾向，使液体

的自由表面拉紧收缩，形成面积最小的形状。这种存在于流体表面的拉力称为表面张力。

表面张力除产生在液体和气体相接触的自由表面外，在互不混合的液体间及液体与固体之间的分界面上都存在。

单位长度上这种拉力的大小可用表面张力系数 σ 来描述，其大小主要由相互接触的两种物质的种类决定，单位为 N/m。不同的液体表面张力系数不同，同一种液体在不同温度下的表面张力系数也不相同。表 1-6 给出了几种常见液体在 20℃时的表面张力系数。

表 1-6　常见液体在 20℃时与空气接触的表面张力系数

液体种类	水	酒精	煤油	水银	原油	乙醚
表面张力系数 σ，N/m	0.0728	0.0223	0.0270	0.4714	0.0234	0.0165

由表 1-6 可知，表面张力系数的数值较小，在工程上一般可以忽略不计。只有在一些特殊情况下才需考虑，尤其是在某些玻璃管制成的水力仪表中必须注意到表面张力的影响。

在毛细管中，这种张力可以引起液面显著上升和下降，即所谓的毛细管现象。当较细的玻璃管插入水中时，由于水的内聚力小于水对玻璃的附着力，水将润湿玻璃管的内壁面。在内壁面由于管径小，水的表面张力使水面向上弯曲并升高，如图 1-4 所示。当玻璃管插入水银中时，由于水银的内聚力大于水银对玻璃的附着力，水银不能湿润玻璃，水银面向下弯曲，表面张力将使玻璃管内的液柱下降，如图 1-5 所示。

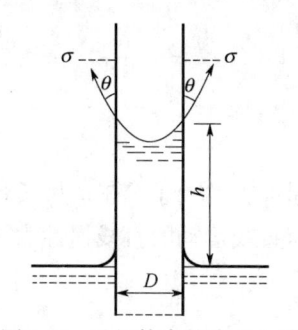

图 1-4　毛细管中的液面上升　　图 1-5　毛细管中的液面下降

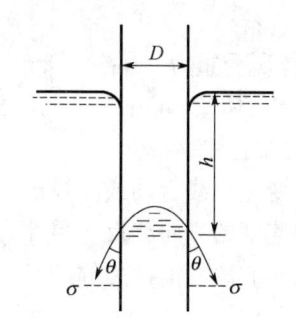

毛细管中液面上升或下降的高度可以根据表面张力的大小来确定。如图 1-4 所示，表面张力拉动液柱向上，直到表面张力在竖直方向的分力与所升高液柱的重量相等时才达到平衡状态。若毛细管的直径为 D，液体密度为 ρ，液柱上升高度为 h，液体与管壁的接触角为 θ，则管壁圆周方向总表面张力竖直方向分力为 $\pi D\sigma\cos\theta$，方向竖直向上。上升液柱重量为 $\rho g\dfrac{\pi D^2}{4}h$，方向竖直向下。液柱在竖直方向受力平衡，则

$$\pi D\sigma\cos\theta = \rho g\frac{\pi D^2}{4}h$$

所以

$$h = \frac{4\sigma\cos\theta}{\rho g D} \tag{1-13}$$

由式 (1-13) 可见，接触角 θ 与液体、气体的种类和管壁的材料等因素有关。在 20℃时，水与玻璃的接触角一般为 8°~9°，水银与玻璃的接触角为 139°。考虑到水和水银的 σ、ρ 值后，即可得到 20℃水在玻璃管中上升高度 $h = 19.8/D$，水银在玻璃管中下降高度为 $h = 10.5/D$。

第三节　作用在流体上的力

从力学观点来看，影响流体运动的外部因素是作用在流体上的力。流体无论处于运动还是静止状态，都要受到力的作用，这些力包括重力、惯性力、弹性力、黏滞力等（图1-6）。根据研究问题的需要，可按力作用方式的不同，将其分为质量力和表面力两大类。

一、质量力

质量力作用在流体的每个质点上，其大小与流体质量成正比。最常见的质量力是重力和惯性力，此外，磁场对流体的作用力也是一种质量力。

一般情况下，流体受地球引力的作用，因此，流体的所有质点都受到重力作用，方向指向地心，即

$$G = mg \tag{1-14}$$

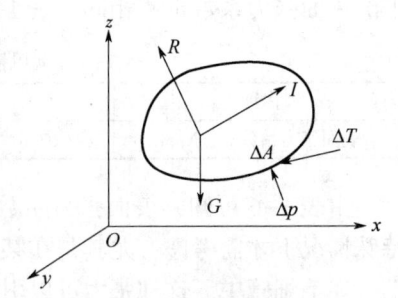

图1-6　作用在流体上的力
G—重力；I—直线惯性力；R—离心惯性力；ΔA—承受表面力的流体微元面积；Δp—压力；ΔT—切向力

式中　G——流体所受重力，N；
　　　m——流体的质量，kg；
　　　g——重力加速度，m/s²。

当流体处于变速直线运动或曲线运动状态时，惯性力的大小等于流体质量与加速度的乘积，其方向与加速度的方向相反。惯性力包括匀加速直线运动的直线惯性力I及绕某轴作等角速度旋转运动时的离心惯性力R：

$$I = ma \tag{1-15}$$

$$R = m\omega^2 r \tag{1-16}$$

式中　I——直线惯性力，N；
　　　m——流体的质量，kg；
　　　a——直线加速度，m/s²；
　　　R——离心惯性力，N；
　　　$\omega^2 r$——向心加速度，m/s²；
　　　ω——角速度，rad/s；
　　　r——流体质点到旋转轴的距离，m。

从以上三式可以看出，重力、直线惯性力、离心惯性力的大小都与流体质量m成正比，它们都属于质量力。

单位质量流体所受的质量力称为单位质量力。设作用在质量为Δm的流体上的总质量力为ΔF，则单位质量力为

$$f = \lim_{\Delta m \to 0} \frac{\Delta F}{\Delta m} = \lim_{\Delta V \to 0} \frac{\Delta F}{\rho \Delta V} \tag{1-17}$$

式中，$\Delta m \to 0$ 和 $\Delta V \to 0$ 的含义是流体微团趋于流体质点。

单位质量力在直角坐标中的三个分量用 f_x、f_y、f_z 表示，则

$$f_x = \frac{F_x}{m}, \quad f_y = \frac{F_y}{m}, \quad f_z = \frac{F_z}{m} \tag{1-18}$$

可见其大小和单位均与所对应的加速度一致，但方向相反。例如，若作用在流体上的质量力只有重力，那么在 z 轴铅垂方向上的直角坐标系中质量力的三个分量分别为

$$f_x = 0, \quad f_y = 0, \quad f_z = -g$$

式中，负号表示重力加速度的方向与坐标轴 z 的方向相反。

二、表面力

与质量力不同，表面力作用在流体的表面上，其大小与受力作用的流体表面积成正比。

表面力不仅包括作用在流体外表面上的力——外力，也包括作用在流体内部任一面积上的力——内力。尽管在流体内部相互作用的表面力是大小相等、方向相反的平衡力，但在流体力学中，常从流体内部任取一小部分流体作为隔离体分析其受力情况，这时周围流体对隔离体表面的作用力就是外力。

表面力按作用方向的不同，又可分为垂直于流体作用面的法向力和平行于流体作用面的切向力。由于流体不能承受拉力，所以，垂直于流体作用面的法向力就是压力，显然，流体黏滞性所引起的内摩擦力就是切向力。

在连续流体中，表面力不是一个集中的力，而是在流体表面上连续分布的力。因此，在流体力学中常用单位面积上所承受的表面力来表示其大小，称为应力。应力又可分为法向应力 p 和切向应力 τ。所以，作用在整个流体表面上的法向应力的合力称为总压力，用 P 表示：

$$P = pA \tag{1-19}$$

式中　P——作用在整个流体表面上的总压力，N；

p——流体作用在单位面积上的力，称为压强，习惯上也称为压力，Pa；

A——在表面力作用下的流体面积，m^2。

作用在整个内表面上的内摩擦力用 T 表示：

$$T = \tau A \tag{1-20}$$

式中　T——作用在整个内表面上的内摩擦力，N；

τ——单位面积上的内摩擦力，即切向应力，N/m^2。

由于总压力和内摩擦力都与作用面积有关，所以，它们都属于表面力。

运动中的流体，都存在质量力和表面力，在某些特例中可能存在其中的一个或几个。正确分析作用在流体上的力，是研究流体平衡和运动规律的基础。

知识扩展

流体力学发展简史

流体力学的发展主要经历了以下四个阶段。

一、流体力学形成的萌芽阶段（16 世纪以前）

人类最早对流体力学的认识是从治水、灌溉、航行等方面开始的。四千多年前（前 2286—前 2278）的大禹治水，疏壅导滞（洪水归于河），说明我国古代已有大规模的治河工程。秦代，在公元前 256 年—公元前 214 年间便修建了都江堰、郑国渠、灵渠三大水利工程，说明当时对明槽水流和堰流流动规律的认识已经达到相当水平；特别是李冰父子在公元前 256 年领导修建的四川岷江都江堰，至今仍发挥排洪、灌溉功能，并在原型观测的基础上总结出"深淘滩，低作堰""遇弯截角，逢正抽心"的治水原则，至今仍是重要的治河理论。公元前 156 年—公元前 87 年汉武帝时期，为引洛水灌溉农田，在黄土高原上修建了龙首渠，创造性地采用了井渠法，即用竖井沟通长十余里的穿山隧洞，有效地防止了黄土的塌方。隋朝，在 605—610 年修建完成了隋朝的大运河，史称"南北大运河"。早在北宋时期（960—1127），在运河上修建的真州船闸与 14 世纪末荷兰的同类船闸相比早三百多年，而这种原理至今仍在大型水利工程使用。明朝的水利家潘季驯（1521—1595）提出了"筑堤防溢、建坝减水、以堤束水、以水攻沙"和"蓄清刷黄"的治黄原则，并著有《两河管见》、《两河经略》和《河防一览》。清朝雍正年间，何梦瑶在《算迪》一书中提出流量等于过水断面面积乘以断面平均流速的计算方法。

在古代，以水为动力的简单机械也有了长足的发展，中国人最早制造出原始的冲击式水轮机，利用水动力和水力机械提水、碾米、磨面、鼓风等；公元 37 年利用水力通过传动机械，使皮制鼓风囊连续开合，将空气送入冶金炉，较西欧约早了 1100 年。尽管在古代中国人民对流体力学的认识和运用处于世界领先地位，但由于种种原因始终没有形成一个较为完整的理论系统。西方有记载的最早从事流体力学研究的是古希腊学者阿基米德（Archimedes，前 287—前 212），他在公元前 250 年发表的学术论文《论浮体》，第一个阐明了相对密度的概念，并发现了物体在流体中所受浮力的基本原理——阿基米德定律，奠定了流体静力学的基础。在此后的千余年间，流体力学没有重大发展，直到 15 世纪，意大利著名物理学家和艺术家达·芬奇建造了一个小型水渠，系统地研究了物体的沉浮、孔口出流、物体的运动阻力及管道、明渠中水流等问题，并在他的著作中论述了水波、管流、水力机械、鸟的飞翔原理等问题。所有这些为后来流体力学理论的建立奠定了基础。

二、流体力学理论的创建阶段（17 世纪到 18 世纪中叶）

随着生产力的发展，人们对流体力学的认识和应用有了深刻的变化，伽利略（Galileo，1564—1642）1612 年在其发表的论文中论述了潜体的沉浮原理；托里拆利（Torricelli，1608—1647）1641 年在其著作中论证了孔口出流的基本规律；帕斯卡（Pascal，1623—1662），1648 年证明了流体中压力传递的基本定律——帕斯卡定律。而流体力学理论的形成主要还是从牛顿（Newton，1643—1727）时代开始的。1687 年牛顿在他的名著《原理》中讨论了流体的阻力、波浪运动等内容，并针对黏性流体运动时的内摩擦力建立了牛顿黏性定律，它使流体力学开始变成力学中一个独立的分支。之后，伯努利（Daniel Bernoulli，1700—1782）于 1738 年在他的名著《流体动力学》一书中从经典力学的能量守恒出发，研究供水管道中水的流动，并通过实验和分析，得到了流体定常流动下的流速、压力、管道高程之间的关系——伯努利方程，直到现在仍是流体力学中一个主要定律。

瑞士的欧拉（Leonhard Euler，1707—1783）是刚体力学和流体力学的奠基者，于 1750 年提出了可以将质点动力学微分方程应用于液体，并于 1755 年先后提出了根据空间固定点来描述流体运动的方法——欧拉法，以及理想流体和速度势的概念，并建立了理想流体运动的微分方程——欧拉运动方程，奠定了理想流体的理论基础。达朗贝尔（d'Alembert，1717—1783）于 1752 年提出了用微分方程表示场及著名的达朗贝尔原理，并于 1744 年提出了在无界、理想不可压缩流体中，物体在水中匀速运动时不受阻力作用，说明了理想流体假定的局限性；此外，达朗贝尔还对运河中船只的阻力进行了许多实验工作，证实了阻力同物体运动速度之间的平方关系；达朗贝尔为流体力学成为一门学科打下了基础。

三、流体力学发展的成熟阶段（18 世纪中叶到 19 世纪末）

在此阶段，流体力学的发展出现了两个方向。

（1）在理论研究方面：数学家们继续完善了理想流体运动的基本理论，建立了涡动力学基础。1782 年拉普拉斯（Pierre Simon Laplace，1749—1827）提出著名的拉普拉斯方程；1858 年亥姆霍兹（Hermann von Helmholtz，1821—1894）指出了理想流体中旋涡的基本性质并创建了旋涡运动理论。同时，这一时期对黏性流体的研究在理论上也取得了丰硕的成果，建立了黏性流体力学系统理论。1823 年纳维（L. Navier，1785—1836）、1845 年斯托克斯（George Gabriel Stokes，1819—1903）先后提出了黏性流体运动方程，即著名的 N-S 方程，它是流体动力学的理论基础。1831 年泊桑（Poisson，1781—1840）第一个完整地给出了说明黏性流体物理性质的方程即本构关系，此外他还解决了无旋的空间绕体流动的第一个问题（绕球流动问题）。1843 年圣维南（Saint Venant，1797—1886）建立了黏性不可压缩流体运动基本方程。雷诺（O. Reynolds，1842—1912）在 1876—1883 年发现了流体的层流与湍流运动。1877 年布辛涅斯克（Boussinesq，1842—1929）首次提出湍流涡黏度假设。

（2）在实验分析方面：随着工程技术的快速发展，为了解决工程中存在的问题，特别是在解决考虑黏滞性影响的问题时，经常要借助于实验分析，因此出现了大量由实验结果分析归纳形成的半经验公式。1732 年法国工程师亨利·皮托（Henri Pitot，1695—1771）发明了测量流速的皮托管；1755 年法国物理学家谢才（A. de Chézy，1718—1798）总结出明渠均匀流公式——谢才公式，一直沿用至今；1797 年意大利物理学家文丘里（Giovanni Battista Venturi，1746—1822）发明了测量流量的文丘里管；1895 年爱尔兰工程师罗伯特·曼宁（Robert Manning，1816—1897）通过实验得出了计算谢才系数的公式——曼宁公式。

这一时期流体力学发展的重要特征是理论与实验相结合，并建立了完备的流体力学系统理论框架，标志着近代流体力学作为一门独立的学科已经成熟。

四、流体力学现代发展阶段（20 世纪以后）

进入 20 世纪后，水力和水工机械的发展，进一步促进了水动力学的理论研究，水动力学的经典理论已趋于完善。瑞利（L. J. W. Rayleigh，1842—1919）在相似原理的基础上，提出了实验研究的量纲分析法——瑞利法。他与雷诺、弗劳德（W. Froude，1810—1879）等人在相似理论方面的贡献，使理论分析和实验研究建立了有机联系。布拉休斯（H. Blasius，

1883—1970）在 1913 年提出了计算紊流光滑管阻力系数的经验公式；伯金汉（Edgar Buckingham，1867—1940）1914 年提出了著名的 π 定理，进一步完善了量纲分析法；尼古拉兹（J. Nikuradze，1894—1979）在 1933 年公布了他对砂粒粗糙管内水流阻力系数的实测结果——尼古拉兹曲线，据此他还给紊流光滑管和紊流粗糙管的理论公式选定了应有的系数；科勒布茹克（C. F. Colebrook，1910—1997）在 1939 年提出了把紊流光滑管区和紊流粗糙管区联系在一起的过渡区阻力系数计算公式；莫迪（L. F. Moody，1880—1953）在 1944 年给出了实用管道的当量糙粒阻力系数图——莫迪图。至此，有压管流的水力计算已渐趋成熟。

同时随着叶轮机、航空飞行器的出现，与航空密切相关的空气动力学也得到了飞速发展，并出现了空气动力学与气体动力学的完整学科体系。库塔（Kutta，1867—1944）在 1902 年就曾提出过绕流物体上的升力理论。茹科夫斯基（Николай Егорович Жуковский，1847—1921）于 1906 年找到了翼型升力和绕翼型的环流之间的关系，建立了二维升力理论的数学基础，对空气动力学的理论和实验研究作出了重要贡献，为近代高效能飞机设计奠定了基础。普朗特（L. Prandtl，1875—1953）于 1904 年建立了边界层理论，解释了阻力产生的机制，此后又针对航空技术和其他工程技术中出现的紊流边界层，提出混合长度理论；1918—1919 年间，论述了大展弦比的有限翼展机翼理论，对现代航空业的发展作出了重要的贡献，为现代流体力学分析奠定了理论基础，被誉为"空气动力学之父"。卡门（T. von Kármán，1881—1963）在 1911—1912 年对旋涡尾流做出了分析，并提出了著名的卡门涡街理论；1930 年提出了计算紊流粗糙管阻力系数的理论公式；1939 年创立了喷气推进实验室；1941 年组建了美国第一个制造液体和固体火箭发动机的航空喷气公司；1947 年根据卡门的构思而设计的 X1 火箭飞机实现了首次超音速飞行。卡门在紊流边界层理论、超声速空气动力学、火箭及喷气技术等方面都作出了重要贡献。20 世纪 40 年代以后，由于喷气推进和火箭技术的应用，飞行器速度超过声速，气体高速流动的研究进展迅速，形成了气体动力学和稀薄空气动力学。

进入 20 世纪 60 年代后，随着计算机技术和计算方法的飞速发展，依赖电子计算机的数值方法得以迅速发展，使许多原来无法用理论分析求解的复杂流体力学问题有了求得数值解的可能性，逐步形成一门独立的学科——计算流体力学。同时，流体力学和其他学科的互相交叉渗透，又形成了多相流体力学、物理—化学流体动力学、磁流体力学、生物流体力学等多个分支领域。

思考题

1-1 液体与气体有哪些性质的不同？其原因是什么？

1-2 什么是连续介质？流体力学中为什么要引入连续介质的概念？

1-3 什么是流体的密度？密度和相对密度之间有什么关系？

1-4 流体的压缩性和膨胀性如何量度？温度和压力对其有何影响？

1-5 什么是流体的黏度？温度变化对液体和气体的黏度有何影响？

1-6 什么是表面张力？毛细管现象在生活中有哪些实例？

1-7 作用在流体上的力包括哪些？各有何特点？在何种情况下有惯性力？何种情况下没有摩擦力？

习题

1-1　某容器内有体积为 500cm³ 的某种液体，在天平上称得液体净质量为 0.453kg，试求该液体的密度和相对密度。

1-2　已知密度为 900kg/m³ 的石油所受的重力为 7.938×10⁶N，试确定其体积。

1-3　某液体的相对密度为 0.85，测得其体积为 540mL，试计算其净质量。

1-4　当压力增加 5×10⁴Pa 时，某种液体的密度增加 0.02%，求该液体的体积弹性系数。

1-5　在温度不变的情况下，体积为 2m³ 的某液体，当压力增加一个大气压后体积减少了 500cm³，求该液体的体积压缩系数。

1-6　温度为 20℃ 的水每小时流入加热器的体积为 60m³，经过加热后，水温升高到 80℃。若水的体积膨胀系数 $\beta_t = 550×10^{-6}℃^{-1}$，那么水从加热器中流出时，每小时流出的体积变为多少？

1-7　若某种油的运动黏度是 4.5×10⁻⁷m²/s，密度为 680kg/m³，试确定其动力黏度为多少。

1-8　如图 1-1(a) 所示，在相距 1mm 的两平行平板之间充满黏性液体，当其中一板以 1.2m/s 的速度相对于另一板作匀速移动时，作用于平板上的切应力为 3500N/m²。试求该液体的黏度。

1-9　某活塞机构如习题 1-9 图所示，已知气缸直径 $D_2 = 12$cm，活塞直径 $D_1 = 11.96$cm，活塞长度 $L=14$cm，润滑油的动力黏度 $\mu = 0.65$P。当活塞移动速度为 1.0m/s 时，试求拉动活塞所需的力 F 为多少。

习题 1-9 图

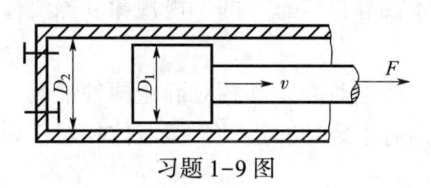

1-10　若在实验室内选用内径为 0.6cm 和 1.2cm 的玻璃管作为测压管来测量水位，试求它们在常温下（$t=20$℃）可能引起的误差各为多少。

第二章 流体静力学及应用

引言

"奋斗者号"是我国研发的万米载人潜水器,2020年10月27日,"奋斗者号"在马里亚纳海沟下潜成功突破万米,达到10058m,创造了我国载人深潜的新纪录。2020年11月10日8时12分,"奋斗者号"在马里亚纳海沟成功坐底,深度达10909m,再次刷新了我国载人深潜的纪录。那么你能计算出"奋斗者号"在海水中下潜10909m深度时潜水器表面所承受的压力有多大吗?

在石油工业中也会遇到此类问题,如计算或测定钻井液罐(池)、储油罐、油气分离器等容器内某一点的压力或两点的压力差,或者计算流体作用在容器壁面上的总压力,以便进行生产分析、容器设计或强度校核。

本章主要任务是研究流体在静止状态下的平衡规律。当流体静止时,流体质点所受的作用力相互平衡。

在流体静力学中,静止包括绝对静止和相对静止两种情况。液体相对于地球没有运动的情况称为绝对静止;若液体相对于地球有运动,但液体相对于容器或液体内各质点之间没有相对运动的情况称为相对静止。

无论是绝对静止还是相对静止,流体质点之间均无相对运动,即速度梯度等于零,因此静止流体不呈现黏滞性。

第一节 流体静压力及其量度标准

一、流体总压力与静压力

如图2-1所示,一个两端开口的玻璃管,将下端套上橡皮膜。当玻璃管未装水时,橡皮膜是平的,装水后,橡皮膜就向下凸出,这表明水对橡皮膜即玻璃管底部有压力作用。若在容器侧壁的小孔处也装上橡皮膜,将容器装上水后,橡皮膜也会向外凸出,如图2-2所示,这说明水对容器侧壁也有压力作用。事实上,液体不仅对与之相接触的容器壁面(底面或侧面）有压力作用，在液体内部，一部分液体对相邻的另一部分液体也有压力作用。

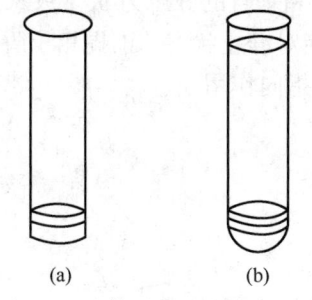

图 2-1 流体对容器底部的压力

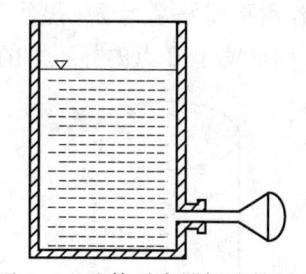

图 2-2 流体对容器侧壁的压力

总压力：静止流体与容器壁之间以及静止流体内部相邻两部分流体之间的作用力称为静水总压力，习惯称总压力，用大写字母 P 表示，国际单位为 N。

静压力：静止流体作用在单位面积上的总压力称为静压强，习惯称静压力，用小写字母 p 表示，国际单位为 N/m^2 或 Pa。

静压力有两种表示方法：

（1）平均静压力。如图 2-3 所示，在容器内的液体中，任选取一点 M。围绕 M 点并以 M 点为中心，任取一微小面积 ΔA，ΔA 上作用的静水总压力为 ΔP，对整个微小面积 ΔA 而言，可取

$$\bar{p} = \frac{\Delta P}{\Delta A} \tag{2-1}$$

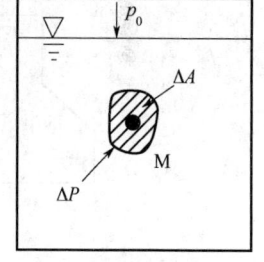

$\bar{p}$ 称为平均静压力或平均静压强。

（2）点静压力。在一般情况下，作用面上各点的静压力是不相等的。为了更精确地反映作用面上各点压力的变化规律，仅有平均静压力的概念是不够的，还必须建立某一点的静压力的概念。

图 2-3 微小面积 ΔA 上的总压力 ΔP

如果包含 M 点的微小面积 ΔA 越小，则 $\frac{\Delta P}{\Delta A}$ 越接近于 M 点的实际静压力值，当 ΔA 无限小时，$\frac{\Delta P}{\Delta A}$ 的极限值就称为 M 点的静压力，可写成

$$p_M = \lim_{\Delta A \to 0} \frac{\Delta P}{\Delta A} \tag{2-2}$$

平均静压力仅仅反映了作用面（也称受压面）上各点静压力的平均值，而点静压力则精确地反映了受压面上某一点的静压力值。

二、静压力的特性

1. 静压力的方向总是垂直并指向作用面（特性一）

如图 2-4 所示的水箱，若在侧壁上开一个小孔，当水从小孔流出时，可观察到水流方向垂直于容器的壁面。

这个特性也可以用反证法证明。如图 2-5 所示，在静止流体中任意取出一部分流体，

其表面上有一点 B，围绕 B 点取一微小面积 ΔA。假定 B 点的静压力 p 的方向不垂直于作用面积 ΔA，则 p 可分解为与 ΔA 在 B 点相切的静压力 p_τ 和垂直的静压力 p_n。大家知道，流体在切向力的作用下将发生运动，显然，这与流体处于绝对静止状态的前提相矛盾，所以只能是 $p_\tau=0$，从而证明了 B 点的静压力的方向总是垂直并指向作用面。

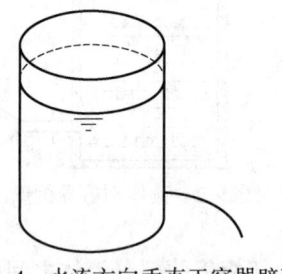

图 2-4 水流方向垂直于容器壁面　　　图 2-5 静压力特性分析

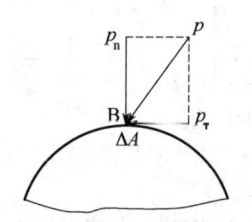

根据静压力这一特性，可以分析各种容器壁面和浮体表面任意位置上所受到的静压力的作用方向，如图 2-6 所示。

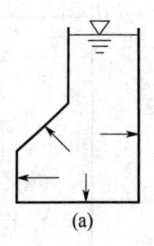

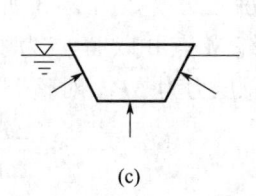

图 2-6 静压力的作用方向

2. 静止流体内任一点的静压力各向等值，即任一点的静压力不论来自哪个方向，其大小都相等（特性二）

这一特性可通过实验加以验证。将一个 U 形玻璃管固定在有刻度的木板上，并在 U 形管里装入适量的液体，其一端与套上橡皮膜的金属盒连接，再将金属盒放入液体中，如图 2-7 所示。当橡皮膜受到静压力的作用时，U 形管中两液面的高度就不同。两液面的高度差，反映了橡皮膜所受静压力的大小。如果橡皮膜所受的静压力大，则 U 形管中的液面高度差就大，反之亦然。如果金属盒在液体中某一深度不变，同时使橡皮膜向上、向下或向两旁转动，会看到 U 形管中的液面高度差不变，即橡皮膜所受的静压力相等。这说明液体内任一点的静压力在各个方向上大小是相等的。

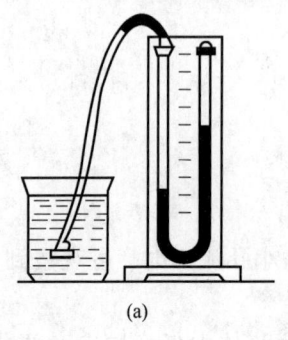

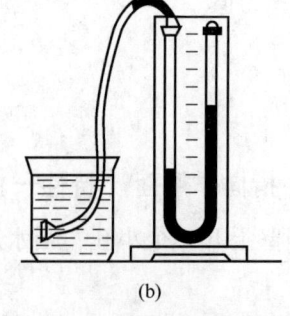

图 2-7 静止流体内部的静压力

由静压力的特性可知，如图2-8所示的平面壁转折处B点，对不同方位的作用面而言，其静压力的方向不同，但静压力的大小都是相等的。因此，在研究静止流体的平衡规律时，静压力的这两个特性是很重要的。

图 2-8　静压力的方向垂直指向作用面

三、静压力的量度标准及其表示方法

1. 静压力的量度标准

静压力的计量有两个标准，一个是以物理真空为零点计量的压力，称为绝对压力，用 $p_绝$ 表示；另一个是以当地大气压力为零点计量的压力，称为相对压力，用 $p_相$ 表示。

2. 静压力的表示方法

工程中的绝对压力可能大于当地大气压力，也可能小于当地大气压力。当绝对压力大于当地大气压力时，相对压力大于0，因为相对压力可由压力表测得，所以也称为表压，用 $p_表$ 表示；当绝对压力小于当地大气压力时，相对压力小于0，负的相对压力不能用压力表测得，而是用真空表，真空表测得绝对压力比当地大气压力低的数值，称为真空度，用 $p_真$ 表示。例如水泵吸水管的相对压力通常为负值，即为真空度。

绝对压力、表压、真空度之间的关系如图2-9所示，其数学关系式如下：

当 $p_绝 > p_a$ 时，则

$$p_表 = p_绝 - p_a \tag{2-3}$$

式中　p_a——当地大气压强，Pa。

当 $p_绝 < p_a$ 时，则

$$p_真 = p_a - p_绝 \tag{2-4}$$

显然：

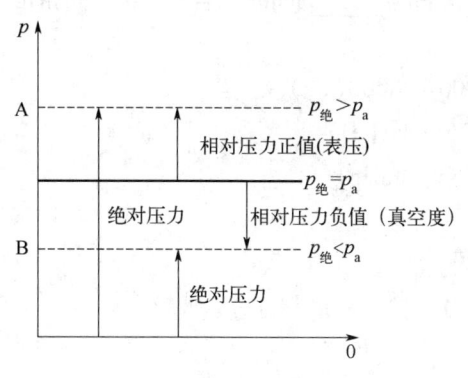

$$p_真 = -p_表 \tag{2-5}$$

图 2-9　绝对压力和表压、真空度之间的关系

从图2-9中可以看出，表压的含义就是某点绝对压力比当地大气压力高多少，真空度的含义是某点绝对压力比当地大气压力低多少。在流体力学中，如不作特殊说明，压力通常指表压（相对压力），省略下标，只以"p"表示。

四、常用压力单位

1. 应力单位

应力单位用单位面积上的总压力来表示，其国际单位为 N/m² 或 Pa（帕），1Pa = 1N/m²。工程上因 Pa 的单位很小，常用 kPa（千帕）或 MPa（兆帕）表示，其关系如下：

$$1MPa = 10^3 kPa = 10^6 Pa$$

2. 液柱高度

工程上，压力可用液柱高度来表示，常用水柱高度或汞柱高度表示压力的大小，其单位为 mH_2O、mmH_2O 或 $mmHg$。

应力单位 Pa 与 mmH_2O、$mmHg$ 之间的换算关系为

$$1Pa = 0.102 mmH_2O = 0.0075 mmHg$$

3. 大气压单位

大气压单位是以大气压的倍数来表示压力大小的，有标准大气压和工程大气压两种。

（1）标准大气压：

$$1\text{标准大气压}(atm) = 101325Pa = 760mmHg = 10.33mH_2O$$

（2）工程大气压：

$$1\text{工程大气压}(at) = 1kgf/cm^2 = 98000Pa = 735mmHg = 10mH_2O$$

【例 2-1】 已知 A、B 两点的压力 $p_{A表} = 1000Pa$，$p_{B真} = 1000Pa$，试确定 A、B 两点的绝对压强 $p_{A绝}$、$p_{B绝}$ 各是多少（按工程大气压计算）。

解：由绝对压力、表压和真空度之间的关系式得

$$p_{A绝} = p_{A表} + p_a = 1000 + 98000 = 99000(Pa)$$

$$p_{B绝} = p_a - p_{B真} = 98000 - 1000 = 97000(Pa)$$

此题说明：同一点的压力量度基准不同，其数值不同。

【例 2-2】 若 $p_{A绝} = 136000Pa$，求 $p_{A表} = $ _____ Pa = _____ mmH_2O = _____ mmHg。

解：

$$p_{A表} = p_{A绝} - p_a = 136000 - 98000 = 38000(Pa)$$

$$p_{A表} = 38000 \times 0.102 = 3876(mmH_2O)$$

$$p_{A表} = 38000 \times 0.0075 = 285(mmHg)$$

因此，$p_{A表} = 38000Pa = 3876mmH_2O = 285mmHg$。

此题说明：同一点的压力单位不同，其数值不同。

【例 2-3】 已知 $p_{A表} = 4000Pa$，$p_{B真} = 306 mmH_2O$，求 $p_A - p_B$ 等于多少。

解：将 p_A、p_B 统一在同一基准下，统一单位：

$$p_{B真} = 306mmH_2O = 0.306 \times 1000 \times 9.8 = 3000(Pa)$$

$$p_{B表} = -p_{B真} = -3000(Pa)$$

$$p_A - p_B = 4000 - (-3000) = 7000(Pa)$$

此题说明：在计算某两点的压力差时，这两点压力的单位及量度基准必须一致。工程上常用表压来量度压力的大小。在某些特殊情况下，涉及流体本身性质，如采用气体状态方程进行计算时，则必须采用绝对压力。

第二节 流体静力学基本方程式及应用

本节主要讨论流体仅受重力作用时，流体内部静压力的分布规律。

一、流体静力学基本方程式

如图 2-10 所示，将侧壁上开有三个小孔的容器装满水，然后把三个小孔的塞子同时打开，这时可以看到水流分别从三个小孔喷射出来。并且越靠近容器底部的小孔，其水流喷射得越远。这一现象说明，液体对容器侧壁的压力是随深度的增加而增大的。

液体的压力和深度之间的定量关系，可以用理论分析的方法来研究。

如图 2-11 所示，在静止液体中任取一点 M，该点在液面以下的深度为 h，围绕 M 点取水平的微小面积 dA，以 dA 为底，沿铅垂方向向上取出一个高为 h 的微小液柱来研究，设液面上的压力为 p_0。这时，在 z 方向上作用在微小液柱上的力有：

(1) 液柱液面的总压力 d$P_0 = p_0$dA，方向铅垂向下；
(2) 液柱底面上的总压力 d$P = p$dA，方向铅垂向上；
(3) 液柱侧面上总压力的 z 方向上的分力为 0；
(4) 液柱所受的重力 d$G = \rho g h$dA，方向铅垂向下。

图 2-10　液体压力与深度的关系　　图 2-11　微小液柱受力分析

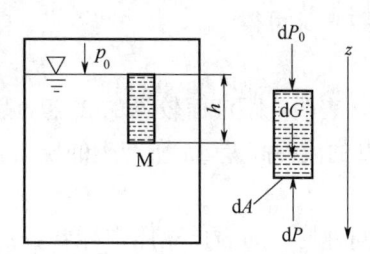

由于液柱处于静止状态，所以在 z 方向上，合力 $\sum F_Z = 0$，即

$$p_0 \mathrm{d}A - p \mathrm{d}A + \rho g h \mathrm{d}A = 0$$

两边同除以 dA 并整理得

$$p = p_0 + \rho g h \tag{2-6}$$

式中　p——静止液体中任一点 M 的静压力，Pa；
　　　p_0——液面上的压力，Pa；
　　　ρ——液体的密度，kg/m³；
　　　g——重力加速度，m/s²；
　　　h——M 点距液面的铅垂深度，m。

式(2-6) 揭示了静止液体中静压力与深度之间的定量关系，称为流体静力学基本方程式，它是流体静力学最基本、最重要的一个方程式。为了加深理解，现作如下讨论：

(1) 液体内任一点的压力都由液面上的压力 p_0 和液柱自重产生的压力 $\rho g h$ 两部分组成。液面上的压力 p_0 是外力作用于液面上而引起的。例如：敞开的容器中，液面受大气压力的作用；同容器中互不相溶的液体，其分界面受层液体的作用；液压系统中的液体受固体（活塞）的作用等。

(2) 当液面压力 p_0 一定时，在同一种均质的静止液体中，静压力 p 的大小与深度 h 之间呈直线规律变化，简言之，p 与 h 成正比。

(3) 由于液体内任一点的压力都包含液面上的压力 p_0，因此，液面压力 p_0 的任何变化，都会引起液体内部所有液体质点上压力的相应变化，这种液面压力等值地向液体内部传递的规律，称为帕斯卡定律。水压机、油压千斤顶及液压传动装置等就是根据这一定律设计出来的。

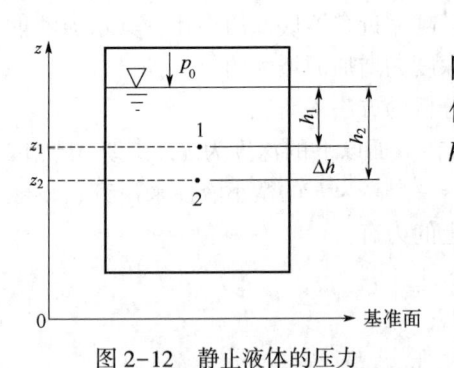

(4) 根据式(2-6)，还可以得出液体内部深度不同的两点的压力差。如图 2-12 所示，在静止液体中任取两点 1 和 2，它们距液面的深度分别为 h_1、h_2，得

$$p_1 = p_0 + \rho g h_1$$
$$p_2 = p_0 + \rho g h_2$$

两式相减得

$$p_2 - p_1 = \rho g (h_2 - h_1)$$

即

$$p_2 - p_1 = \rho g \Delta h \tag{2-7}$$

图 2-12 静止液体的压力

由此可知，液体内任意两点的压力差等于两点间的液柱高度产生的压力。

由式(2-7) 又可得

$$p_2 = p_1 + \rho g \Delta h \tag{2-8}$$

式(2-8) 表明：距液面较深的 2 点的静压力等于 1 点的静压力加上 $\rho g \Delta h$ 值，$\rho g \Delta h$ 值恰好等于两点的液柱高差 Δh 所产生的压力。若 1 点取在液面上，不难看出式(2-8) 就变成了式(2-6)。

(5) 在同种均质的静止液体中，若各点距液面的深度相等，则各点的压力相等。由这些压力相等的点所组成的面，称为**等压面**（关于等压面将在下一节详细讨论）。

综上所述，流体静力学基本方程式的应用条件是绝对静止、均质、连续液体。

【例 2-4】 某地层压力为 1.96×10^4 kPa，深度为 1300m。试确定钻井钻至该深度时，为防止井喷需配制的钻井液相对密度。

解： 根据题意，为了预防井喷，钻井液液柱产生的压力至少应与地层压力相平衡，即

$$p_{地层} = \rho_{钻井液} g h$$

由上式可得钻井液的密度为

$$\rho_{钻井液} = \frac{p_{地层}}{gh} = \frac{1.96 \times 10^4 \times 10^3}{9.8 \times 1300} = 1538 \,(\text{kg/m}^3)$$

$$d_{钻井液} = \frac{\rho_{钻井液}}{\rho_w} = \frac{1538}{1000} = 1.538$$

因此钻井液的相对密度应不小于 1.538，才能防止井喷发生。

【例 2-5】 某油井关井时，井口压力为 980kPa，井深为 1500m，井中充满相对密度为 0.9 的原油，试计算油井井底的压力。

解： 根据流体静力学基本方程式，计算井底压力：

$$p_{井底} = p_{井口} + \rho_o g h$$
$$= 980 \times 10^3 + 0.9 \times 10^3 \times 9.8 \times 1500$$
$$= 14210 \times 10^3 (\text{Pa}) = 14210 (\text{kPa})$$

二、流体静力学基本方程式的意义

1. 物理意义

式(2-6)、式(2-8) 都是流体静力学基本方程式，尽管它们的表达形式不同，但本质是一样的。如图 2-12 所示，若取 0 为基准面，则 1 点与 2 点到该基准面的垂直距离可表示为 z_1 与 z_2，显然

$$\Delta h = h_2 - h_1 = z_1 - z_2$$

这样，式(2-8) 可写成

$$p_2 = p_1 + \rho g(z_1 - z_2)$$

整理得

$$z_1 + \frac{p_1}{\rho g} = z_2 + \frac{p_2}{\rho g} \tag{2-9}$$

式(2-9) 是流体静力学基本方程式的另一种表达形式，也可以理解为流体静力学基本方程式的能量表达式。由于 1、2 两点是任选的，故可将式(2-9) 写成另一种形式：

$$z + \frac{p}{\rho g} = C(常数) \tag{2-10}$$

式中，z 表示单位质量流体所具有的位置势能，简称比位能。可以理解为把质量 mg 的流体从基准面移到高度为 z 后，该液体所具有的位能是 mgz。比位能 z 具有长度单位，基准面不同，z 值也不同。

$\frac{p}{\rho g}$ 表示单位质量流体所具有的压力势能，简称比压能，比压能是一种潜在势能。如果液体中某点的压力为 p，在该点处接一测压管，在压力作用下，测压管中液面会自动上升 $\frac{p}{\rho g}$ 的高度，即压力势能转变为位置势能。

$z + \frac{p}{\rho g}$ 表示单位质量的流体所具有的总势能，也称为比势能。由式(2-10) 可知，在静止流体中，单位质量流体所具有的总势能是恒定的，这也是静止流体中能量分布的规律。

2. 几何意义

比位能 z 和比压能 $\frac{p}{\rho g}$ 都具有长度的量纲，其大小可用几何方法直观地表示出来。显然，z 表示液面下某点到水平基准面的位置高度；$\frac{p}{\rho g}$ 表示在压强 p 作用下，在测压管中上升的液柱高度。在流体力学中，常将液柱高度称为水头。因此，比位能 z 又称位置水头，比压能 $\frac{p}{\rho g}$ 又称为压力水头。位置水头与压力水头之和 $z + \frac{p}{\rho g}$ 称为测压管水头，也称为总水头。

式(2-10)表明，在静止液体中，尽管各点的位置水头与压力水头不相等，但它们的和相等。所以，在静止液体中，各点的测压管水头为一常数（动画2-1）。

当容器液面上的压力 p_0 等于大气压（敞口容器）时，测压管液面与容器液面在同一水平面上，如图2-13所示；当容器液面上的压力 p_0 大于或小于大气压（密闭容器）时，测压管液面会高于或低于容器内液面，但不同的测压管水头仍是常数，如图2-14所示。

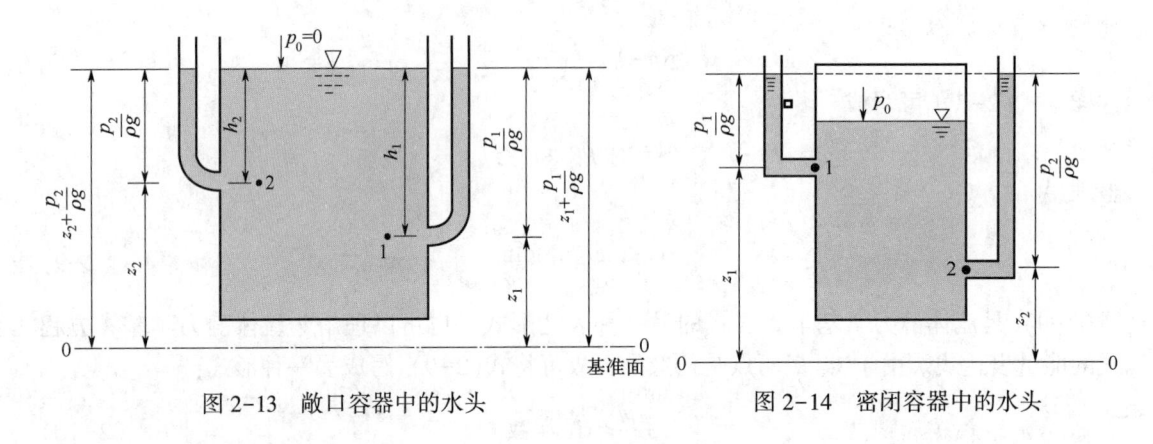

动画2-1 静力学基本方程演示

图2-13 敞口容器中的水头

图2-14 密闭容器中的水头

3. 流体静压力分布图

在实际工程中，若在静压力作用的情况下设计某构件的尺寸，不仅需要确定总压力的大小，而且还必须明确压力的分布情况。由式(2-10) 可知，z、$p/(\rho g)$ 的单位均为 m，因此在工程上常用一定比例的线段长度表示静压力的大小，用箭头标出静压力的方向，这种用几何作图的方法表示静压力分布规律的图形称为静压力分布图。

静压力分布图的作图依据如下：

(1) 静压力的大小：$p=p_0+\rho g h$，p 与 h 呈线性增加，同一深度各点压力大小相等。

(2) 静压力的方向：由静压力特性一可知，静压力的方向垂直并指向作用面。

绘制静压力分布图的基本方法是，根据静压力的特性和流体静力学基本方程式计算出某些特殊点的静压力的大小，并用一定比例的线段长度表示，再用箭头标出静压力的方向。

现以铅垂平面 AB 上静压力的分布图为例，说明静压力分布图的具体作图过程，如图2-15所示，作用在平面 AB 上每一点的静压力可分为 $\rho g h$ 和 p_0 两部分。

(1) $\rho g h$ 部分：设 $\rho g h=p'$。由于 ρ 和 g 为常数，故 p' 仅随 h 呈线性关系变化。若在液面与壁面相交处取一点 A，则 $h=h_A=0$。从而 $p'_A=\rho g h_A=0$；在壁面底部取一点 B，则 $h=h_B$，所以 $p'_B=\rho g h_B$。在图2-15中按比例画出 BC 线段，使其长度相当于 p'_B，然后连接 A、C 两点得一条直线，这样形成的三角形 ΔABC 就是 $\rho g h=p'$ 部分的静压力分布图，它直观地反映了作用面上 $\rho g h$ 的变化情况。

(2) p_0 部分：根据流体静力学基本方程式，p_0 沿着作用面保持不变，在 A、C 两点分别以同样比例画出 DA、EC 段，其长度为 p_0，连接 DE，构成平行四边形 ACED，这就是 p_0 部分的静压力分布图，它说明液面上的压力 p_0 是等值传递的，符合流体静力学基本方程式。

综合这两部分的图形，得到梯形 ABED，这就是液体中铅垂平面 AB 上的静压力分布图。

若液体上的压力 p_0 为大气压力，则在一般情况下，作用面两侧都受到大气压力的作用，可以相互抵消。因此，在工程实际中，静压力分布图往往只考虑液柱压力 ρgh 的作用。这样对于铅垂平面 AB 静压力分布图就是一个直角三角形，如图 2-15 中的 $\triangle ABC$ 所示。

图 2-16 是作用在折平面上和曲面上的静压力分布图。解决这类问题的方法，通常是先将整个壁面投影在一个铅垂的辅助平面上，在该辅助平面上作出水静压力分布图，然后在实际壁面上按静压力的特性作垂线，并截取与辅助平面上对应点表示的静压力大小相等的有向线段，最后将实际壁面上有向线段的末端连成线即可。

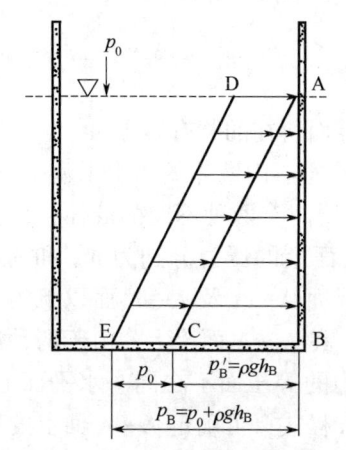

图 2-15　静压力分布图的绘制方法

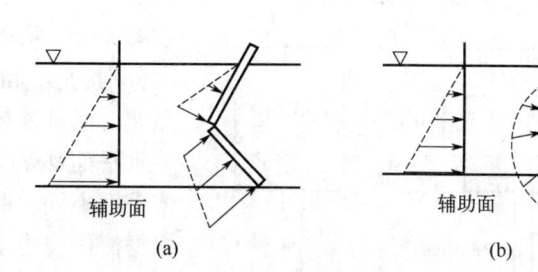

图 2-16　折平面上和曲面上的静压力分布图

三、连通器和测压仪器

1. 连通器

连通器是指两个或两个以上相互连通的容器，U 形管就是一个最简单的连通器。

1) 等压面

在静止的均质液体中，由静压力相等的点所组成的面称为等压面，即 $p=C$（常数），不同的等压面其常数值是不同的。

若 $p=C$，由流体静力学基本方程式可知，则必有 $h=C_1$（常数），即在绝对静止液体中，压力相等的各点到液面的距离相同。所以，在绝对静止液体中，等压面是水平面（相对静止液体中的等压面是倾斜的平面或曲面，由运动状况所决定），在静止液体的自由表面上，各点压力均等于液面上的气体压力，因此，自由液面是等压面的一个特例。

绝对静止液体的等压面的形成必须满足三个条件：（1）均质；（2）连续；（3）同一水平面。对于单个容器，如图 2-17(a) 所示，根据 $p=p_0+\rho gh$ 知，h 相等的点其压力 p 也相等，故各水平面均是等压面，两种液体的分界面及自由液面也是等压面；对于不连通的容器，如图 2-17(b) 所示，即使为同一水平面（如 n—n 面），由于不连通，也不能确定其是否为等压面；而对于两个或两个以上相互连通的容器，如图 2-17(c) 所示，左侧上部为油，左侧下部及右侧为水，o—o 为油水分界面，n—n、m—m、k—k、o—o、j—j 中，哪一个水平面是等压面？显然，只有 o—o、j—j 符合上述三个等压面形成的条件。

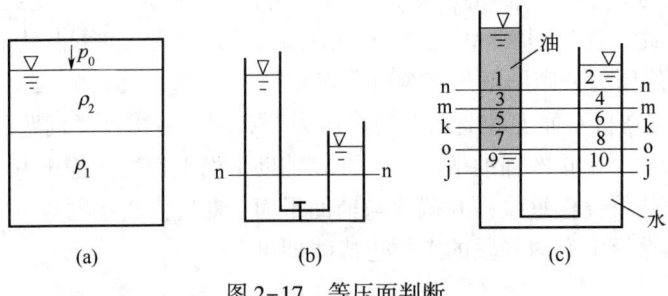

图 2-17 等压面判断

2) 连通器内液体的平衡

解决连通器内液体平衡问题的关键是找出两种液体的分界面所在的共有等压面。

根据流体静力学基本方程式和等压面的概念，可以确定连通器内液体的压力平衡关系。

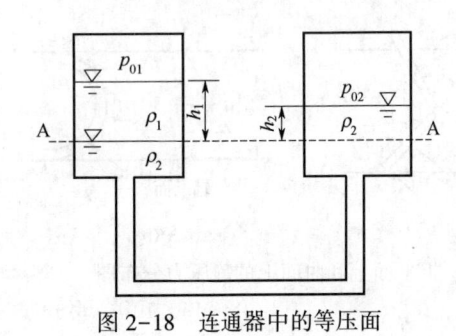

如图 2-18 所示，连通器内有两种不同的液体，其密度分别为 ρ_1 和 ρ_2，液面上的压力分别为 p_{01} 和 p_{02}。显然，两种液体的分界面 A—A 及 A—A 面以下的任一水平面都是等压面。在 A—A 面以上，由于两种液体密度不同，两容器内的等压面不在同一水平面上。根据流体静力学基本方程式，可确定 A—A 面上的压力平衡关系为

$$p_{01}+\rho_1 g h_1 = p_{02}+\rho_2 g h_2 \tag{2-11}$$

图 2-18 连通器中的等压面

当已知其中一个容器的压力及液面深度时，可利用式（2-11）计算与其相通的另一个容器中某一深度处的压力 p 的大小。对于如图 2-18 所示的连通容器，若已知 p_{01}、h_1、h_2、ρ_1、ρ_2，则有

$$p_{02} = p_{01} + \rho_1 g h_1 - \rho_2 g h_2$$

推广为

$$p_{02} = p_{01} \pm \sum \rho_i g h_i \tag{2-12}$$

式中 p_{01}，p_{02}——计算起点和计算终点的压力，N/m²；

$\pm \sum \rho_i g h_i$——连续计算过程中压力的代数和，从计算起点到计算终点连续计算的过程中，向下取"+"，向上取"-"。

由连通器内液体压力的一般关系式（2-11），可以分析以下几种特殊情况：

（1）两容器中液体的密度相同，液面上的压力也相同，即 $\rho_1 = \rho_2 = \rho$，$p_{01} = p_{02}$，这时 $h_1 = h_2$，两容器内的液面高度相同，这就是液位计的工作原理，如图 2-19 所示。

（2）两容器中液体的密度相同，但是液面上的压力不同，即 $\rho_1 = \rho_2 = \rho$，$p_{01} \neq p_{02}$，如图 2-20 所示，则式（2-11）变为

$$p_{02} - p_{01} = \rho g (h_1 - h_2) = \rho g \Delta h \tag{2-13}$$

这就是 U 形管压差计的工作原理。这种压差计通常用于测量某点的压力或两点之间的压差。

（3）两容器中液体的密度不同，但液面上的压力相同，即 $\rho_1 \neq \rho_2$，$p_{01} = p_{02}$，如图 2-21 所示，则

$$\rho_1 g h_1 = \rho_2 g h_2 \tag{2-14}$$

图 2-19 液位计

图 2-20 U 形管压差计

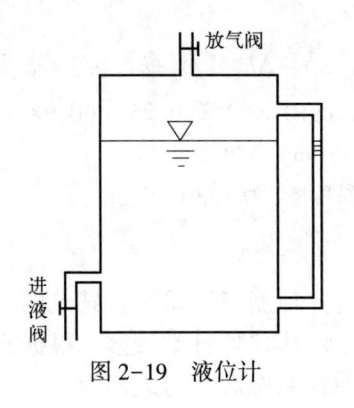

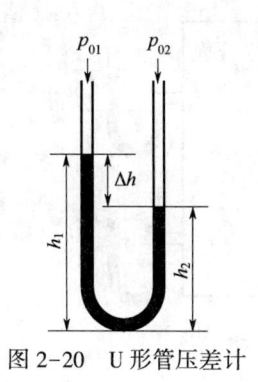

或

$$\rho_2 = (h_1/h_2)\rho_1 \tag{2-15}$$

由式（2-15）可知，当已知某种液体的密度时，可利用 U 形管，测算出另一种未知液体的密度，这就是密度计的工作原理。

【例 2-6】 如图 2-22 所示，$h = 1\text{m}$，求 p_0 等于多少。

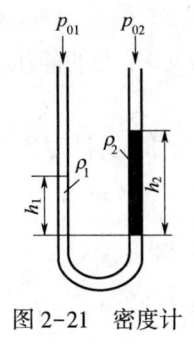

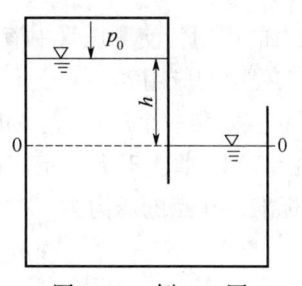

图 2-21 密度计

图 2-22 例 2-6 图

解：这是一个简单的连通器，0—0 面为等压面，右侧液面与大气相连通，按表压计算，右侧液面压力为 $p_右 = 0$。

$$p_0 + \rho g h = 0$$
$$p_0 = -\rho g h = -1000 \times 9.8 \times 1 = -9800 (\text{Pa})$$
$$p_{0真} = -p_0 = 9800\text{Pa}$$

因此，左侧液面压强低于大气压，真空度为 9800Pa。

【例 2-7】 油罐深度测定如图 2-23 所示，已知 $h_1 = 60\text{cm}$，$\Delta h_1 = 25\text{cm}$，$\Delta h_2 = 30\text{cm}$，油的相对密度 $d = 0.9$，求油罐深度 h_2 是多少。

解：这是一个由三个容器组成的连通器，按以下步骤进行：

（1）找出共有等压面：n—n 面、m—m 面。

（2）以 A 点为计算起点，B 点为计算终点，且 A、B 端与大气相连通，按表压计算，$p_A = p_B = 0$，计算路线如图 2-23 中箭头所示。

（3）列连通器平衡方程式，即

$$0 + \rho_汞 g \Delta h_1 + \rho_油 g (h_2 - h_1) - \rho_汞 g \Delta h_2 = 0$$

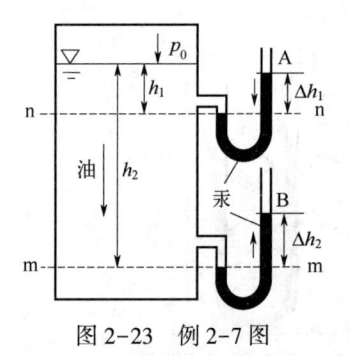

整理得

$$h_2 = \rho_汞(\Delta h_2 - \Delta h_1)/\rho_油 + h_1$$
$$= 13.6 \times 10^3 \times (0.3 - 0.25)/(0.9 \times 10^3) + 0.6$$
$$= 1.36(\text{m})$$

因此，此油罐深度 h_2 为 1.36m。

2. 测压仪器

在工程上，常用各种测压仪器测量某点的压力，或者比较两点之间的压差。测压仪器种类较多，根据测量原理的不同，可分为液式压力计和金属压力表两大类，在这里只介绍测量原理与流体静力学基本方程式有关的液式压力计。液式压力计是根据连通器压力平衡原理，利用液柱高度来测量液体压力的。

图 2-23 例 2-7 图

1) 测压管

测压管是一种最简单的测压仪器，它是将玻璃管的一端连接在容器的测压点上，另一端与大气相通，直接由同一液体引出来的液柱高度来测量压力的装置。测压管有垂直安装的也有倾斜安装的，如图 2-24 所示。根据玻璃管内的液面高度，就可以确定被测点压力的大小。

由于 A 点压力的作用，使测压管中液面升至某一高度 h_A，A 点的静压力 $p_A = \rho g h_A$。下面分析测压管在工程中的应用。

在储油罐的 M 点安装一个测压管，如图 2-25 所示，测压管上端与大气相通，罐内液体在压力作用下，沿着测压管上升到一定高度后达到稳定。

若采用绝对标准，M 点的压力为

$$p_{M绝} = p_a + \rho g h_2$$

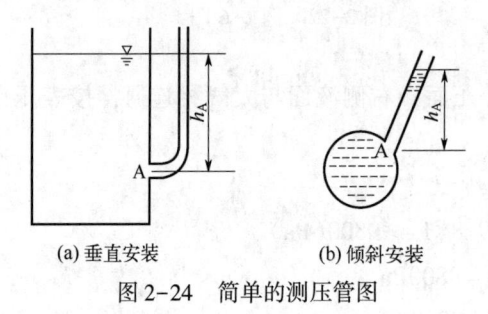

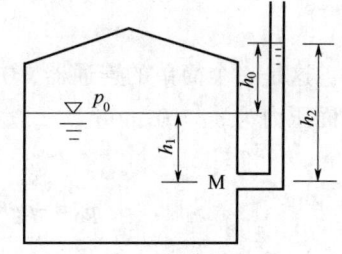

(a) 垂直安装 (b) 倾斜安装

图 2-24 简单的测压管图

图 2-25 测压管的应用

用相对标准表示，则

$$p_M = \rho g h_2 = \rho g (h_1 + h_0) \tag{2-16}$$

或改写成

$$h_2 = \frac{p_M}{\rho g} = h_1 + h_0$$

这说明对确定的液体而言，M 点的压力只取决于 h_2，因此，读出 h_2 即可求得 p_M。若用液柱高度表示 M 点的压力，其值就是 h_2。

再从储油罐侧分析 M 点的压力为

$$p_M = p_0 + \rho g h_1$$

由此可得

$$p_0 + \rho g h_1 = p_M = \rho g(h_1 + h_0)$$

即

$$p_0 = \rho g h_0$$

或

$$h_0 = \frac{p_0}{\rho g} \tag{2-17}$$

由此可知，容器内液面的压力 p_0 与测压管内的相应高度 h_0 有关。显然，测出 h_0 即可求得 p_0 值。

利用测压管测某点的压力时，为了减小因毛细现象而产生的误差，测压管内径应以大于 5mm 为宜，常采用内径为 10mm 左右的玻璃管作为测压管。

测压管通常用来测量较小的压力，一般小于 19.6kPa。若压力大于 19.6kPa，对水来说，测压管高度就要大于 2m，这在使用上很不方便。所以，在测量压力较大时，一般多用水银测压计。

2）水银测压计

水银测压计是一个装有水银的两端开口的 U 形管，它的一端连接在测压点上，另一端与大气相通，如图 2-26 所示。U 形管中两种液体的分界面 A—A 为等压面，根据连通器压力平衡方程即可求出压力 p。

若液体的密度为 ρ，水银的密度为 ρ_{Hg}，当被测点的压力大于大气压力时，水银测压计液面位置变化如图 2-26(a) 所示，测压点的绝对压力为

$$p_{绝} = p_a + \rho_{Hg} g h_2 - \rho g h_1$$

测压点的表压为

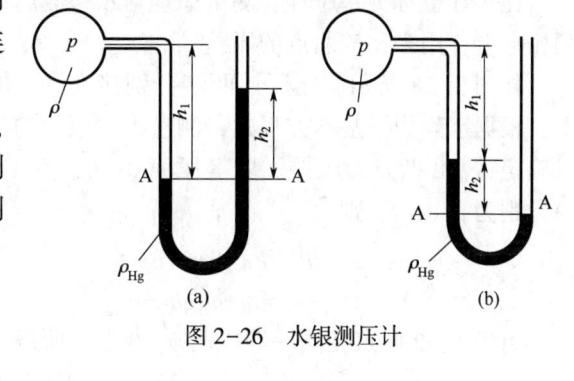

$$p = \rho_{Hg} g h_2 - \rho g h_1 \tag{2-18}$$

图 2-26 水银测压计

若被测点的压力小于大气压力，则液面位置变化如图 2-26(b) 所示，测压点的绝对压力为

$$p_{绝} = p_a - \rho_{Hg} g h_2 - \rho g h_1$$

表压为

$$p = -\rho_{Hg} g h_2 - \rho g h_1 \tag{2-19}$$

真空度为

$$p_{真} = \rho_{Hg} g h_2 + \rho g h_1$$

若图 2-26(a) 中的被测流体为气体（如空气或天然气），由于气体密度远小于水银的密度，因此可以近似看成 $\rho \approx 0$，则图 2-26(a) 中，$p = \rho_{Hg} g h_2$；图 2-26(b) 中，$p_{真} = \rho_{Hg} g h_2$。

一般情况下，液式压力计既可以测表压又可以测真空度。由于 1 工程大气压相当于 735mmHg 柱产生的压力，所以水银测压计可以量测 1~2 工程大气压范围的压力。

【例 2-8】 如图 2-26(a) 所示的水银液压计 $h_1 = 900$mm，$h_2 = 800$mm，容器内的液体

为水，试求其静压力。

解： 根据水静力学基本方程式及连通器内的等压面的概念得

$$p + \rho_w g h_1 = \rho_{Hg} g h_2$$

$$\begin{aligned} p &= \rho_{Hg} g h_2 - \rho_w g h_1 \\ &= 13.6 \times 10^3 \times 9.8 \times 0.8 - 10^3 \times 9.8 \times 0.9 \\ &= 97.804 \text{ (kPa)} \end{aligned}$$

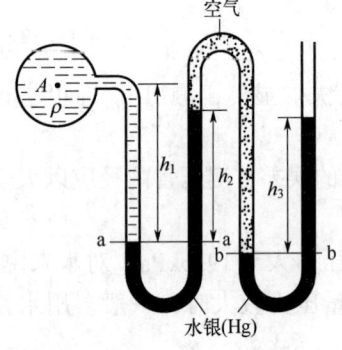

当被测压力较大时，可以将多个水银测压计组合起来，称为组合式水银测压计，如图 2-27 所示。U 形管之间上部连接处充以空气。由于气体的密度很小，可以忽略气柱产生的压力，从而可以认为整个充气空间的压力处处相等。根据连通器原理，两相分界面所在的水平面 a—a、b—b 为等压面，对等压面依次应用水静力学基本方程式，最后可求得测点 A 的表压为

$$p_A = \rho_{Hg} g h_3 + \rho_{Hg} g h_2 - \rho g h_1$$

图 2-27 组合式水银测压计

理论上，也可以采用三个或三个以上 U 形管组合成水银测压计，用以测量更大的压力。

3) 比压计

比压计也称为差压计，测量原理与水银测压计相同，只是将测压管两端接在不同的两个测压点上，用来比较两点的压差。

如图 2-28 所示，比压计两端分别接在 A、B 两个测压点上，根据水静力学基本方程式，测量出水银面的高度差，就可以确定 A、B 两点的压差。取等压面 0—0，设 1、2 两点的压力分别为 p_1、p_2，则

$$p_1 = p_A + \rho_A g h_1$$

$$p_2 = p_B + \rho_B g h_2 + \rho_{Hg} g h_3$$

由于 1、2 两点在同一等压面 0—0 上，所以

$$p_A + \rho_A g h_1 = p_B + \rho_B g h_2 + \rho_{Hg} g h_3$$

从而可求得 A、B 两点的压差为

$$p_A - p_B = \rho_B g h_2 + \rho_{Hg} g h_3 - \rho_A g h_1$$

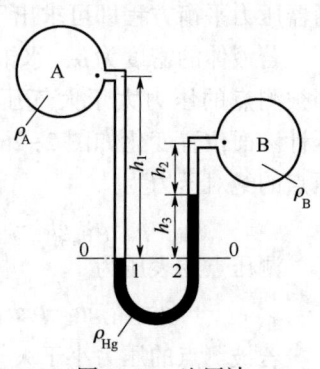

图 2-28 比压计

若 A、B 两容器内是同一种液体，且两容器处于同一水平面，即 $\rho_A = \rho_B = \rho$，$h_1 - h_2 = h_3$，则

$$p_A - p_B = (\rho_{Hg} - \rho) g h_3$$

(1) 当所测压差较小时，常将 U 形管倒置，然后将比压计的两端分别接到被测点上，如图 2-29 所示。如果在倒 U 形管的上部充以空气，当忽略空气柱的重力时，可认为 U 形管中的两液面压力相等，则

$$p_1 - \rho g h_1 + \rho g h_2 = p_2$$

即

$$p_1 - p_2 = \rho g (h_1 - h_2) \tag{2-20}$$

若两测点在同一水平面上，则

$$p_1 - p_2 = \rho g \Delta h$$

（2）当所测压差较大时，将 U 形管内装入水银，U 形管的两端与测点相连，如图 2-30 所示。根据连通器原理，A—A 和 B—B 都是等压面，所以有

$$p_1 - \rho g h_1 - \rho_{Hg} g \Delta h + \rho g h_2 = p_2$$

于是

$$p_1 - p_2 = \rho_{Hg} g \Delta h - \rho g (h_2 - h_1) \tag{2-21}$$

当两测压点在同一水平面上时，$h_2 - h_1 = \Delta h$，这样式（2-21）变为

$$p_1 - p_2 = (\rho_{Hg} - \rho) g \Delta h \tag{2-22}$$

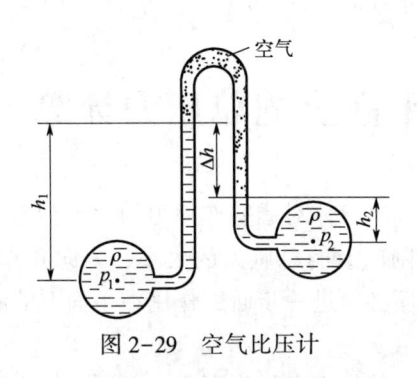

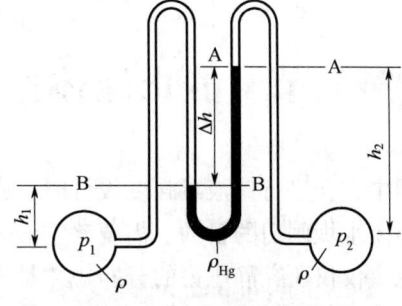

图 2-29　空气比压计

图 2-30　水银比压计

综上，液式压力计的优点是结构简单、使用方便、测量准确度较高、造价低，缺点是测量范围小，一般只适用于在实验室使用。工业上常用金属压力表来测定较高的压强，金属压力表的测量范围更大、精度更高。

【例 2-9】 用组合水银测压计测量容器中的气体压力，如图 2-31 所示。已知：$h_1 = 0.8$m，$h_2 = 0.7$m，$h_3 = 0.8$m。若忽略气柱压力，试求容器内气体的压力 p。

解： 根据流体静力学基本方程式和连通器原理，确定等压面 1—1、2—2、3—3，如图 2-31 所示。

在各等压面上列平衡方程式，从右到左端推得容器内的气体压力为

$$p = \rho_{Hg} g h_3 - \rho_w g h_2 + \rho_{Hg} g h_1 = \rho_{Hg} g (h_1 + h_3) - \rho_w g h_2$$
$$= 13.6 \times 10^3 \times 9.8 \times (0.8 + 0.8) - 1000 \times 9.8 \times 0.7 = 206 \times 10^3 (\text{Pa}) = 206 (\text{kPa})$$

因此，左侧容器内气体压力为 206kPa。

【例 2-10】 水银比压计如图 2-32 所示。已知 $\rho_A = 860$kg/m³，$\rho_B = 1250$kg/m³，$h_1 = 2.4$m，$h_2 = 5$m，$\Delta h = 0.4$m，试确定两容器的压差。

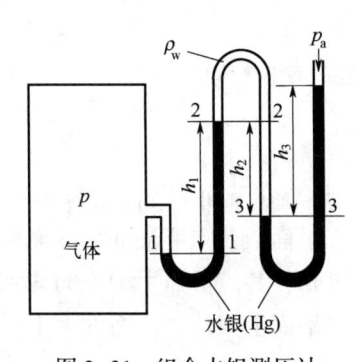

图 2-31　组合水银测压计

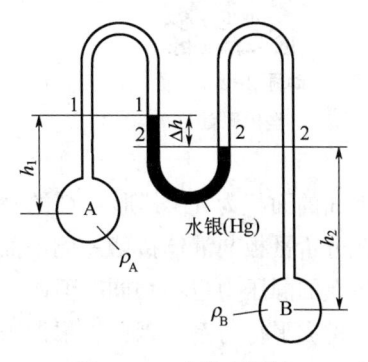

图 2-32　水银比压计

解：根据流体静力学基本方程式和连通器原理，确定等压面1—1和2—2—2，如图2-32所示。在各等压面上列平衡方程式，从左到右有

$$p_A - \rho_A g h_1 + \rho_{Hg} g \Delta h + \rho_B g h_2 = p_B$$

则

$$\begin{aligned}
p_B - p_A &= \rho_{Hg} g \Delta h + \rho_B g h_2 - \rho_A g h_1 \\
&= (\rho_{Hg} \Delta h + \rho_B h_2 - \rho_A h_1) g \\
&= (13.6 \times 10^3 \times 0.4 + 1250 \times 5 - 860 \times 2.4) \times 9.8 \\
&= 94.3 \times 10^3 (Pa) = 94.3 (kPa)
\end{aligned}$$

第三节 静止流体作用在平面上的总压力计算

工程中，在进行储液罐强度设计时，必须先计算出液体对罐壁作用力的大小；为了能达到自动启闭水坝闸门的目的，需要确定液体作用在闸门上的总压力的大小、方向和作用点。由此可见，仅仅研究静压力的分布规律是不够的，还必须进一步研究作用在平面上的液体总压力问题。

容器壁面上各点流体静压力的合力称为**总压力**，其作用点称为**压力中心**。

在静止液体中有一任意形状的平板，平板一侧有液体，设液面与该平板延续面的交角为 α，如图2-33所示。取液面与平板或平板延续面的交线 Ox（垂直于纸面）为横坐标，垂直于 Ox 轴沿平板向下的方向 Oy 为纵坐标轴，平板上任一点的位置可由该点坐标 (x, y) 确定。为了描述方便，将平板绕 Oy 轴逆时针旋转90°与纸面重合，如图2-33所示（动画2-2）。

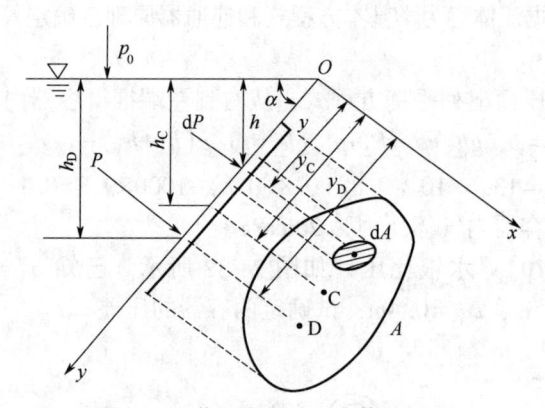

图2-33 作用在平面上流体总压力

动画2-2 平面坐标系建立

设平面的面积为 A，其形心 C 的坐标为 (x_C, y_C)，形心在液面下的深度为 h_C。

现在分析平板与液体接触一侧平面的受力情况。由于平面上各点距液面的深度 h 各不相同，故各点的静压力也不相同，但是，由静压力的特性可知，各点静压力的方向均垂直并指向平面，构成平行力系，因此，根据力学原理就可以确定平面上液体总压力的大小、方向及作用点。

一、总压力的大小

如图2-33所示，在平面 A 上任取一微元面积 dA，在液面下的深度为 h，因 dA 足够小，故可以认为作用在微元面积 dA 上各点的压力均等于 p。这样，作用在微小面积 dA 上的总压力为

$$dP = pdA = \rho g h dA = \rho g y \sin\alpha dA$$

对上式进行积分即可求得作用在整个面积 A 上的总压力大小：

$$P = \int_A dP = \rho g \sin\alpha \int_A y dA \tag{2-23}$$

由工程力学可知，式中 $\int_A y dA$ 是面积 A 对 Ox 轴的面积矩。它等于面积 A 与其形心坐标 y_C 的乘积，即 $\int_A y dA = y_C A$，并且 $y_C = \dfrac{h_C}{\sin\alpha}$，所以式（2-23）可以进一步写成

$$P = \rho g \sin\alpha y_C A = \rho g h_C A = p_C A \tag{2-24}$$

式中，p_C 代表形心 C 处的水静压强。

式（2-24）表明，作用在任意平面上的液体总压力大小等于该平面形心 C 处静压力与该平面面积 A 的乘积。但必须注意，这里所说的平面面积是指淹没在液体中的平面面积。

式（2-23）的应用条件是与平面接触的液体是同一种连续静止的液体。

二、总压力的方向

液体总压力的方向与静压力的方向相一致，永远垂直并指向作用面。

三、总压力的作用点

液体总压力的作用点称为压力中心。如图2-33所示，设 D 点为压力中心，其位置坐标 y_D 可根据合力矩定理确定，即总压力 P 对 Ox 轴的力矩等于平面上各微小压力 dP 对 Ox 轴的力矩之和，然后根据工程力学中的惯性矩及惯性矩的平行移轴定理，可以得到

$$y_D = y_C + \dfrac{J_{Cx}}{y_C A} \tag{2-25}$$

式中　y_D——压力中心 D 点的位置坐标，m；

y_C——形心 C 的位置坐标，m；

A——受压面面积，m^2；

J_{Cx}——通过形心 C 且平行于 Ox 轴的轴线的惯性矩，其值可以由表2-1查得。

表2-1　常用的几种规则图形的面积、形心位置及过形心轴的惯性矩

图形名称	图形尺寸	形心坐标 y_C	面积 A	惯性矩 J_{Cx}
矩形		$\dfrac{h}{2}$	bh	$\dfrac{bh^3}{12}$

续表

图形名称	图形尺寸	形心坐标 y_C	面积 A	惯性矩 J_{Cx}
梯形		$\dfrac{h(a+2b)}{3(a+b)}$	$\dfrac{h(a+b)}{2}$	$\dfrac{h^3(a^2+4ab+b^2)}{36(a+b)}$
三角形		$\dfrac{2h}{3}$	$\dfrac{bh}{2}$	$\dfrac{bh^3}{36}$
圆形		R	πR^2	$\dfrac{\pi R^4}{4}$
半圆形		$\dfrac{4R}{3\pi}$	$\dfrac{\pi R^2}{2}$	$\dfrac{(9\pi^2-64)R^4}{72\pi}$
椭圆形		a	πab	$\dfrac{\pi a^3 b}{4}$

若液面上的压力不等于大气压，则总压力应考虑 $p_0 A$ 这一项。另外，由于 p_0 等值传递，因此，由 p_0 引起的总压力 $p_0 A$ 的作用点必然在平面 A 的形心上，这时总压力为

$$P = p_0 A + \rho g h_C A \tag{2-26}$$

其作用点也可用合力矩定理确定，最后结果为

$$y_D = y_C + \frac{J_{Cx} \rho g \sin\alpha}{p_0 A + y_C \rho g \sin\alpha A} \tag{2-27}$$

关于压力中心 D 点的横坐标 x_D，也可按类似的方法求得。在工程上通常遇到的图形都是规则对称的图形，若规则图形对称于通过形心 C 且与 Oy 轴平行的轴线，则压力中心 D 点的坐标 $x_D = x_C$。这时，压力中心一定在通过面积形心且平行于 Oy 轴的直线上。

以上讨论的是以任意倾角 α 放置的平面上所受的液体总压力的大小、方向及作用点的问题。下面来分析两种特殊情形：

（1）当 $\alpha = 0°$ 时，平面水平放置，平面上各点在液体中的淹没深度相同，各点静压力 $p = \rho g h$ 也相同，所以水平放置平面上的液体总压力为 $P = \rho g h A$，其作用点 y_D 与平面的形心 C 重合，简言之，作用点在面积形心上。

（2）当 $\alpha = 90°$ 时，平面铅垂放置，此时 $\sin\alpha = 1$。由几何关系可知 $y_C = h_C$，$y_D = h_D$，所以作用点的位置为

$$h_D = h_C + \frac{J_{Cx}}{h_C A} \tag{2-28}$$

综上所述，若液面压力一定，则作用在平面上的液体总压力 P 与液体的密度 ρ、平面受压面积 A 及其形心在液体中的淹没深度 h_C 有关。当平面和液体一定时，总压力 P 的大小只取决于淹没深度。

最后指出，对于某些形状与位置特殊的平面，也可以采用图解法确定液体总压力及其作用点。但在一般情况下，大多采用解析方法求解。

【**例 2-11**】 某水箱的侧壁为铅垂位置的平面，如图 2-34 所示，水箱宽度 $b=1\mathrm{m}$，液面以下深度 $h=2\mathrm{m}$，试确定水箱侧壁上的液体总压力及其作用点。

解：铅垂平面受液体作用的面积为

$$A = bh = 1 \times 2 = 2(\mathrm{m}^2)$$

其形心 C 在液面以下的深度为

$$h_C = \frac{h}{2} = 1(\mathrm{m})$$

图 2-34 水箱侧壁

根据式(2-24)，液体总压力为

$$P = \rho g h_C A = 1000 \times 9.8 \times 1 \times 2 = 19.6 \times 10^3 (\mathrm{N}) = 19.6 (\mathrm{kN})$$

由于水箱侧壁铅垂放置，因而 $y_C = h_C$，$y_D = h_D$，根据式(2-25)，总压力的作用点为

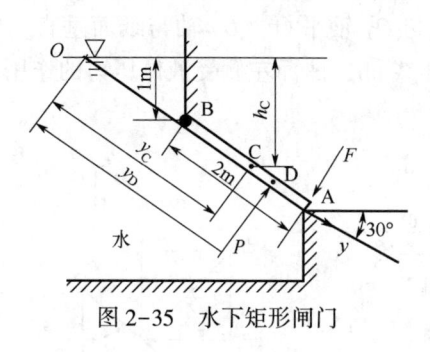

$$y_D = h_D = h_C + \frac{J_{Cx}}{h_C A} = h_C + \frac{\frac{bh^3}{12}}{h_C bh} = 1 + \frac{2^2}{12} = 1.33(\mathrm{m})$$

【**例 2-12**】 某矩形闸门宽 $b=1\mathrm{m}$，长 $L=2\mathrm{m}$，其位置如图 2-35 所示。闸门可绕 B 轴转动，已知 B 轴距液面 1m。若使闸门关闭，试确定在 A 处必须施加的作用力 F（闸门自重不计）。

解：依题意，若使闸门关闭，则外加力 F 对转轴 B 的力矩最小应与液体总压力 P 对转轴 B 力矩达到平衡。

图 2-35 水下矩形闸门

根据式(2-24)，液体总压力为

$$P = \rho g h_C A = \rho g \left(H + \frac{1}{2}L\sin 30°\right) Lb$$

$$= 10^3 \times 9.8 \times \left(1 + \frac{1}{2} \times 2 \times \frac{1}{2}\right) \times 2 \times 1$$

$$= 29.4 \times 10^3 (\mathrm{N}) = 29.4 (\mathrm{kN})$$

根据式(2-25)，总压力的作用点为

$$y_D = y_C + \frac{J_{Cx}}{y_C A} = \left(\frac{H}{\sin 30°} + \frac{L}{2}\right) + \frac{\frac{bL^3}{12}}{\left(\frac{H}{\sin 30°} + \frac{L}{2}\right) bL} = 3.11(\mathrm{m})$$

由力矩平衡原理得

$$FL = P\left(y_D - \frac{H}{\sin 30°}\right)$$

即

$$F = P\left(y_D - \frac{H}{\sin 30°}\right) \Big/ L = 29.4 \times (3.11-2)/2 = 16.3(\text{kN})$$

所以，当 $F \geq 16.3\text{kN}$ 时，可将闸门关闭。

第四节　静止流体作用在曲面上的总压力计算

在工程中，常见到一些储液的容器，如油罐、分离器、水塔、蒸馏塔等，它们都是由圆柱、圆锥、半球、球冠等曲面组成的，计算静止流体对这些容器壁的作用力，就属于静止流体作用在曲面上的总压力问题。

根据液体静压力的特性可知，作用于曲面上的压力是空间力系。任意曲面上的这种空间力系的合成比较复杂，并且实用意义不大。工程上常遇到的是柱面和球面。下面只研究作用在柱面上的液体总压力的大小、方向及作用点，所得结论同样适用于球面。

一、总压力的大小

曲面 ab 如图 2-36 所示，其面积为 A，曲面的母线与 Oy 轴平行（Oy 轴与纸面垂直），母线长（曲面宽）为 b，则曲面在 xOz 平面上的投影为曲线 ab，曲面左侧受液体压力的作用（动画 2-3）。

动画 2-3　曲面坐标系建立

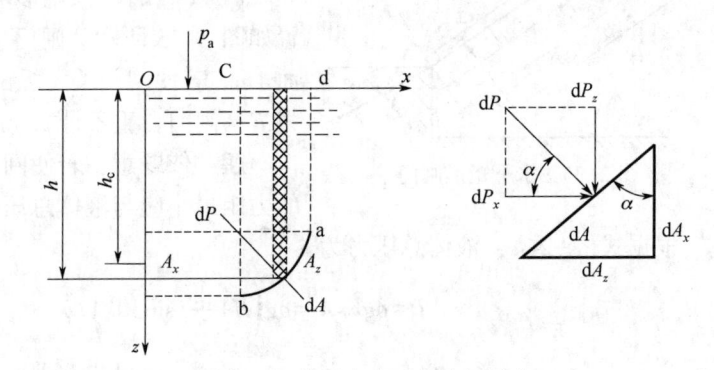

图 2-36　作用在曲面上的总压力

在曲面 ab 上任取一微元面积 dA，它距液面的深度为 h，由于 dA 是微分量，故可认为 dA 是平面，其形心处的压力为 $p = \rho g h$，因此，垂直作在微元面积 dA 上的总压力为 dP = pdA = $\rho g h$dA。

将 dA 上的液体总压力 dP 分解为水平方向的分力 dP_x 和铅垂方向的分力 dP_z，并将两个分力在整个面积上进行积分，便可求得作用在曲面上总压力的水平分力 P_x 和铅垂分力 P_z，将 P_x 与 P_z 合成便可求出总压力的大小，即

$$P = \sqrt{P_x^2 + P_z^2} \tag{2-29}$$

1. 水平分力 P_x 的计算

如图 2-36 所示，设微元面积 dA 上的水静压力 dP 与水平面的夹角为 α，其左侧承受水

静压力。作用在 dA 上的总压力为

$$dP = pdA = \rho gh dA$$

水平分力为

$$dP_x = dP\cos\alpha = \rho gh dA\cos\alpha$$

由图 2-36 可知 dA_x = d$A\cos\alpha$,所以

$$dP_x = \rho gh dA_x$$

积分得

$$P_x = \int_{A_x} dP_x = \rho g \int_{A_x} h dA_x$$

上式中 $\int_{A_x} h dA_x$ 等于曲面面积 A 在铅垂面上的投影面积 A_x 对 y 轴的面积矩,即

$$\int_{A_x} h dA_x = h_C A_x$$

所以

$$P_x = \rho g h_C A_x = p_C A_x \tag{2-30}$$

式中 A_x——受压曲面在铅垂面的投影面积,m^2;

h_C——A_x 的形心的淹没深度,m;

p_C——A_x 的形心所对应的静压力,Pa;

P_x——受压曲面所受总压力的水平分力,N。

式(2-30)表明,作用在曲面上的液体总压力 P 的水平分力 P_x 等于曲面在 yOz 平面上的投影面积 A_x 上的液体总压力。因此,求曲面上液体总压力的水平分力,实际上可归结为求该曲面在 yOz 平面上投影面积 A_x 上的液体总压力,其作用线通过平面 A_x 的压力中心,如图 2-37 所示。

若液体表面上的压力不为大气压,则

$$p_C = p_0 + \rho g h_C$$

式中 p_0——液面上的气体压力,Pa。

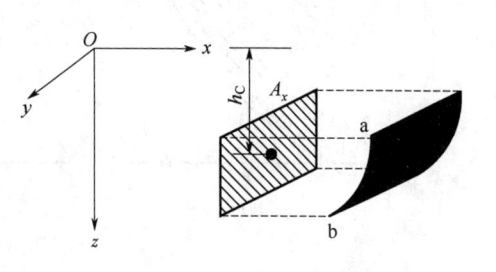

图 2-37 曲面在 yOz 平面上的投影面积 A_x

2. 铅垂分力 P_z 的计算

由图 2-36 可知,微元面 dA 上所受的静水总压力的铅垂分力为

$$dP_z = dP\sin\alpha = pdA\sin\alpha = pdA_z = \rho gh dA_z$$

积分得

$$P_z = \int_{A_z} dP_z = \rho g \int_{A_z} h dA_z$$

从几何观点看,上式中 $h dA_z$ 是微元面积 dA 以上、液面以下的柱体体积 dV,如图 2-36 所示,而 $\int_{A_z} h dA_z$ 是整个曲面 ab 以上、液面以下的若干个微小柱体体积的总和,设

$$V = \int_{A_z} h dA_z$$

所以

$$P_z = \rho g V \qquad (2\text{-}31)$$

式(2-31)说明，作用于曲面上总压力的铅垂分力等于其压力体内的液体的重力，其作用线通过压力体的重心。显然，计算 P_z 的关键是计算压力体的体积。

压力体是由积分式 $\int_{A_z} h dA_z$ 得到的一个体积，它是一个纯数学的概念，与这个体积内是否充满着液体无关。从 $\int_{A_z} h dA_z$ 可知，压力体是指以曲面本身为底面，以相对压力为零的液面或其延长面为顶面，过曲面边缘向上所作的铅垂面为侧壁所围成的一个空间体积，如图 2-38 所示。

如图 2-39(a) 所示，当压力体与液体在曲面的同侧时，P_z 向下称为实压力体，用"+"号表示；如图 2-39(b) 所示，当压力体与液体在曲面的异侧时，P_z 向上，称为虚压力体，用"-"号表示。简言之，若液体在曲面 ab 的上方，则 P_z 的方向一定向下；反之则必然向上。在流体力学中，为区别起见，将充满液体的压力体称为实压力体或正压力体，将没有液体的压力体称为虚压力体或负压力体。

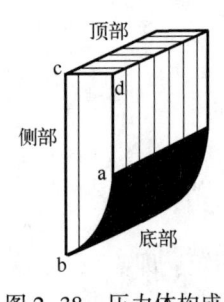

图 2-38　压力体构成示意图

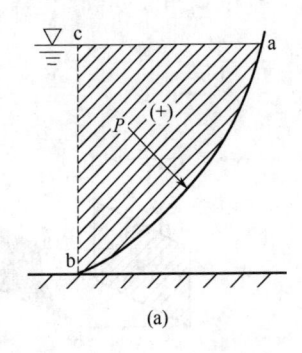

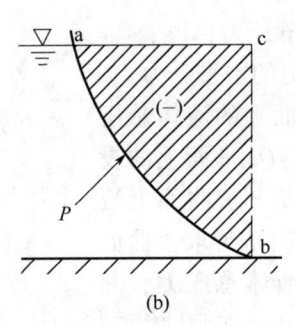

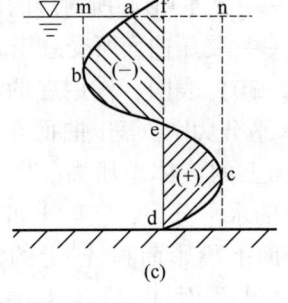

图 2-39　压力体的实虚

对于比较复杂的曲面，如图 2-39(c) 所示，可以将其分为 ab、be、ec、cd 四段曲面来画出其压力体。其中 ab、cd 曲面的压力体为实压力体，be、ec 曲面的压力体为虚压力体，整个 abecd 曲面的总压力体是各段曲面的压力体的代数和（动画 2-4）。

综上所述，作用在曲面上液体总压力的计算方法可归纳如下：

（1）将曲面上的液体总压力 P 分解为水平分力 P_x 及铅垂分力 P_z。

（2）画出曲面在铅垂面上的投影面积。

（3）找出相对压力为零的液面（若为密闭容器可以假想在容器侧壁接上一个测压管，计算出测压管液面的高度即为相对压力为零的液面）。

动画 2-4　曲面压力体的绘制

（4）水平分力 P_x 等于该曲面在铅垂面上的投影面积 A_x 上的液体总压力，其计算方法与平面上液体总压力的计算方法相同。

（5）确定铅垂分力 P_z 时，先找出压力体并确定其正负，定出 P_z 的方向，按 $P_z = \rho g V$ 求出。

（6）水平分力 P_x 及铅垂分力 P_z 确定之后，即可按式(2-29) 求出总压力 P 的大小。

二、总压力的方向

由图 2-36 中水平分力 P_x 和铅垂分力 P_z 的几何关系可以得出

$$\tan\alpha = \frac{P_z}{P_x}$$

$$\alpha = \arctan\frac{P_z}{P_x} \tag{2-32}$$

式中　α——曲面的总压力 P 与水平面的夹角，(°)。

求得 α 之后，便可以确定液体总压力 P 的作用线。

三、总压力的作用点

液体总压力 P 的作用线应通过 P_x 与 P_z 的交点 D'，D' 不一定在曲面上，但总压力的作用线却一定与曲面相交于一点，如图 2-40 所示，总压力的作用线与曲面的交点 D 就是总压力在曲面上的作用点。

【例 2-13】 溢流坝上有一圆弧形闸门 AB，如图 2-41 所示，弧面为圆柱形曲面，已知闸门半径 $r=2\text{m}$，门宽 2m，圆心角为 90°。试求作用于闸门上的总压力的大小和方向。

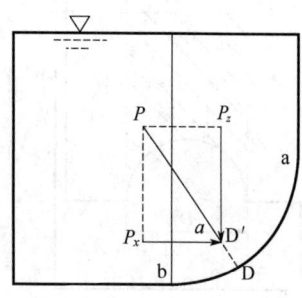

图 2-40　曲面上总压力的作用线

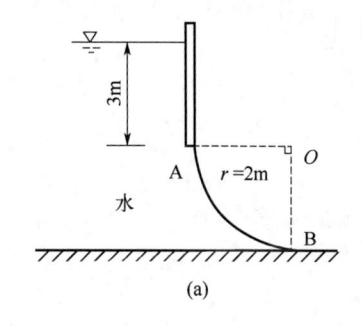

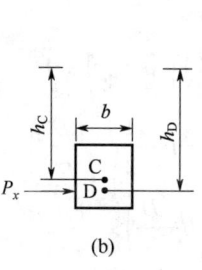

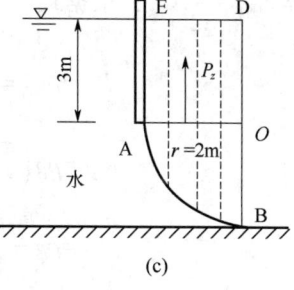

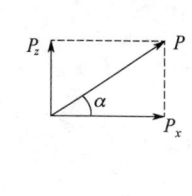

图 2-41　作用于圆弧闸门上的总压力

解：（1）计算总压力的水平分力。

弧形闸门在铅垂面的投影面积如图 2-41(b) 所示。

$$A_x = b \times r = 2 \times 2 = 4(\text{m}^2)$$

投影面形心距液面的垂直深度为

$$h_C = 3 + \frac{r}{2} = 3 + \frac{2}{2} = 4(\text{m})$$

代入水平分力计算公式(2-30)，得

$$P_x = \rho g h_C A_x = 1000 \times 9.8 \times 4 \times 4 = 156800(\text{N})$$

（2）计算总压力的铅垂分力。

画出压力体如图 2-41(c) 中 ABODE 所示，压力体体积为

$$V = V_{ABO} + V_{ODEA} = \frac{1}{4}\pi r^2 \cdot b + r \times b \times 3$$

$$= \frac{1}{4} \times 3.14 \times 2^2 \times 2 + 2 \times 2 \times 3 = 18.28 (m^3)$$

所以，铅垂分力为

$$P_z = \rho g V = 1000 \times 9.8 \times 18.28 = 179144(N) (方向铅垂向上)$$

（3）总压力为

$$P = \sqrt{P_x^2 + P_z^2} = \sqrt{156800^2 + 179144^2} = 238073(N)$$

总压力与水平方向的夹角为

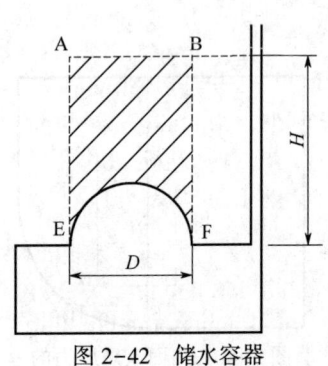

$$\alpha = \arctan\frac{P_z}{P_x} = \arctan 1.1425 = 48.8°$$

【例 2-14】储水容器如图 2-42 所示，半球形盖的直径 $D = 2m$，测压管液柱高度 $H = 2.4m$，试确定半球形盖 EF 上的液体总压力。

解：（1）计算总压力的水平分力。

由于半球形盖 EF 左半边和右半边所受的水平分力大小相等，方向相反，因此半球形盖 EF 总压力的水平分力 $P_x = 0$。

（2）计算总压力的铅垂分力。

在图中画出压力体，如图 2-42 中阴影部分，压力体 ABEF 的体积为 $V = V_{圆柱} - \frac{1}{2}V_{球}$，根据式（2-31）计算总压力的铅垂分力：

图 2-42 储水容器

$$P_z = \rho g V = \rho g \left(V_{圆柱} - \frac{1}{2} V_{球} \right)$$

$$= \rho g \left(\frac{\pi D^2}{4} \cdot H - \frac{1}{2} \cdot \frac{\pi D^3}{6} \right)$$

$$= \rho g \frac{\pi D^2}{4} \left(H - \frac{D}{3} \right)$$

$$= 1000 \times 9.8 \times \frac{\pi}{4} \times 2^2 \times \left(2.4 - \frac{2}{3} \right)$$

$$= 53.37 \times 10^3 (N) = 53.37 (kN)$$

因此，半球形盖 EF 上所受的液体总压力 $P = P_z = 53.37 kN$，因为压力体内无液体，所以为虚压力体，方向铅垂向上。

由例 2-14 可知，对于以铅垂面为对称轴的曲面，曲面所受的水平分力为 0。

四、储气罐壁面上总压力计算

由于气体密度较小，储气罐内不同位置上压力近似相同。工程上对储气罐壁面进行强度核算时，主要计算圆筒形罐壁在轴向和径向两个方向所受到气体的总压力，如图 2-43 所示。圆柱形罐在径向上的投影面积为长方形，轴向投影面积为圆形，由曲面壁水平方向总压

力的计算公式($P=p_C A_x$)可知：储气罐壁在径向和轴向两个方向的总压力计算公式为

$$P_{径} = pA_{径} = pDL \tag{2-33}$$

$$P_{轴} = pA_{轴} = p\pi D^2/4 \tag{2-34}$$

式中　$P_{径}$，$P_{轴}$——储气罐在径向、轴向上所受的总压力，N；
　　　D，L——储气罐的直径、长度，m；
　　　$A_{径}$，$A_{轴}$——储气罐的径向、轴向上的投影面积，m²；
　　　p——储气罐内气体的相对压力，N/m²。

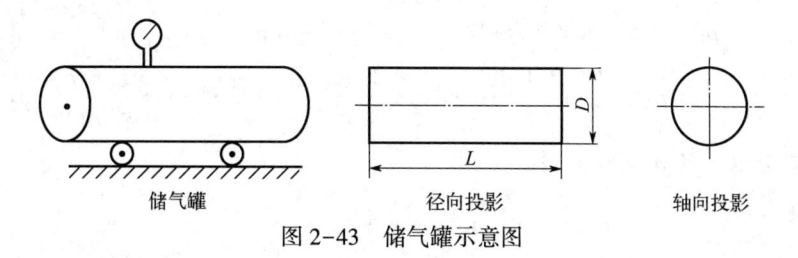

图 2-43　储气罐示意图

知识扩展

流体静平衡微分方程

通过分析静止流体中流体微团的受力，可以建立起平衡微分方程式，通过积分便可得到各种不同情况下流体静压力的分布规律。下面讨论在平衡状态下作用在流体上的力应满足的关系，建立流体平衡微分方程式。

一、流体静平衡微分方程的建立

由前面分析可知，作用在流体上的力有表面力和质量力，现在讨论在平衡状态下这些力的关系，以建立流体平衡微分方程式。

在静止状态流体中取出以 A 为中心的微小平行六面体，如图 2-44 所示。六面体各边长分为 dx、dy、dz，并分别与各坐标轴平行。

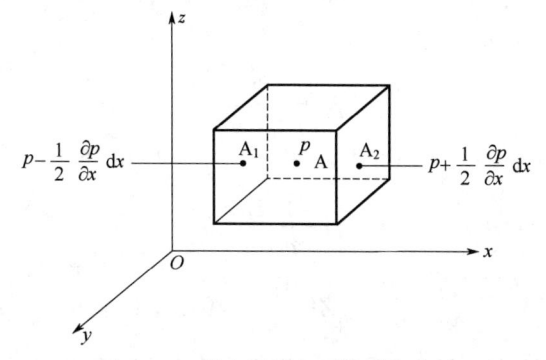

图 2-44　微小平行六面体受力分析

1. 作用于六面体各表面的表面力

以六面体为研究对象，则邻近流体作用于它上面的压力即为作用于各表面的表面力。

设六面体中心点 $A(x,y,z)$ 的压力为 p。根据流体连续性的设定，它应是坐标的连续函数，即 $p=p(x,y,z)$。于是压力在 A 点附近的变化，沿 x 方向作用在两端边界面中心点 A_1 和 A_2 上的压力分别为 p_1 和 p_2，可用泰勒级数展开，并略去高阶无穷小来求得。

边界面中心点 A_1 和 A_2 的坐标分别为 $(x-\mathrm{d}x/2, y, z)$ 及 $(x+\mathrm{d}x/2, y, z)$。已知 $p=p(x,y,z)$，根据泰勒级数，A_1 点的压力为

$$p_1 = p(x-\mathrm{d}x/2, y, z)$$
$$= p(x,y,z) + \frac{1}{2}\frac{\partial p}{\partial x}(-\mathrm{d}x) + \frac{1}{2}\frac{\partial^2 p}{\partial x^2}(-\mathrm{d}x/2)^2 + \cdots + \frac{1}{n!}\frac{\partial^n p}{\partial x^n}(-\mathrm{d}x/2)^n$$

略去级数中二阶以上的各项时，得

$$p_1 = p - \frac{1}{2}\frac{\partial p}{\partial x}\mathrm{d}x$$

同理可得

$$p_2 = p + \frac{1}{2}\frac{\partial p}{\partial x}\mathrm{d}x$$

式中，$\frac{\partial p}{\partial x}$ 为压力沿 x 方向的变化率，称为压力梯度，$\frac{1}{2}\frac{\partial p}{\partial x}\mathrm{d}x$ 为由于在 x 方向的位置变化而引起的压力差。由于六面体无限小，可以把面中心点的压力作为该面上的平均压力。故作用在边界面 abcd 和 a′b′c′d′ 上的总压力分别为 $\left(p-\frac{1}{2}\frac{\partial p}{\partial x}\mathrm{d}x\right)\mathrm{d}y\mathrm{d}z$ 和 $\left(p+\frac{1}{2}\frac{\partial p}{\partial x}\mathrm{d}x\right)\mathrm{d}y\mathrm{d}z$。

同理，沿 y、z 轴方向两对平面上的力也可以写出相应的表达式。

2. 作用于六面体的质量力

设作用于六面体单位质量流体上的质量力在 x 方向的分量为 X，则作用于六面体上的质量力在 x 方向的分力为 $X\rho\mathrm{d}x\mathrm{d}y\mathrm{d}z$，其中 ρ 为流体的密度，$\rho\mathrm{d}x\mathrm{d}y\mathrm{d}z$ 为六面体的质量。当然，沿 y、z 方向也同样存在质量力的相应分力 $Y\rho\mathrm{d}x\mathrm{d}y\mathrm{d}z$ 和 $Z\rho\mathrm{d}x\mathrm{d}y\mathrm{d}z$。

根据静力平衡条件，静止六面体上各个方向作用力之和均应为零，对 x 方向为

$$\left(p-\frac{1}{2}\frac{\partial p}{\partial x}\mathrm{d}x\right)\mathrm{d}y\mathrm{d}z - \left(p+\frac{1}{2}\frac{\partial p}{\partial x}\mathrm{d}x\right)\mathrm{d}y\mathrm{d}z + X\rho\mathrm{d}x\mathrm{d}y\mathrm{d}z = 0$$

用 $\rho\mathrm{d}x\mathrm{d}y\mathrm{d}z$ 除上式，简化后得

$$X - \frac{1}{\rho}\frac{\partial p}{\partial x} = 0 \tag{2-35a}$$

同理，在 x、y 方向可得

$$\begin{cases} Y - \dfrac{1}{\rho}\dfrac{\partial p}{\partial y} = 0 \\ Z - \dfrac{1}{\rho}\dfrac{\partial p}{\partial z} = 0 \end{cases} \tag{2-35b}$$

这就是流体平衡微分方程式。由于推导方程时考虑质量力之和是空间的任意方向，因而它既适用于绝对静止状态，也适用于相对静止状态。同时，推导中也没有设定密度必须为常数，

所以它不仅可用于不可压缩流体，而且也适用于可压缩流体。

该方程的物理意义为：当流体处于静平衡时，作用于单位质量流体上的质量力与压力的合力相平衡。

二、流体静平衡微分方程的积分

为了求在质量力作用下，静止流体内压力 p 的分布规律，把上面三个分量式依次乘以 dx、dy、dz，然后相加，得

$$\frac{\partial p}{\partial x}dx+\frac{\partial p}{\partial y}dy+\frac{\partial p}{\partial z}dz=\rho(Xdx+Ydy+Zdz)$$

因为 $p=p(x, y, z)$，所以上式左边是静止流体中压力的全微分。因而流体平衡微分方程式的全微分表达式为

$$dp=\rho(Xdx+Ydy+Zdz) \tag{2-36}$$

对于绝对静止的均质流体，其密度 ρ 为常数。单位质量流体所受的质量力只有指向地心的引力，它与 z 方向相反，即

$$X=0; \quad Y=0; \quad Z=-g$$

代入式(2-36)，可得

$$dp=-\rho g dz \quad 或 \quad dp+\rho g dz=0$$

对均质流体，密度 ρ 为常数，则有

$$d(p+\rho g z)=0$$

所以

$$p+\rho g z=C \tag{2-37}$$

式中　C——积分常数。

上式两端同除以 ρg，则有

$$z+\frac{p}{\rho g}=c \tag{2-38a}$$

对于静止流体中的任意两点，上式可写成

$$z_1+\frac{p_1}{\rho g}=z_2+\frac{p_2}{\rho g} \tag{2-38b}$$

式(2-38)称为静力学基本方程式，其适用条件是：重力作用下静止的均质流体。对于互不连通的两个容器内的流体或同一容器不同密度的两种流体，流体静力学基本方程式不成立。

三、几种质量力作用下的流体平衡

前面研究了只受重力作用时静止流体内压力的分布规律及其应用。当盛于容器内的流体随容器相对于地球运动时，流体各部分之间及流体与容器之间没有相对运动，这种盛流体的容器相对于地球来说是运动的，而流体相对容器来说是静止的状态，称为相对平衡。当把坐标系建立在盛流体的容器上时，流体相对于坐标系处于平衡状态。根据达朗伯原理，可以假想把惯性力加在运动流体上，而将这种问题作为静止状态来处理。

1. 水平等加速运动容器中的相对平衡

当盛有液体的容器沿着水平面以加速度 a 作水平等加速运动时，液体的自由面已由水平转变为倾斜，如图2-45所示。

如果将坐标系建立在容器上，原点在液面中心点处，坐标轴 x 的方向和加速度的方向相同，坐标系随流体一起运动。根据达朗伯原理，流体处于相对平衡时，作用在流体上的质量力，除了重力外，还需要加上一个大小等于流体质量 m 乘以加速度 a、方向与加速度方向相反的惯性力。此时，作用在单位质量流体上的质量力为

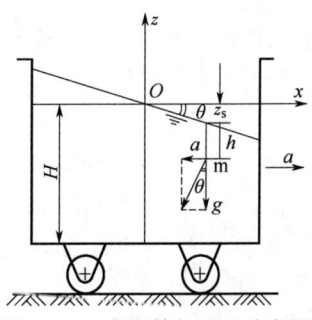

$$X = -a, \quad Y = 0, \quad Z = -g$$

图 2-45 水平等加速运动容器

1) 流体压力分布规律

将单位质量力的分力代入式(2-36) 得

$$dp = \rho(-adx - gdz)$$

积分上式，得

$$p = -\rho(ax + gz) + C$$

式中 C——积分常数。

当 $x=0$, $z=0$ 时，$p=p_0$ 代入上式得 $C=p_0$，于是

$$p = p_0 - \rho(ax + gz) \tag{2-39}$$

这就是水平等加速运动容器中流体静压力分布规律。式(2-39)说明：压力 p 不仅随 z 变化，而且还随 x 坐标的变化而变化。

2) 等压面方程

将单位质量力的分力代入等压面微分方程式 $Xdx + Ydy + Zdz = 0$，得

$$adx + gdz = 0$$

积分上式，得

$$ax + gz = C$$

这就是等压面方程。水平等加速运动容器中流体的等压面已经不是水平面，而是一簇平行斜面。与 x 方向的倾斜角的大小为

$$\theta = \tan^{-1}\frac{a}{g}$$

在自由表面上，当 $x=0$ 时，$z=0$，可得积分常数 $C=0$，故自由面方程为

$$ax + gz_s = 0 \tag{2-40}$$

或

$$z_s = -\frac{a}{g}x$$

式中 z_s——自由液面上点的 z 坐标。

从图2-45中可看出自由液面应与重力和惯性力的合力相垂直。图2-45中 m 点的压力可由式(2-39)、式(2-40) 得

$$p = p_0 + \rho g(z_s - z) = p_0 + \rho g h \tag{2-41}$$

其中

$$h = z_s - z$$

式中　　h——压力计算点在自由液面下的深度。

可以看出，水平等加速运动容器中，流体静压力分布规律与静止流体中压力分布规律完全相同，即流体内任一点的静压力等于液面压力 p_0 加上该点处液柱所形成的压力。

2. 绕垂直轴作等角速度旋转容器中的相对平衡

图 2-46 为一个盛有液体的敞口圆柱形容器，当其绕垂直轴做等角速度 ω 旋转时，由于流体的黏滞性作用，液体由边缘向中心逐渐被带动旋转。待稳定后，液体的表面变成绕垂直轴的旋转抛物面，这是一种相对平衡。将坐标系建立在容器上，原点在液面中心点最低处，z 轴垂直向上。同理，根据达朗伯原理，作用在流体上的质量力，除了重力外，还需要加上一个大小等于流体质量乘以向心加速度、方向与向心加速度方向相反的离心惯性力。对于等角速度旋转运动来说，液体中任一质点 $m(x,y,z)$ 处的向心加速度为 $\dfrac{u^2}{r}$，离心惯性力为

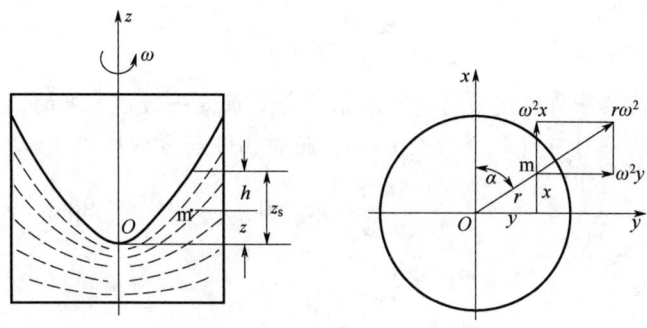

图 2-46　绕垂直轴旋转容器

$$F=\frac{mu^2}{r}=\frac{m}{r}(\omega r)^2=m\omega^2 r$$

其中

$$r=\sqrt{x^2+y^2}$$

式中　　m——质量；

　　　　ω——角速度；

　　　　r——该点半径。

单位质量离心惯性力在 x，y，z 方向的分量为

$$X=\omega^2 r\cos\alpha=\omega^2 x;\ Y=\omega^2 r\sin\alpha=\omega^2 y;\ Z=-g$$

1) 流体压力分布规律

将单位质量力的分力代入式(2-32)，得

$$dp=\rho(\omega^2 x dx+\omega^2 y dy-g dz)$$

积分后得

$$p=\rho\left(\frac{\omega^2 x^2}{2}+\frac{\omega^2 y^2}{2}-gz\right)+C$$

或

$$p=\rho\left(\frac{\omega^2 r^2}{2}-gz\right)+C$$

代入边界条件：当 $r=0$，$z=0$ 时，$p=p_0$ 可求得积分常数 $C=p_0$，于是得

$$p = p_0 + \rho g \left(\frac{\omega^2 r^2}{2g} - z \right) \tag{2-42}$$

这就是绕垂直轴做等角速度旋转时容器中的流体静压力分布规律。式(2-42)说明：在同一高度上，液体静压力沿径向按半径二次方增长，越靠近容器壁面，压力越大。各种工程中常用的离心泵、离心风机、离心分离器、旋风除尘器等都是依据这一原理工作的。

2) 等压面方程

将单位质量力的分力代入等压面方程式 $Xdx+Ydy+Zdz=0$，得

$$\omega^2 x dx + \omega^2 y dy - g dz = 0$$

积分得

$$\frac{\omega^2 x^2}{2} + \frac{\omega^2 y^2}{2} - gz = 0$$

或

$$\frac{\omega^2 r^2}{2} - gz = C \tag{2-43}$$

上式说明，绕垂直轴做等角速度旋转时，容器中等压面是一簇绕 z 轴的旋转抛物面。在自由表面上，当 $r=0$ 时，$z=0$ 可得积分常数 $C=0$，故自由液面方程为

$$\frac{\omega^2 r^2}{2} - gz_s = 0$$

或

$$z_s = \frac{\omega^2 r^2}{2g} \tag{2-44}$$

式中，$\frac{\omega^2 r^2}{2g}$ 表示半径 r 处水面高出 xOy 平面的垂直距离。此时，质量力为垂直力 $-g$ 与水平力 $\omega^2 r$ 所合成，方向倾斜，该力随半径变化其大小、方向不同，但在每一点处它都与等压面相互垂直。

将式(2-44)代入式(2-42)，可得图 2-46 中任一点 m 的压力为

$$p = p_0 + \rho g(z_s - z) = p_0 + \rho g h$$

其中

$$h = z_s - z$$

式中 h——压力计算点在自由液面下的深度。

说明绕垂直轴做等角速度旋转时，任意点的压力仍然与静止流体静压力分布完全相同。

思考题

2-1 根据静压强的特性和流体静力学基本方程式，判断下面的压强分布图（思考题 2-1 图）是否正确。若不正确，错在哪里？

2-2 流体静力学基本方程式有三种不同的表达形式：$p=p_0+\rho gh$，$p_2-p_1=\rho g \Delta h$ 和 $z_1+(p_1/\rho g)=z_2+(p_2/\rho g)$，请说明各式表示的意义是什么。

2-3 某容器的两种液体如思考题 2-3 图所示，其中 $\rho_1 < \rho_2$。对于 1、2、3 点有两个流体静力学方程式：(1) $z_1+(p_1/\rho_1 g)=z_2+(p_2/\rho_2 g)$，

(2) $z_2+(p_2/\rho_2 g)=z_3+(p_3/\rho_3 g)$，

试分析哪个方程式是正确的，哪个是错误的，并说明为什么。

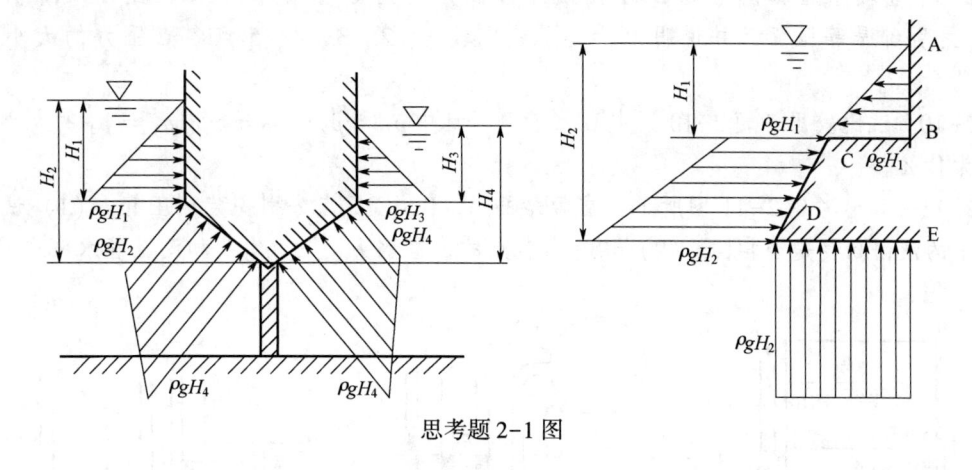

思考题2-1图

2-4 压力水头和测压管水头之间有什么区别与联系？如思考题2-4图所示，1、2、3点的压力水头和测压管水头是否相等？

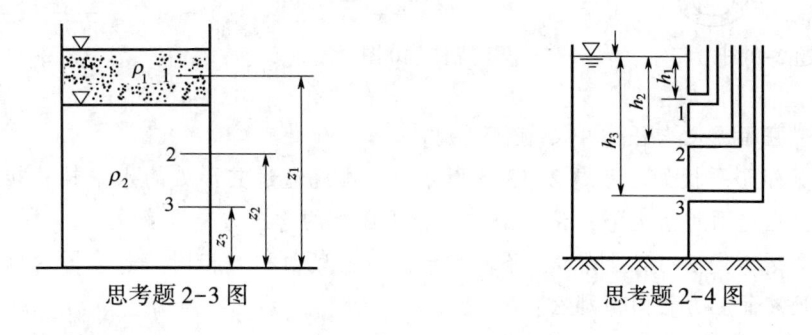

思考题2-3图

思考题2-4图

2-5 如思考题2-5图所示，左边容器的液体中漂浮着质量相等的两个球。右边容器的液体中漂浮着相同质量的一个球。A、B两点位于同一水平面上，有人说A点压强大，B点压强小。这种说法是否正确？为什么？

2-6 某种容器中的两种液体如思考题2-6图所示，$\rho_1 < \rho_2$，在容器侧壁安装了两根测压管，试说明图中所标出的测压管中的液面位置是否正确。为什么？

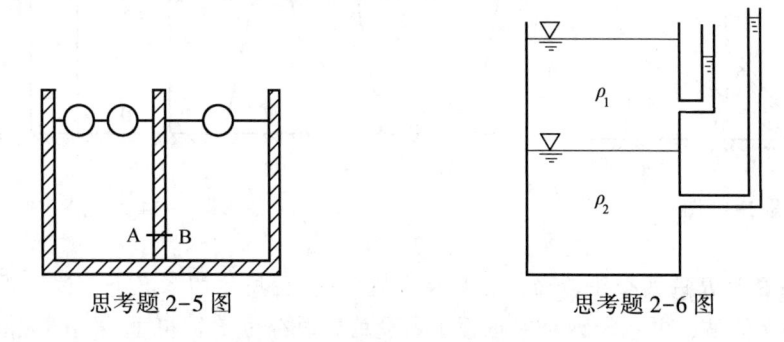

思考题2-5图

思考题2-6图

2-7 什么是绝对压力、相对压力和真空度？它们之间的关系是什么？从理论上讲，最大真空度的值是多少？

2-8　压力有哪些表示方法？它们之间如何换算？

2-9　密闭水箱如思考题 2-9 图所示，试分析两 U 形管中的水平面 A—A、B—B、C—C 是否都是等压面，并说明为什么。试比较 1、2、3、4、5 点各点压力的大小，并说明为什么。

2-10　试比较思考题 2-10 图中 U 形管测压计中 p_1 与 p_2、p_2 与 p_3、p_3 与 p_4 的大小，并说明为什么。

2-11　如思考题 2-11 图所示，在管路的 A、B、C 三点分别安装测压管：(1) 试问各测管中的液面高度是否相同。(2) 请标出各点的位置水头、压力水头和测压管水头。

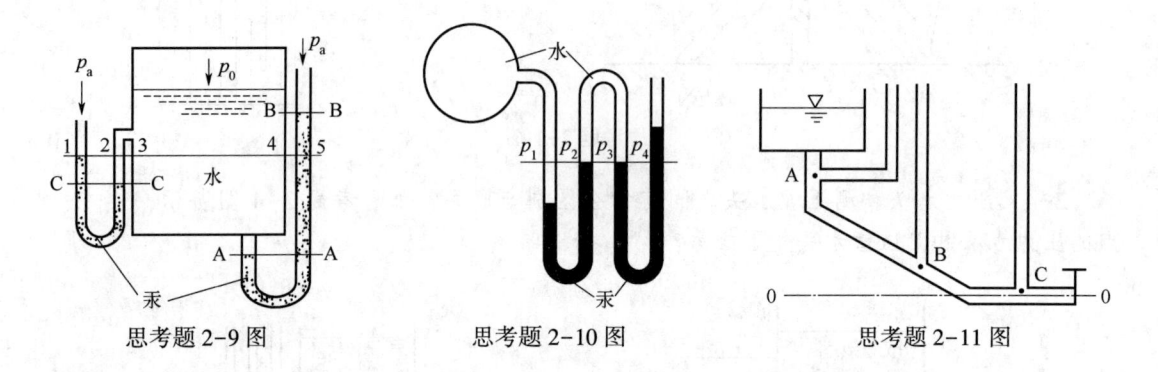

思考题 2-9 图　　　思考题 2-10 图　　　思考题 2-11 图

2-12　受压面形心与压力中心有何区别？

2-13　某矩形平板如思考题 2-13 图所示，若围绕通过其形心的水平轴旋转或围绕其水平底边旋转，在这两种情况下，试分别说明受压面上的总压力是否变化。

2-14　如思考题 2-14 图所示，不同形状的容器底面积均相同。若容器内盛有相同深度的同种液体且液面压力相同，那么：

(1) 各容器底面上的压力是否相等？

(2) 各容器底面上所受的液体总压力是否相等？

(3) 支撑容器的地面所受的作用力是否相等（容器自重不计）？

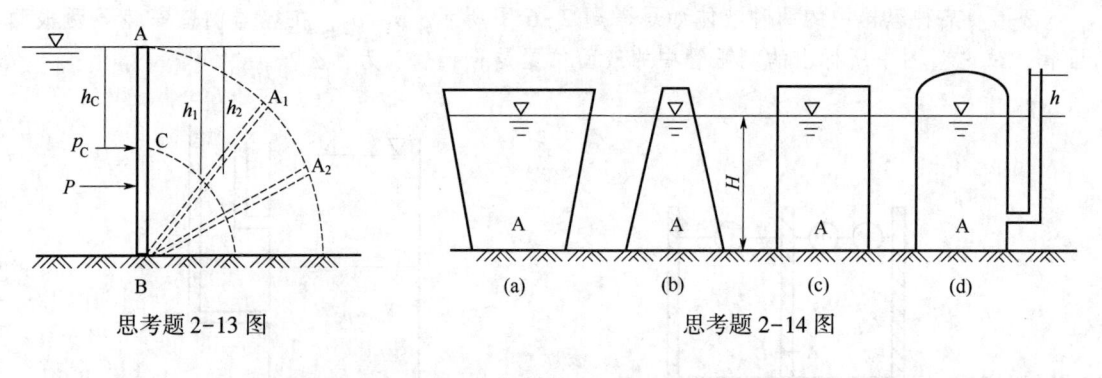

思考题 2-13 图　　　思考题 2-14 图

2-15　半径为 R 的两个半球面，在如思考题 2-15 图所示的情况下，试说明两者所受的铅垂分力的确定方法，并判断两个半球面上所受的铅垂分力是否相同。

2-16　在封闭容器上装有 U 形水银测压计，如思考题 2-16 图所示。其中 1、2、3 点位于同一水平面上，其压强 p_1、p_2、p_3 关系如何？

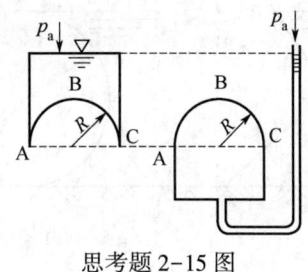

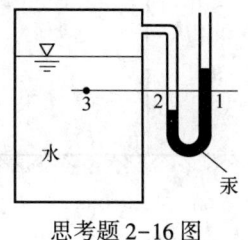

思考题 2-15 图   思考题 2-16 图

2-17　流体静压力有哪些特性，如何证明？
2-18　什么是压力体？确定压力体的方法是什么？

习题

2-1　在海面以下 $h=30.0\text{m}$ 处测得相对压力为 $3.09\times10^5\text{Pa}$，试确定海水的密度。

2-2　气压计读数为 755mmHg，求水面以下 7.6m 深处的绝对压力。

2-3　某容器中液面压强 $p_0=1\times10^5\text{Pa}$，液体的密度 $\rho=1000\text{ kg/m}^3$，试求在液面下 $h=2\text{m}$ 处 M 点的绝对压力和表压。

2-4　某圆柱形容器内装三种液体，如习题 2-4 图所示，上层油的相对密度 $d_1=0.8$，中层水的相对密度 $d_2=1$，下层汞的相对密度 $d_3=13.6$。已知各液层深度相同 $h=0.3\text{m}$，容器直径 $D=1\text{m}$，试确定：

（1）A、B 点的相对压力（用 N/m^2 表示）；

（2）A、B 点的绝对压力（用 m 水柱高度表示）；

（3）容器底面上的液体总压力。

2-5　供水系统如习题 2-5 图所示，已知：$p_{1\text{绝}}=137\text{kPa}$，$p_{2\text{绝}}=39\text{kPa}$，$z_1=1\text{m}$，$z_2=0.5\text{m}$，$z_3=2.3\text{m}$，试求阀门关闭后 A、B、C、D 各点的压力水头。

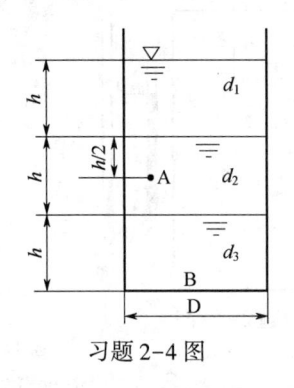

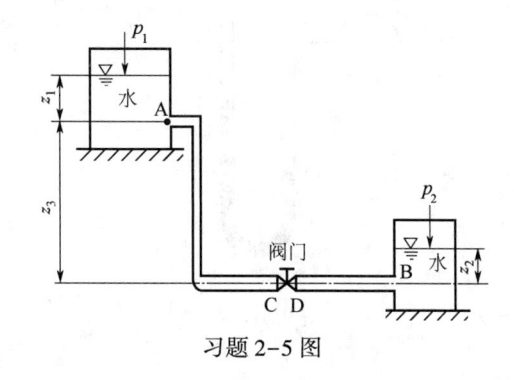

习题 2-4 图   习题 2-5 图

2-6　试绘出如习题 2-6 图所示的各 AB 面上的静压力分布图。

2-7　密闭容器如习题 2-7 图所示，压力表的读数为 4900Pa，压力表中心比 A 点高 0.4m，A 点在水下 1.5m，求液面压强 p_0 是多少。

习题 2-6 图

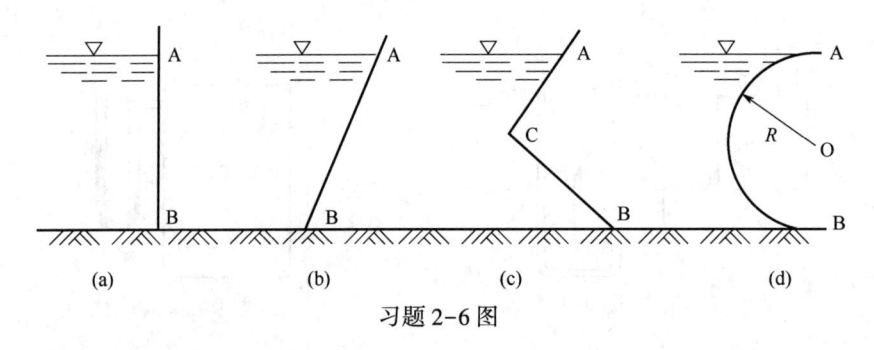

2-8 U形管中的水银和水如习题 2-8 图所示，试求：
(1) A、C 两点的表压及绝对压力；
(2) A、B 两点的高度差 h。

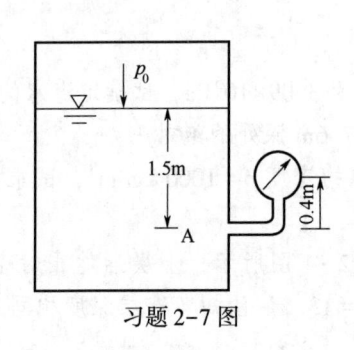

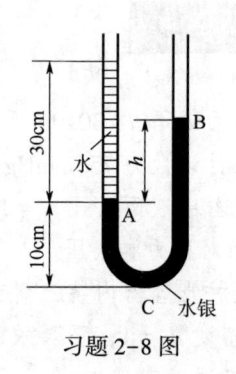

习题 2-7 图

习题 2-8 图

2-9 用水银测压计测量油管中心点 A 处的压力，如习题 2-9 图所示，已知油的相对密度 $d=0.9$，若测得 $h_1=800\text{mm}$，$h_2=900\text{mm}$，并近似取大气压 $p_a=1\times10^5\text{N/m}^2$，求 A 点的表压及绝对压力。

2-10 某密闭水箱如习题 2-10 图所示。当 U 形管测压计的读数为 10cm 时，试确定压力表的读数。

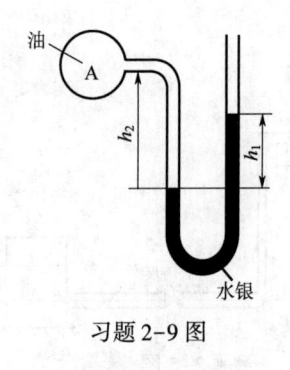

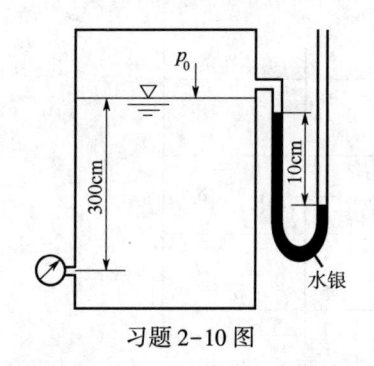

习题 2-9 图

习题 2-10 图

2-11 如习题 2-11 图所示，已知容器中 A 点的相对压力 $p_A=49000\text{Pa}$，若在与 A 点同高度上安装测压管，至少需要多长的测压管？如果改成水银测压计，已知 $h_1=2\text{m}$，则水银柱的高度 h_2 等于多少？

2-12 如习题 2-12 图所示，用 U 形管水银测压计测定容器中液体 A 点的压力，已知

$h_1=25\text{cm}$，$h_2=20\text{cm}$，$h_A=10\text{cm}$。求：

（1）p_A 和液面压力 p_0 各是多少；

（2）当 $h_2=0\text{cm}$，其他条件不变时，p_A 和液面压力 p_0 是多少。

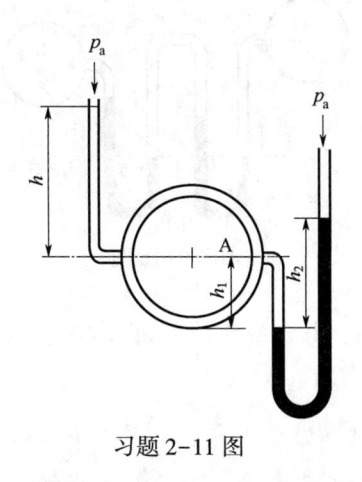

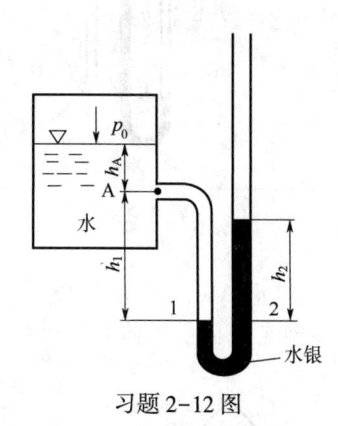

习题 2-11 图　　　　　　习题 2-12 图

2-13　如习题 2-13 图所示，在一个密闭容器内装有水及油，密度分别为 $\rho_水$ 及 $\rho_油$，油层高度为 h_1，容器底部装有水银测压计，读数为 R，水银面与液面的高差为 h_2，试导出容器液面的压力 p 与 R 的关系式。

2-14　如习题 2-14 图所示，装有水的容器 A、B 与 U 形管水银测压计相连，A、B 两点的高度差为 1m，若读数 $\Delta h=0.5\text{m}$，求 A、B 两点的压力差为多少。

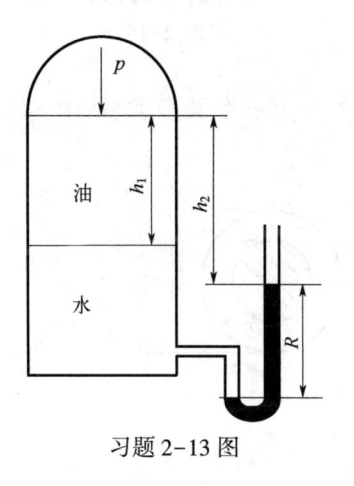

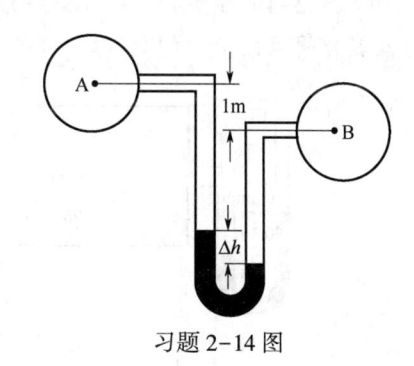

习题 2-13 图　　　　　　习题 2-14 图

2-15　如习题 2-15 图所示，如果管 A 中的压力为 $2.744\times10^5\text{Pa}$，管 B 中的压力为 $1.372\times10^5\text{Pa}$，试确定 U 形管测压计的读数 h 值。

2-16　U 形管压力计如习题 2-16 图所示。已知容器 A 中压力表读数 $p_A=0.025\text{MPa}$，$h_1=0.3\text{m}$，$h_2=0.2\text{m}$，$h_3=0.25\text{m}$，酒精的相对密度为 0.8，试求容器 B 中的气体压力。

2-17　油罐如习题 2-17 图所示，内装相对密度为 0.7 的汽油，为了测定油面高度将装有甘油（相对密度为 1.26）的 U 形管，一端接油罐顶部的空间，另一端接压气管。同时，从压气管将气引入罐内距底为 0.4m 处的汽油中。当液面有气泡逸出时，测得 U 形管内的甘

油液面高度差 $\Delta h = 0.7$m，试计算油罐内油面高度 H。

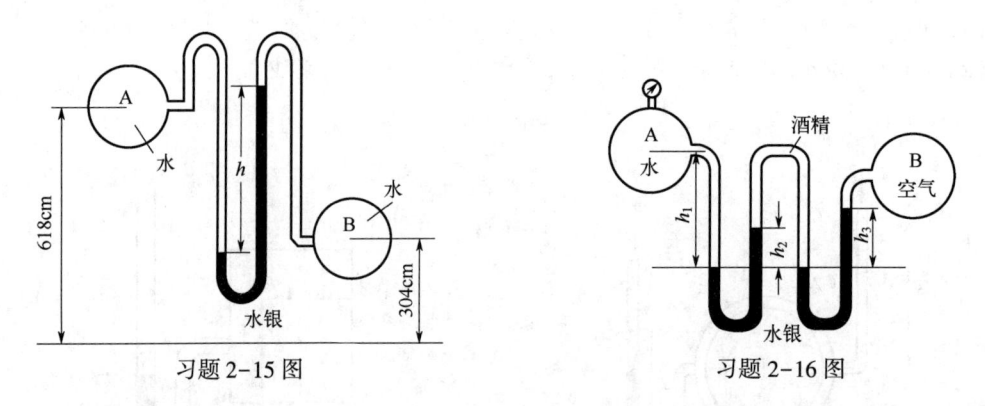

习题 2-15 图

习题 2-16 图

2-18　闸门 AB 如习题 2-18 图所示。闸门宽为 1m，与水平面的夹角为 60°，水的深度 $H = 4$m。试确定闸门上液体总压力的大小和压力中心的位置。

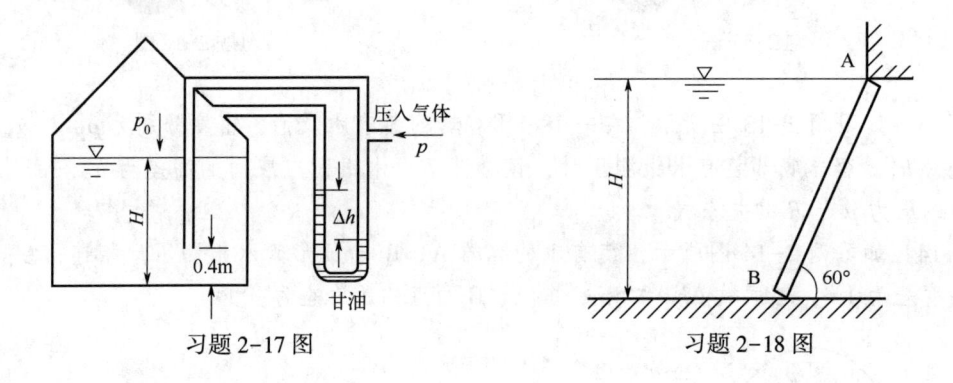

习题 2-17 图

习题 2-18 图

2-19　如习题 2-19 图所示，卧式圆柱形水罐，右端有一个圆形盖板 AB。求盖板上的液体总压力及其作用点距形心的距离。

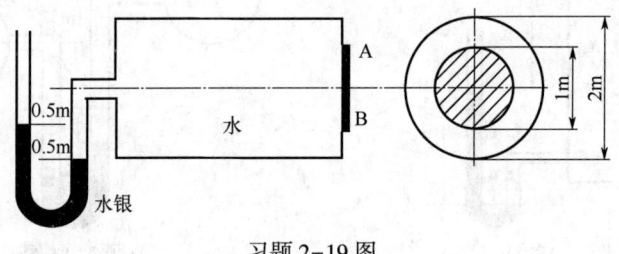

习题 2-19 图

2-20　如习题 2-20 图所示，涵洞进口设置圆形平板闸门，其直径 $D = 1$m，闸门与水平面成 60°倾角并铰接于 B 点，闸门中心点位于水下 4m，门重 $G = 980$N。当闸门后侧无水时，求开启闸门的拉力 T（不计摩擦力）。

2-21　油罐发油装置如习题 2-21 图所示，将直径为 $D_{管}$ 的圆管伸进罐内，端部切成 45°角，用椭圆形盖板盖住，盖板可绕管端上面的铰链旋转，借助绳系来开启，已知油深 $H = 5$m，圆管直径 $D_{管} = 600$mm，油的相对密度为 0.85，不计盖板的重力及铰链的摩擦力，求提升此盖板所需要多大的力。（提示盖板为椭圆形，先求出长轴 $2b$ 和短轴 $2a$，就可以算出盖

板的面积 $A = \pi ab$ ）

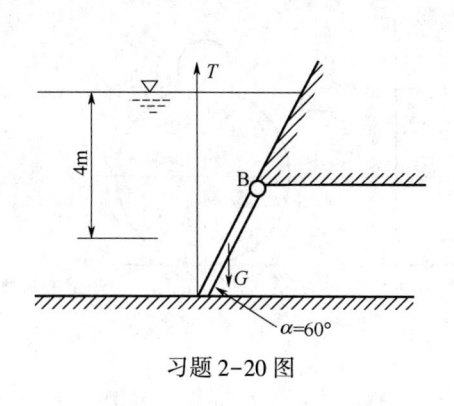

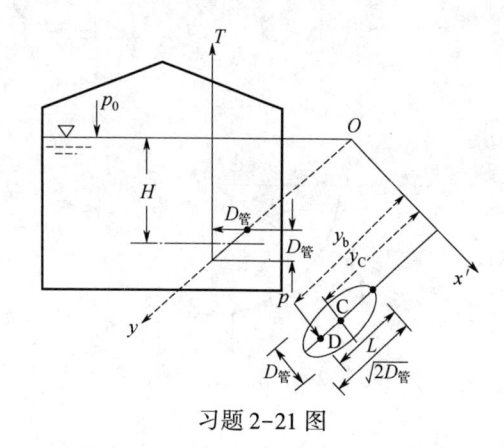

习题 2-20 图

习题 2-21 图

2-22 试绘出习题 2-22 图中 AB 曲面上的压力体。

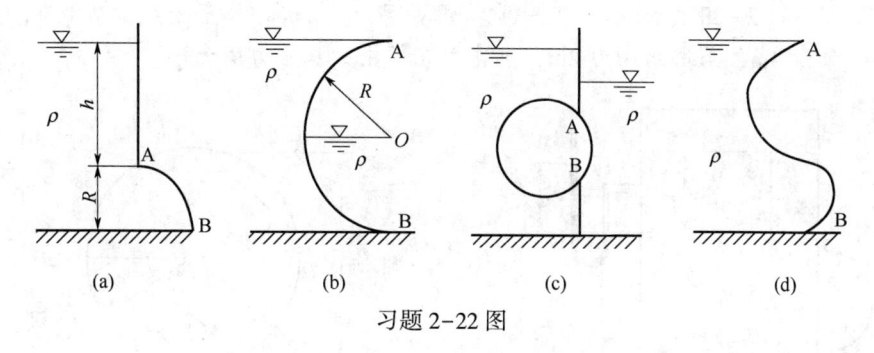

习题 2-22 图

2-23 储水容器如习题 2-23 图所示，其壁面上有三个半球形盖。设 $D = 0.5\text{m}$，$h = 1.5\text{m}$，$H = 2.5\text{m}$。试确定作用在每个半球形盖上液体总压力的大小和方向。

2-24 如习题 2-24 图所示，球形容器由两个半球用均布的四个螺栓连接而成，内盛有水，球的直径 $D = 2\text{m}$，测压管内的液面高出球顶 1m，球的自重不计，试确定每个螺栓所受的拉力。

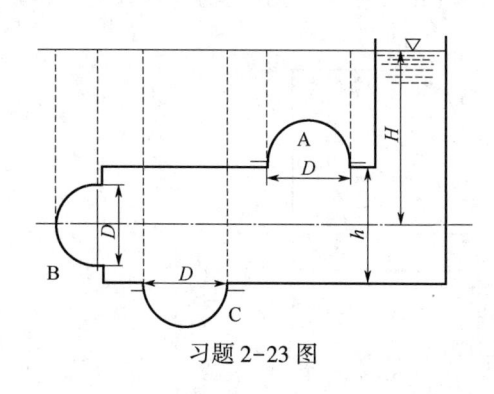

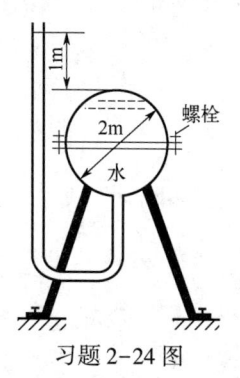

习题 2-23 图

习题 2-24 图

2-25 弧形闸门如习题 2-25 图所示，圆心角 $\alpha = 90°$，求作用在曲面 AB 上单位宽度的液体总压力的水平分力和铅垂分力。

2-26 卧式敞口油罐如习题 2-26 图所示，长为 4m，内径为 2m。油品的相对密度为

0.8，油面在顶部以上 0.2m 处。求油罐端部圆面及半圆柱面 ABCD 上所受的液体总压力的大小。

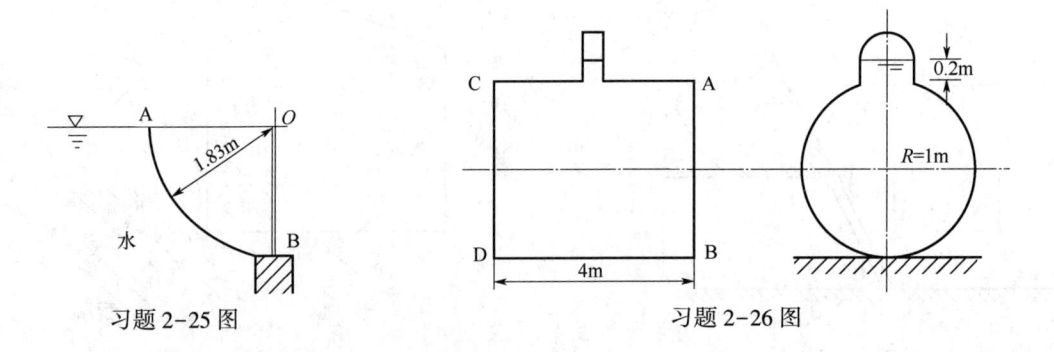

习题 2-25 图

习题 2-26 图

2-27 如习题 2-27 图所示，密闭盛水容器，水深 $h_1=60\text{cm}$，$h_2=100\text{cm}$，水银测压计读数 $\Delta h=25\text{cm}$，试求半径 $R=0.5\text{m}$ 的半球形盖 AB 所受总压力的水平分力和铅垂分力。

2-28 如习题 2-28 图所示，有一圆形滚动门，长 1m（垂直于纸面方向），直径 $D=4\text{m}$，上游水深为 4m，下游水深为 2m，求作用在门上的总压力的大小。

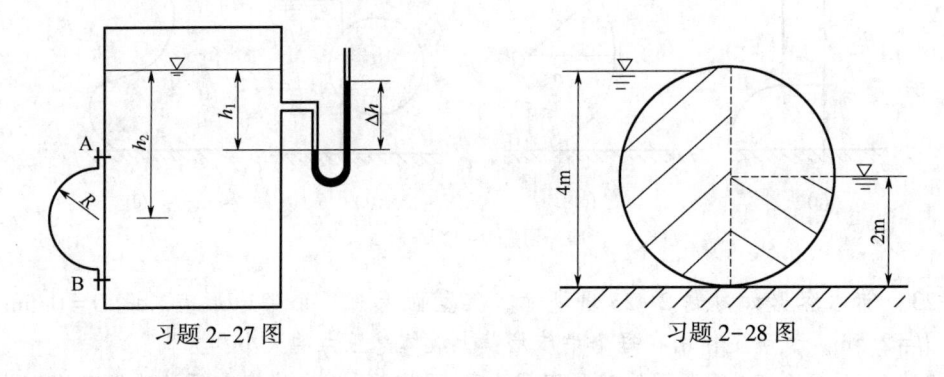

习题 2-27 图

习题 2-28 图

2-29 如习题 2-29 图所示的储油箱，其宽度（垂直于纸面方向）$b=2\text{m}$，箱内油层厚 $h_1=1.9\text{m}$，密度 $\rho_0=800\text{ kg/m}^3$，油层下有积水，厚度 $h_2=0.4\text{m}$，箱底有一 U 形水银压差计，所测数值如图所示，试求作用在半径 $R=1\text{m}$ 的圆柱面 AB 上的总压力大小和方向。

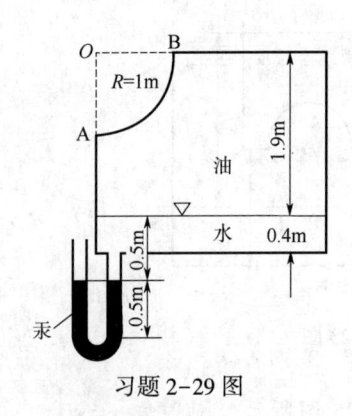

习题 2-29 图

第三章 流体动力学及应用

引言

在人类生活中，处于运动状态的流体无处不在，如河道及自来水管路中流动的水、供气管网中流动的天然气或煤气，还有油气开采过程中沿井筒和地面管线流动的油、气、水，等等。那么这些流体在运动过程中遵循哪些规律？如何利用这些规律解决流体在管路中流动的速度、压力或流量，以及流体对固体壁面的作用力的计算问题？这都是流体动力学所要解决的问题。

流体动力学是根据物理学中的质量守恒、能量守恒和动量守恒三大定律，分析流体在运动过程中所遵循的规律，并解决工程实际问题。

下面简单介绍一下研究流体运动的两种方法——拉格朗日法和欧拉法（视频 3-1）。

视频 3-1 研究流体运动的方法

（1）拉格朗日法又称跟踪法、质点法。它是以运动着的质点为研究对象，跟踪观察质点的运动轨迹及运动参数（速度、压力等）随时间的变化关系，然后综合所有流体质点的运动情况，得到整个流体的运动规律。在任意时刻，任何质点在空间的位置 (x, y, z) 都可以看成质点初始坐标 (a, b, c) 和时间 t 的函数。

（2）欧拉法又称站岗法、空间点法。它是以充满流体的空间中各个固定的空间点为研究对象，只研究流体质点经过这些固定空间点时运动参数随时间的变化规律，而不考虑各质点的运动过程。因为各质点的运动参数随着所在位置及时间的变化而变化，所以在直角坐标系中，质点的运动参数是各空间点的位置坐标 (x, y, z) 及时间 t 的函数。这样，就可以综合各固定点的运动情况，得到整个流体的运动规律。

拉格朗日法在数学处理上比较复杂，故应用较少。欧拉法避免了因研究流体质点的复杂运动所带来的困难，故而欧拉法的应用更为广泛。

第一节 流体运动的基本概念

下面介绍与流体运动相关的基本概念。

一、理想流体和实际流体

流体的黏滞性和压缩性使流体运动问题变得复杂。为了便于研究,在流体力学中,假设存在一种既没有黏滞性又不可压缩的流体,称其为理想流体;而自然界客观存在的具有黏滞性和压缩性的流体称为实际流体。

在研究流体运动的基本规律时,首先从理想流体入手进行研究,再将得出的结论通过补充和修正用于实际流体,这样就可得出实际流体运动的基本规律。又因为大部分实际流体的压缩性很小,当压力变化不大时,流体体积变化很小,可认为密度为常数。所以,在研究流体运动规律时,通常只考虑实际流体黏滞性的影响。

二、稳定流和不稳定流

在运动流体中,流体质点在某一瞬时位于一定的空间点上,具有一定的速度 u、水动压力 p、密度 ρ 及温度 T 等表示其状态的运动参数。一般情况下,这些运动参数都是空间坐标 (x, y, z) 及时间 t 的连续函数。

根据运动流体的运动参数是否随时间 t 变化,可将运动流体分为**稳定流和不稳定流**(视频 3-2)。

运动流体空间任一点的运动参数(如速度 u、流量 Q、压力 p 等)都不随时间变化而变化的流体称为稳定流。如图 3-1(a) 所示,当水箱液面高度恒定时,水箱下部孔口的出流即可看成稳定流。反之,运动流体空间任一点的运动要素全部或部分随时间变化而变化的流体称为不稳定流。如图 3-1(b) 所示,当水箱液面高度不能保持恒定时,下部孔口处的流动就属于不稳定流。

视频 3-2 稳定流和不稳定流

稳定是相对的,客观上并不存在绝对的稳定流,但为了研究方便,大多数工程上的输水、输油管道中的液体流动均可以看成稳定流。

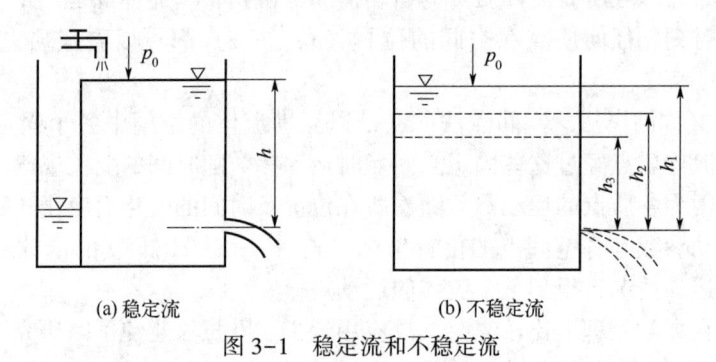

(a) 稳定流　　　　　　　　(b) 不稳定流

图 3-1　稳定流和不稳定流

三、迹线和流线

迹线就是把某一质点在连续时间段内所占据的空间位置连成的线,也就是流体质点在一段时间内运动的轨迹线，例如喷气式飞机飞过后留下的尾迹、小船在河水中行走的路径、台风的路径等，它们都是一段时间内的运动轨迹线（视频3-3）。

流线是某一瞬时在流场中绘出的曲线，在这条曲线上所有质点的速度矢量都与该曲线相切。因此，流线可以表示流体质点的瞬时运动方向，如图3-2所示。另外，流线的疏密程度可定性地反映流体流速的大小，流线越密，说明流速越大，反之亦然。

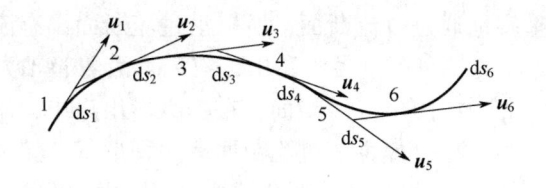

图 3-2 流线与瞬时速度的关系

视频 3-3 迹线和流线

拉格朗日法研究某一质点在不同时刻的运动情况，显然迹线的概念是从拉格朗日法引出的；欧拉法研究某一时刻各流体质点在不同空间位置上的运动情况，流线的概念就是从欧拉法引出的。

流线具有以下特性：

（1）稳定流的流线形状不随时间变化。因为对于稳定流来说，各点的速度不随时间变化，所以，不同时刻的流线形状是相同的。

（2）稳定流的流线与迹线重合。在流场中，可以认为流线是由流体质点组成的，并且随着时间的延续，稳定流的流线上的每个流体质点沿着运动方向将依次占据下一个质点所在的位置，所以流线与迹线重合。

（3）流线不能相交也不能折转。如果流线相交，则交点处的速度向量同时与两条流线相切，即一个质点同时有两个速度向量，这是不可能的。另外，由于流体是连续介质，其运动参数在空间点上是连续的，因此流线不可能折转，只能是光滑的曲线。

四、流束和总流

在液流中，取垂直于流线的微小面积 dA，可以认为 dA 是由许多个点组成的，通过各点的流线组成的束状体称为流束。若微小面积 dA 缩小为一个点，即 $dA \to 0$，则流束成为流线，如图3-3所示。在流体力学中，液流的整体称为总流，可以认为总流是由流束组成的，也可以认为是微小面积 dA 扩大到运动流体的边界形成的液流，如河道、水渠、水管中的水流，油管中的油流及风管中的气流均为总流。

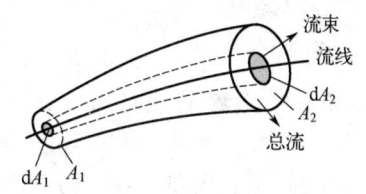

图 3-3 流线、流束与总流的关系

总流分为三类：有压流动、无压流动和射流总流。

（1）有压流动总流的全部边界受固体边界的约束，即流体充满流道，如压力管道中的流动。

（2）无压流动总流边界的一部分受固体边界约束，另一部分与气体接触，形成自由液面，如明渠中的流动。

（3）射流总流的全部边界均无固体边界约束，如喷嘴出口的流动。

五、过流断面、流量和断面平均流速

1. 过流断面（视频3-4）

流束或总流上垂直于流线的断面，称为过流断面或有效断面，其面积一般用符号 A 表示，国际单位为 m^2。因为所有的流线都垂直地通过过流断面，所以沿过流断面没有流体流动。过流断面可能是平面，也可能是曲面。例如在等直径管路中，液流都沿着管轴方向运动，流线彼此平行，过流断面为平面，如图3-4中的1—1断面；在喇叭形出口中，流线不平行，液流的过流断面为曲面，如图3-4中的2—2断面。过流断面有多种形状，如圆形断面、环形断面和梯形断面等，如图3-5所示。在工程应用时要会计算过流断面的面积。

视频3-4 过流断面

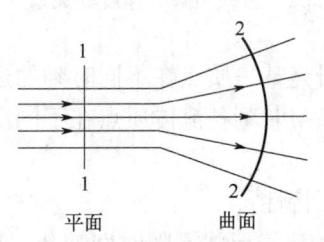

图3-4 过流断面与流线的关系

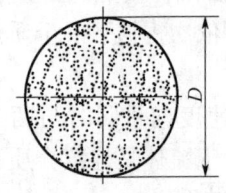

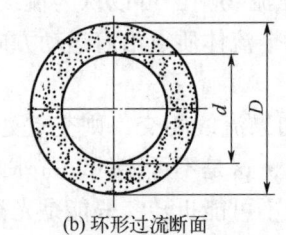

(a) 圆形过流断面　　(b) 环形过流断面　　(c) 梯形过流断面

图3-5 常见的过流断面形状

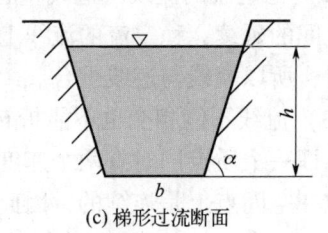

2. 流量（视频3-5）

单位时间内通过过流断面的流体量称为流量。流量一般有两种表示方法：

（1）体积流量。单位时间流过过流断面的流体体积称为体积流量（简称流量），用符号 Q 表示，国际单位为 m^3/s，常用单位有 m^3/h，m^3/d，L/s 等，其中 $1m^3/s=1000L/s$。

视频3-5 流量

（2）质量流量。单位时间流过过流断面的流体质量称为质量流量，用符号 Q_m 表示，国际单位为 kg/s，常用单位为 t/d，两个单位换算方法如下：

$$1t/d = \frac{1000}{24\times 60\times 60} kg/s$$

若已知质量流量 Q_m，计算时需将其换算为体积流量 Q，其换算关系如下：

$$Q_m = \rho Q \tag{3-1}$$

在石油石化企业，常用流量计来计量流量。流量计又分为差压式流量计、转子流量计、节流式流量计、涡轮流量计、电磁流量计、超声波流量计等。对于液体测量，电磁流量计测量精度高达±0.5%；对于气体测量，涡轮涡街流量计更适合，测量精度可达±1.5%；对于双向测量，则要选择电磁流量计。

3. 断面平均流速

由于流体黏滞性的影响，任一过流断面上各点速度大小不等，过流断面上各点的实际流速用字母 u 表示，如图3-6所示。在工程中为了计算方便，引入断面平均流速的概念，用字母 v 表示，断面平均流速 v 的物理意义是假想过流断面上各点流速相等，而按这个各点相等的流速 v 通过过流断面 A 的体积流量与按实际不同分布的流速 u 所通过的体积流量相等，因此有

$$Q = \int_A u \mathrm{d}A = vA$$

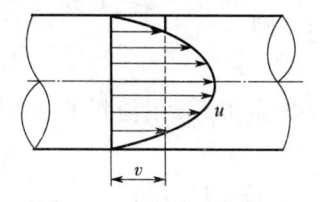

图3-6 实际流速与断面平均流速的关系

即

$$v = \frac{\int_A u \mathrm{d}A}{A} = \frac{Q}{A} \tag{3-2}$$

【例3-1】 某输水管路直径 D 为400mm，5min的排水量为500kg，试求通过管路的质量流量、体积流量和断面平均流速。

解：由质量流量的定义可知

$$Q_\mathrm{m} = \frac{m}{t} = \frac{500}{5\times 60} = 1.67(\mathrm{kg/s})$$

可根据式(3-1)求得体积流量：

$$Q = \frac{Q_\mathrm{m}}{\rho} = \frac{1.67}{1000} = 1.67\times 10^{-3}(\mathrm{m^3/s})$$

根据式(3-2)，断面平均流速为

$$v = \frac{Q}{A} = \frac{Q}{\pi D^2/4} = \frac{4\times 1.67\times 10^{-3}}{\pi\times 0.4^2} = 0.013(\mathrm{m/s})$$

第二节　连续性方程式

流体作为一种连续介质，同其他任何物质一样，遵循质量守恒的普遍规律。在工程流体力学中可以运用质量守恒定律分析流体在运动过程中流速的变化情况。

生活中会有这样的感性认识：一条河流的河道变窄，流速加快；河道变宽，流速减小。可见，当流量不变时，流体流速的大小与过流断面的面积有关。

为了确定流速与断面面积之间的定量关系，在整个运动的流体中任取两个过流断面1—1、2—2，如图3-7所示，其面积分别为 A_1 和 A_2，相应的流速分别为 v_1 和 v_2，流量分别为 Q_1 和 Q_2，流体流经两个断面时的密度分别为 ρ_1 和 ρ_2。在 $\mathrm{d}t$ 时间内，流过两过流断面的流体体积分别为

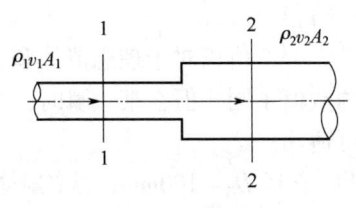

图3-7 变径管路

$V_1 = Q_1 dt = v_1 A_1 dt$ 和 $V_2 = Q_2 dt = v_2 A_2 dt$，则相应的流体质量分别为 $m_1 = \rho_1 v_1 A_1 dt$ 和 $m_2 = \rho_2 v_2 A_2 dt$。流体是连续介质，既不能自行产生，也不能自行消失，即质量守恒。所以有

$$m_1 = m_2$$

即

$$\rho_1 v_1 A_1 dt = \rho_2 v_2 A_2 dt$$

（1）对于液体或低流速（$v < 70 \sim 100 m/s$）的气体，一般可视为不可压缩流体，即 $\rho_1 = \rho_2$，则

$$v_1 A_1 = v_2 A_2 \tag{3-3}$$

显然，在流量沿流程不变的情况下，两过流断面处的流量相等，即

$$Q_1 = Q_2 \tag{3-4}$$

式（3-3）也可写为

$$\frac{v_1}{v_2} = \frac{A_2}{A_1} \tag{3-5}$$

（2）对于高流速的气体，一般视为可压缩流体，即 $\rho_1 \neq \rho_2$，则

$$\rho_1 v_1 A_1 = \rho_2 v_2 A_2$$

其微分方程式为

$$\frac{d\rho}{\rho} + \frac{dv}{v} + \frac{dA}{A} = 0$$

在等截面管流中，$dA = 0$，则上式变为

$$\frac{d\rho}{\rho} + \frac{dv}{v} = 0$$

式（3-3）、式（3-4）、式（3-5）均为不可压缩流体的连续性方程式，式（3-3）表明运动流体各过流断面的平均流速与该断面面积的乘积为常数。式（3-4）表明运动流体任一断面上的体积流量相等。式（3-5）说明运动流体任一断面平均流速与其过流断面面积成反比。

若沿流程有流量的流入或流出，总流的连续性方程仍然适用，只是形式有所不同，如图 3-8 所示。

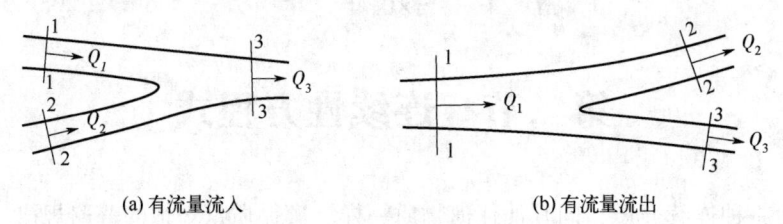

(a) 有流量流入　　　　　　　　　　(b) 有流量流出

图 3-8　分支管路图

若有流量流入，如图 3-8(a) 所示，则 $Q_1 + Q_2 = Q_3$，$v_1 A_1 + v_2 A_2 = v_3 A_3$；

若有流量流出，如图 3-8(b) 所示，则 $Q_1 = Q_2 + Q_3$，$v_1 A_1 = v_2 A_2 + v_3 A_3$。

这里需要指出，连续性方程是一个不涉及作用力的运动学方程，所以对于理想流体和实际流体都适用。对于不稳定流，虽然其运动参数在不同时刻的数值不同，但在某一瞬时，可以认为是常数，所以连续性方程对于不稳定流的某一瞬时仍可适用。

【例3-2】某变径输水管路如图 3-7 所示，断面 1—1 处的管径 $D_1 = 100 mm$，液体平均流速 $v_1 = 1.2 m/s$，断面 2—2 处的管径 $D_2 = 200 mm$。当流量不变时，试确定液体在断面 2—2

处的平均流速及流量。

解：由连续性方程 $v_1A_1=v_2A_2$ 可知，液体在断面 2—2 处平均流速为

$$v_2=\frac{v_1A_1}{A_2}$$

两断面的面积分别为 $A_1=\frac{\pi}{4}D_1^2$，$A_2=\frac{\pi}{4}D_2^2$，将其代入上式，整理可得

$$v_2=v_1\left(\frac{D_1}{D_2}\right)^2=1.2\times\left(\frac{100}{200}\right)^2=0.3(\text{m/s})$$

由 $Q=vA$，即可求出输水管路的体积流量为

$$Q=v_1A_1=v_1\frac{\pi D_1^2}{4}=1.2\times\frac{\pi\times0.1^2}{4}=9.42\times10^{-3}(\text{m}^3/\text{s})$$

显然，此题也可以利用过流断面 2—2 的断面平均流速 v_2 和断面面积 A_2 求得，结果一致。

第三节 流体的伯努利方程式

静力学基本方程式 $z+\frac{p}{\rho g}=C$（常数）表明，在静止流体中不仅存在着能量——位能和压能，同时，还存在着能量守恒及两种能量的相互转换关系。而流体在运动时，除具有位能和压能外，又同其他运动着的物体一样具有动能。下面就来讨论流体运动时能量守恒及各种能量之间的转换关系。

为了研究流体运动的基本规律，根据动能定理，首先对理想流体稳定流流束进行研究，得到理想流体流束的能量方程（也称为伯努利方程式），然后，对其加以修正即可应用于实际流体。

一、理想流体流束的伯努利方程式

由于黏滞性的影响，实际流体的运动问题是很复杂的。为了便于研究，首先从理想流体流束入手来研究流体的基本运动规律。

在理想流体稳定流中，任取质量力只有重力作用的过流断面 1—1 和 2—2 之间的流束作为研究对象，如图 3-9 所示。流束两个过流断面的面积分别 dA_1 和 dA_2，与其相应的流速分别为 u_1 和 u_2，两过流断面距某水平基准面 0—0 的位置高度分别为 z_1 和 z_2，相应的压力分别为 p_1 和 p_2。经过 Δt 时间，两断面间的流体从原来所在的 1—1 和 2—2 断面间的位置运动到 1′—1′ 至 2′—2′ 的新位置，则两过流断面处流体的移动距离分别为 $\Delta l_1=u_1\Delta t$ 和 $\Delta l_2=u_2\Delta t$。

下面分析流体在运动过程中所受的力及其做功情况。

由于液流是稳定流，在运动过程中，其运动速度的大小不随时间变化，因此，流体所受质量力中的直线惯性力为零；在曲线运动的情况下，离心惯性力总是与运动方向垂直而不做功。所以流体所受的质量力中只有重力做功，理想流体所受的表面力只有其周围的压力做功。

图 3-9 理想流体的流束

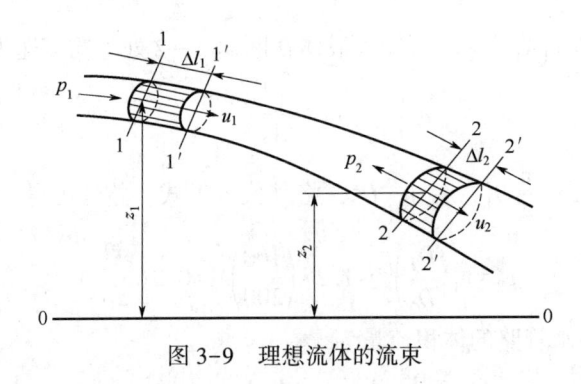

1. 质量力做的功

由于液体所受的质量力只有重力 $dG=dmg$。经过 Δt 时间，液体从 1—1 至 2—2 的位置运动到 $1'—1'$ 至 $2'—2'$ 的位置，相当于 1—1 至 $1'—1'$ 断面间的液体经 Δt 时间运动到 2—2 至 $2'—2'$ 断面之间的位置。这是因为在液体运动过程中，$1'—1'$ 至 2—2 断面间的液体质量及其能量均未发生变化，即质量为 $dm=\rho u_1 dA_1 \Delta t=\rho u_2 dA_2 \Delta t=\rho dQ\Delta t$ 的液体在重力方向上的位移是 (z_1-z_2)，则重力做的功为

$$dmg(z_1-z_2)=\rho g dQ\Delta t(z_1-z_2)$$

2. 表面力做的功

理想液体所受的表面力只有压力，包括作用在流束两个过流断面上的压力和作用在流束侧面与液体运动方向垂直的压力。可见，只有作用在两断面上的压力才做功。其大小分别为 $P_1=p_1 dA_1$ 和 $P_2=p_2 dA_2$。经过 Δt 时间 P_1 与 P_2 做的功之和为

$$P_1\Delta l_1-P_2\Delta l_2=p_1 dA_1 u_1\Delta t-p_2 dA_2 u_2\Delta t=p_1 dQ\Delta t-p_2 dQ\Delta t=(p_1-p_2)dQ\Delta t$$

3. 液流动能变化量

液流动能变化量相当于质量为 dm 的液体从断面 1—1 至 $1'—1'$ 的位置运动到 2—2 至 $2'—2'$ 位置时动能的变化量，即变化后的动能与变化前动能的差值，设其为 ΔE，则

$$\Delta E=\frac{1}{2}dmu_2^2-\frac{1}{2}dmu_1^2=\frac{1}{2}(u_2^2-u_1^2)dm=\frac{1}{2}(u_2^2-u_1^2)\rho dQ\Delta t$$

根据物理学中的动能定理，物体所受的合外力做的功（即外力所做的功之和）等于物体的动能变化量，所以有

$$(z_1-z_2)\rho g dQ\Delta t+(p_1-p_2)dQ\Delta t=\frac{1}{2}(u_2^2-u_1^2)\rho dQ\Delta t$$

将上式两边同除以 $\rho g dQ\Delta t$，整理得

$$z_1+\frac{p_1}{\rho g}+\frac{u_1^2}{2g}=z_2+\frac{p_2}{\rho g}+\frac{u_2^2}{2g} \tag{3-6}$$

这就是理想流体流束的伯努利方程式。

由于理想流体忽略黏滞性，流动时没有摩擦阻力，即没有能量损失，因此，理想流体流束的总能量沿流程不变。

二、实际流体流束的伯努利方程式

实际流体具有黏滞性，在运动过程中会产生能量损失。在没有能量补充的前提下，其总能量沿流程是逐渐减小的，因此

$$z_1+\frac{p_1}{\rho g}+\frac{u_1^2}{2g}>z_2+\frac{p_2}{\rho g}+\frac{u_2^2}{2g}$$

显然，理想流体的伯努利方程式不能直接用于实际流体，必须对其进行相应的补充。若将两断面间实际流体流束的能量损失用符号 h'_{L1-2} 表示，则

$$z_1+\frac{p_1}{\rho g}+\frac{u_1^2}{2g}=z_2+\frac{p_2}{\rho g}+\frac{u_2^2}{2g}+h'_{L1-2} \tag{3-7}$$

式(3-7)是实际流体流束的伯努利方程式，它反映了实际流体流束的能量守恒与转化规律。

三、实际流体总流的伯努利方程式

1. 伯努利方程式的导出

由于总流是由无数微小的流束组成。将实际流体流束的伯努利方程式(3-7)乘以单位时间内流体所受的重力 $\rho g dQ$，即可得到单位时间内实际流体流束的能量关系式，然后对其进行积分，即可得到实际流体总流的伯努利方程式(视频3-6)。

$$\int_Q\left(z_1+\frac{p_1}{\rho g}+\frac{u_1^2}{2g}\right)\rho g dQ = \int_Q\left(z_2+\frac{p_2}{\rho g}+\frac{u_2^2}{2g}\right)\rho g dQ + \int_Q h'_{L1-2}\rho g dQ \tag{3-8}$$

视频 3-6 伯努利方程式的导出

若液流的流线是近于平行的直线，则该液流为缓变流。所谓缓变流，是指流线夹角很小，且曲率半径很大或者说流线几乎是平直的流动，故缓变流的直线加速度和离心加速度都很小，可以忽略速度大小或方向变化而产生的惯性力，即在缓变流的过流断面上流体所受的质量力只有重力，表面力只有压力，且缓变流的过流断面可以看成是平面。因此，在缓变流的过流断面上，各点的测压管水头为常数，只是不同断面其常数值 C 不同，即

$$z+\frac{p}{\rho g}=C$$

由于在实际工程中，以质点流速计算流体动能存在难以克服的困难，为了方便，常用断面平均流速 v 来表示流体运动速度的大小，但是以断面平均流速计算的动能与以质点流速计算的动能是不相等的，为此引入动能修正系数 α 加以修正，即

$$\int_Q\frac{u^2}{2g}\rho g dQ = \frac{\alpha v^2}{2g}\rho g Q$$

从而可得

$$\int_Q\left(z+\frac{p}{\rho g}+\frac{u^2}{2g}\right)\rho g dQ = \left(z+\frac{p}{\rho g}\right)\rho g Q + \frac{\alpha v^2}{2g}\rho g Q$$

当流体从过流断面1—1运动到过流断面2—2时，如图3-10所示，产生的能量损失可写作

$$\int_Q h'_{L1-2}\rho g\mathrm{d}Q = h_{L1-2}\rho g Q$$

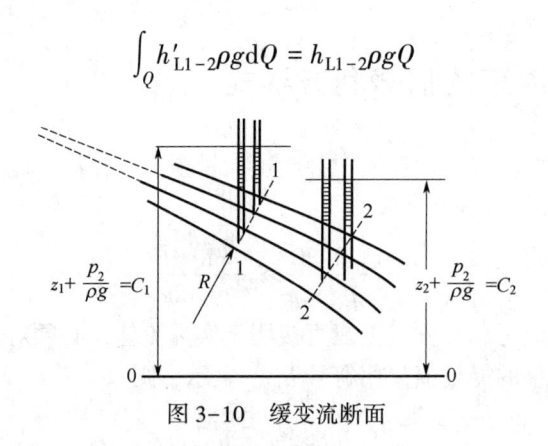

图 3-10 缓变流断面

综合以上结果，对式(3-8)进行积分并整理，得

$$\left(z_1+\frac{p_1}{\rho g}\right)\rho g Q+\frac{\alpha_1 v_1^2}{2g}\rho g Q=\left(z_2+\frac{p_2}{\rho g}\right)\rho g Q+\frac{\alpha_2 v_2^2}{2g}\rho g Q+h_{L1-2}\rho g Q$$

等式两边同除以 $\rho g Q$，可得

$$z_1+\frac{p_1}{\rho g}+\frac{\alpha_1 v_1^2}{2g}=z_2+\frac{p_2}{\rho g}+\frac{\alpha_2 v_2^2}{2g}+h_{L1-2} \tag{3-9}$$

式中 z_1，z_2——1—1 和 2—2 过流断面的形心点距离基准面 0—0 的位置高度，m；

p_1，p_2——1—1 和 2—2 过流断面形心点处的水动压力，Pa；

v_1，v_2——1—1 和 2—2 过流断面处液流的断面平均流速，m/s；

α_1，α_2——与 v_1 和 v_2 相对应的动能修正系数，无量纲；

h_{L1-2}——实际流体总流从 1—1 断面运动到 2—2 断面所损失的能量，m。

式(3-9)即为实际流体总流的伯努利方程式。这里需指出，动能修正系数 α 表示运动流体在某过流断面处的实际动能与按断面平均流速计算的动能的比值。在流速分布比较均匀的液流中，$\alpha=1.05\sim1.10$；在流速分布不均匀的液流中 $\alpha_{max}=2.0$。但在流速分布不均匀的情况下，流体的流速往往较小，计算结果 $\frac{\alpha v^2}{2g}$ 更小，对总能量影响不大。在实际工程中，为计算简便，常取 $\alpha=1.0$。因此，一般情况下，实际流体总流的伯努利方程式可写作

$$z_1+\frac{p_1}{\rho g}+\frac{v_1^2}{2g}=z_2+\frac{p_2}{\rho g}+\frac{v_2^2}{2g}+h_{L1-2} \tag{3-10}$$

2. 伯努利方程式的意义（视频 3-7）

视频 3-7 伯努利方程式的意义

1) 物理意义

在流体力学中，单位重量流体所具有的能量称为比能量。由式(3-10)可知，在每个过流断面上，液流一般具有三种比能量：z（比位能）、$\frac{p}{\rho g}$（比压能）和 $\frac{v^2}{2g}$（比动能），分别表示单位重量流体所具有的**位能**、**压能**和**动能**，三者之和 $\left(z+\frac{p}{\rho g}+\frac{v^2}{2g}\right)$ 称为液流的总比能或总机械能。运动流体总机械能的大小决

定流体的运动方向，流体总是从总能量较大的断面流向总能量较小的断面。式(3-10)中的 h_{L1-2} 表示单位重量流体在运动过程中损失的能量，习惯上称为**能量损失**。

实际流体总流的伯努利方程式反映了实际流体在运动过程中总机械能守恒和各种能量之间相互转化的定量关系。

当流体静止时，流速 $v=0$，静止流体不呈现黏滞性，能量损失 $h_L=0$，式(3-10)可写作

$$z_1+\frac{p_1}{\rho g}=z_2+\frac{p_2}{\rho g}$$

显然，上式就是静力学基本方程的能量表达式，这说明静止是运动的特殊情况。

2) 几何意义

伯努利方程式中的各项都具有长度的量纲，因此可用液柱高度表示其大小。在流体力学中，将液柱高度称为水头。这样，流体过流断面上的三种能量 z、$\frac{p}{\rho g}$、$\frac{v^2}{2g}$ 又分别称为位置水头、压力水头和速度水头。$z+\frac{p}{\rho g}$ 称为测压管水头，而将测压管水头与速度水头之和 $\left(z+\frac{p}{\rho g}+\frac{v^2}{2g}\right)$ 称为总水头，将能量损失 h_L 称为水头损失。

3. 水力坡度（水力坡降）

在流体力学中，液流沿流程在单位长度上的水头损失称为水力坡度或水力坡降，用符号 i 表示，则

$$i=\frac{h_{L1-2}}{L} \tag{3-11}$$

对于变径管路，则

$$i=\frac{\mathrm{d}h_{L1-2}}{\mathrm{d}L} \tag{3-12}$$

式中　i——水力坡度，无量纲；

　　　L——断面 1—1 与断面 2—2 之间的距离，m。

在输油工程中，水力坡度是一个很重要的概念，它和地形纵断面都是布置泵站的基本依据。

四、图示法表示液流能量变化情况

若某个物理量具有长度的量纲，则可用简便而直观的图示方法表示。显然，液流三种能量的变化情况也可用图示方法表示出来，其表示方法如下：

(1) 选取基准面 0—0，绘制理想流体的总水头线，由于理想流体无能量损失，所以理想流体的总水头线为一水平线。

(2) 从基准面向上取铅垂高度等于各过流断面形心点距基准面的位置高度 z 形成位置水头线，即液流的中心线表示液流位能沿流程的变化情况。对于圆管来讲，液流的中心线就是管路的轴线。

(3) 在管轴线处向上取铅垂高度等于各过流断面形心点处的压力水头 $\frac{p}{\rho g}$，形成压力水头线（采用表压标准，相对于基准面则形成测压管水头线）。液流中心线与压力水头线之间的铅垂距离反映压力水头沿流程的变化情况。

(4) 从压力水头线处向上取铅垂高度等于各过流断面处的速度水头 $\frac{v^2}{2g}$，形成总水头线。压力水头线与总水头线之间的距离反映了速度水头沿流程的变化情况。

(5) 在图上标出两个断面上的三种能量及液流沿流程产生的水头损失大小。

水平等径管路中液流能量的变化情况，如图 3-11 所示。流体在水平等径管路内流动的过程中，位能不变；若流量不变，则流速也不变，但随着流程的延长，液流的能量损失不断增加。在三种能量中，位能和动能不变，损失的能量只能是压能，即压能由 1—1 断面处的 $\frac{p_1}{\rho g}$ 减小到 2—2 断面的 $\frac{p_2}{\rho g}$。可见，在水平等径管路中，当流量不变时，能量损失的增加导致压能越来越小。

倾斜的不等径管路中液流能量的变化情况，如图 3-12 所示，管路由一段粗管和一段细管串联而成。当流体在粗管中流动时，由于过流断面较大，液流阻力较小，单位长度的水头损失较小（水力坡度较小），因此，总水头线倾斜下降，但下降幅度较小。另外，粗管中流体的流速较小，速度水头也较小，因此，压力水头线与总水头线之间的距离较小。当流体流入细管时，由于过流断面缩小，液流阻力增大，单位长度上的水头损失较大，总水头线下降的下降幅度增大。由于细管的过流断面较小，流速增大，速度水头增大。因此，压力水头线与总水头线之间的距离较大。在管径突然缩小的过流断面上，由于流速突然增大，动能增加，引起压能急剧降低。

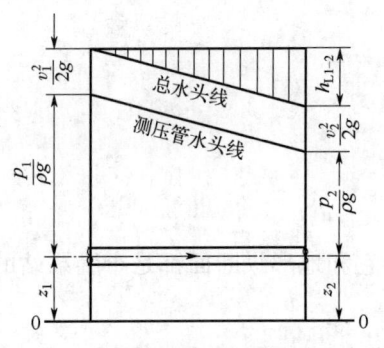

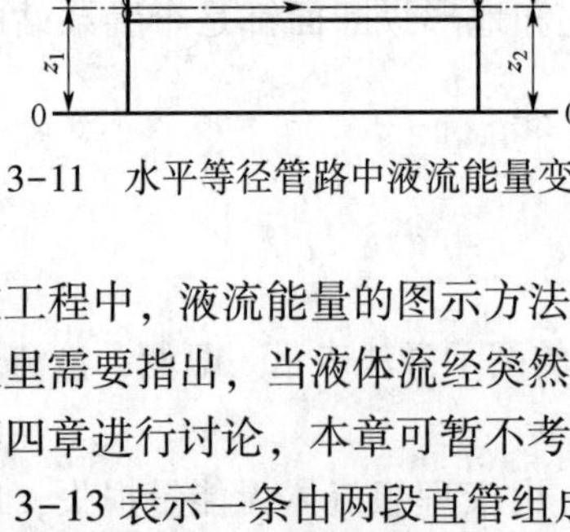

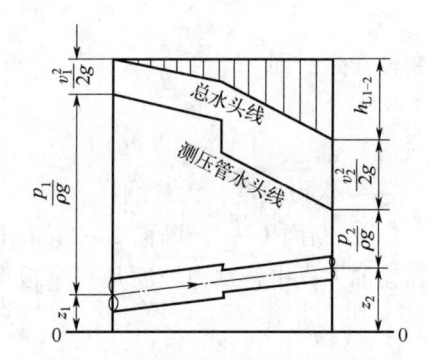

图 3-11　水平等径管路中液流能量变化 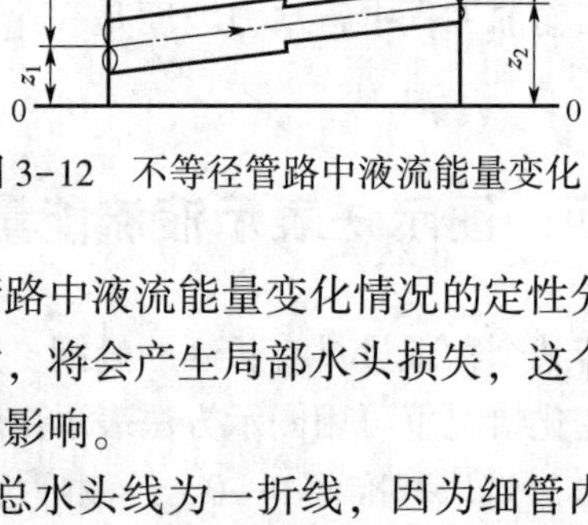　　　图 3-12　不等径管路中液流能量变化

在工程中，液流能量的图示方法可以用于泵站或管路中液流能量变化情况的定性分析。这里需要指出，当液体流经突然变化的过流断面时，将会产生局部水头损失，这个问题将在第四章进行讨论，本章可暂不考虑局部水头损失的影响。

图 3-13 表示一条由两段直管组成的管路，全管路总水头线为一折线，因为细管内的水力坡度比粗管内的水力坡度大，图 3-13 反映了液体流动过程中能量转化情况。如果以管路出口所在的水平面为基准面 0—0，取点 1、2、3 来分析其能量转化。液体在 1 处时具有位能 H，其压能（表压计算）为 0，动能也近似为 0。当液体由 1 运动到 2 时，位能减少，动能增加，压能增加，能量损失增加，即液体从 1 到 2 减少的位能转化成动能、压能和能量损

失。同理可分析液体从 2 到 3、从 1 到 3 的能量转化情况，具体见表 3-1，表中用"↑"表示能量增加，用"↓"表示能量减少。

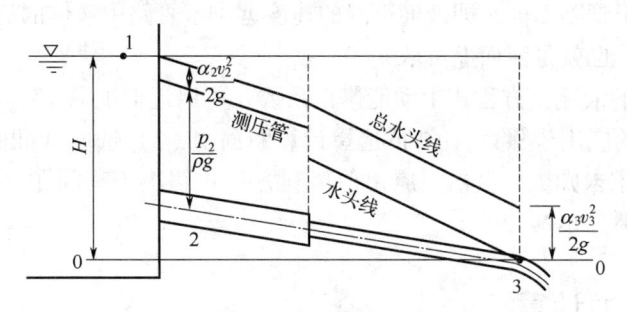

图 3-13　管路中液流能量的变化情况分析

表 3-1　液流能量转化情况分析

液流方向	位能	压能	动能	能量损失	转化关系
1→2	↓	↑	↑	↑	位能↓=压能↑+动能↑+损失↑
2→3	↓	↓	↑	↑	位能↓+压能↓=动能↑+损失↑
1→3	↓	不变	↑	↑	位能↓=动能↑+损失↑

综上可知影响液流各种能量变化的因素：液流的位置高度决定了其位能的大小；在流量不变的情况下，流体的动能随着过流断面的减小而增大，反之亦然；液流的能量损失与流速有关，流速越快，能量损失越快；流体的动压力随着其位能、动能和能量损失的增加而减小。

第四节　伯努利方程式的应用

伯努利方程式是工程流体力学中最重要的方程式之一。除了要明确其建立过程及意义之外，更重要的是能够应用伯努利方程式解决工程实际问题。

应用伯努利方程式，需要注意以下几个问题：

（1）伯努利方程式是在一定条件下得出的，并不是对任何流动问题都适用。在应用该方程式时，选取的计算断面必须满足以下条件：①稳定流；②在过流断面上，液流所受的质量力只有重力；③不可压缩流体，即流体密度为常数；④缓变流断面（计算断面之间可以是缓变流，也可以是急变流）；⑤流量沿流程不变；⑥计算断面间无能量的输入或输出（有能量输入的情况另行讨论）。

（2）由于伯努利方程式中含有多个参数，其中只有一个参数未知的情况下才可利用方程求解。因此，在应用时，必须选择已知条件最多的过流断面作为计算断面。若未知参数多于 1 个，则需结合连续性方程或另一个伯努利方程式联合求解。

（3）从理论上讲，可以任意选取水平面作为基准面，但在实际应用时，为使计算简便，通常选取计算断面中位置较低的过流断面形心所在的水平面为基准面。这样，该断面处的位置水头 z 为 0，而另一个断面的 z 为正值。对于水平管路，即可选取其轴线所在的水平面为基准面，这样两个过流断面上的位置水头 z 均为 0。

（4）两个过流断面所用的压力标准必须一致，在实际工程中，一般多用表压计算。

（5）通常情况下，液面上的已知条件是较多的。当过流断面取在大容器的液面上时，由于容器断面远大于管路断面，即液面下降的速度远小于管路中液体的流速，故液面上的速度水头可忽略不计，也就是液面上可取 $v=0$。

（6）对于一般的液流，方程式中动能修正系数 α 可以近似地取 1。

伯努利方程式的应用步骤为：（1）选择计算断面；（2）选取基准面；（3）建立方程式；（4）解方程，求未知数。显然，应用伯努利方程式解决工程问题时，正确地选取计算断面和基准面是关键。

一、一般水力计算

一般水力计算就是指应用伯努利方程式计算管路内液流的某个运动参数。

【例 3-4】 水从水箱中经管路流出，如图 3-14 所示。当阀门关闭时，压力表的读数为 49.0kPa；阀门开启后，压力表读数降为 19.6kPa，液面至压力表处的水头损失为 1m；已知管径为 80mm。求管路中水的流量。

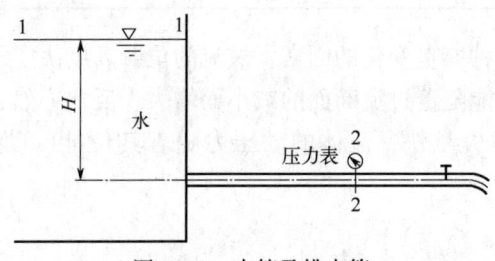

图 3-14 水箱及排水管

分析：因为流量 $Q=vA$，v 是阀门开启后管路中的断面平均流速，可根据伯努利方程式求得。阀门关闭，流体静止，为静力学问题；阀门开启，流体流动，为水动力学问题。

解：当阀门关闭时，根据静力学基本方程，可求得水箱中的液面高度：

$$H=\frac{p}{\rho g}=\frac{49.0\times 10^3}{1000\times 9.80}=5.0(\mathrm{m})$$

当阀门开启后，水箱内的水经管路流出。根据题意，选择水箱内的液面 1—1 和压力表所在的过流断面 2—2 为计算断面，列伯努利方程式为

$$z_1+\frac{p_1}{\rho g}+\frac{v_1^2}{2g}=z_2+\frac{p_2}{\rho g}+\frac{v_2^2}{2g}+h_{\mathrm{L}1-2}$$

选取管轴线所在的水平面为基准面 0—0，则 $z_1=5.0\mathrm{m}$，$z_2=0$；采用表压标准计算，$p_1=0$，$p_2=19.6\mathrm{kPa}$；计算断面 1—1 在液面上，$v_1=0$，管内断面 2—2 的流速 v_2 未知待求；水头损失 $h_{\mathrm{L}1-2}=1\mathrm{m}$。

将以上参数代入伯努利方程式：

$$5.0+0+0+0=0+\frac{19.6\times 10^3}{1000\times 9.81}+\frac{v_2^2}{2g}+1$$

得

$$\frac{v_2^2}{2g}=2$$

$$v_2=\sqrt{2\times2\times9.8}=6.26(\text{m})$$

管中的流量为

$$Q=v_2A_2=6.26\times\frac{\pi}{4}\times0.08^2=3.15\times10^{-2}(\text{m}^3/\text{s})$$

【例 3-5】 水箱连接等径弯曲的出水管如图 3-15 所示。管路各部分的水头损失为 $h_{\text{LA-E}}=2\text{m}$，$h_{\text{LA-C}}=1.2\text{m}$，$h_{\text{LC-D}}=0.6\text{m}$。试确定：（1）水在管路中的流速；（2）管路中 C、D 两点的压力。

分析：由于 C、D 两点的流速和压力均为未知数，故不能选取 C 或 D 作为计算断面。水箱液面 A 和出口 E 处已知条件最多，可选作计算断面，确定管中流速。显然，该题只有在求得流速之后，才能进一步确定 C、D 两点的压力。

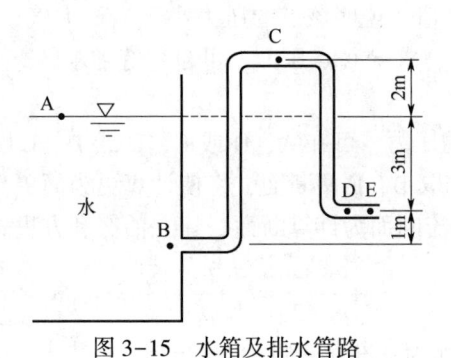

图 3-15 水箱及排水管路

解：（1）求管路中水的流速 v。

以 A 点所在的液面 A—A 和 E 点所在的管路出口断面 E—E 为计算断面，列伯努利方程式：

$$z_A+\frac{p_A}{\rho g}+\frac{v_A^2}{2g}=z_E+\frac{p_E}{\rho g}+\frac{v_E^2}{2g}+h_{\text{LA-E}}$$

选取 E 点所在的水平面为基准面 0—0，则 $z_A=3\text{m}$，$p_A=0$，$v_A=0$，$z_E=0$，$p_E=0$，$v_E=v$ 待求；$h_{\text{LA-E}}=2\text{m}$，将各值代入上式，有

$$3+0+0=0+0+\frac{v^2}{2g}+2$$

整理，得

$$\frac{v^2}{2g}=1$$

$$v=\sqrt{2g}=\sqrt{2\times9.8}=4.43(\text{m/s})$$

由此可知，把计算断面选在液面或管路出口处，将使计算简化。一般情况下，自由液面是已知条件较多的过流断面。

（2）确定 C、D 两点的压力。

① 求 C 点的压力。

分析：在 C、D 两点的压力均未知的情况下，不能将其所在的过流断面同时选作计算断

面，可在 A、C 或 C、E 断面处应用伯努利方程式，求出 C 点的压力。

以 A 点所在的液面 A—A 和 C 点所在的管路断面 C—C 为计算断面，列伯努利方程式：

$$z_A+\frac{p_A}{\rho g}+\frac{v_A^2}{2g}=z_C+\frac{p_C}{\rho g}+\frac{v_C^2}{2g}+h_{LA-C}$$

取液面 A—A 为基准面，则 $z_A=0$，$p_A=0$，$v_A=0$；$z_C=2m$，$v_C=v=4.43m$，p_C 待求，$h_{LA-C}=1.2m$。将各值代入上式，有

$$0+0+0=2+\frac{p_C}{\rho g}+\frac{4.43^2}{2\times9.8}+1.2$$

整理，得

$$\frac{p_C}{\rho g}=-4.20$$

$$p_C=-4.20\times1000\times9.8=-41.2\times10^3(Pa)=-41.2(kPa)$$

管路中 C 点的表压为负值，说明该点的压力小于当地大气压，即为真空度。也可在 C、E 两断面建立伯努利方程式，求出 C 点压力，可自行练习求解。

② 求 D 点的压力。

分析：为了确定 D 点的压力，可在 A、D 或 C、D 或 D、E 断面建立伯努利方程式，这三组断面相比较，显然，选取 D、E 两断面，将使计算更为简单。

以 D、E 两点所在的过流断面为计算断面，建立伯努利方程式：

$$z_D+\frac{p_D}{\rho g}+\frac{v_D^2}{2g}=z_E+\frac{p_E}{\rho g}+\frac{v_E^2}{2g}+h_{LD-E}$$

选取 D、E 两点所在的水平面为基准面，则 $z_D=z_E=0$，p_D 待求，$p_E=0$，$v_D=v_E=v=4.43m/s$，$h_{LD-E}=h_{LA-E}-h_{LA-C}-h_{LC-D}=0.2m$。将各值代入上式，得

$$0+\frac{p_D}{\rho g}+\frac{4.43^2}{2\times g}=0+0+\frac{4.43^2}{2\times g}+0.2$$

$$\frac{p_D}{\rho g}=0.2$$

$$p_D=0.2\times1000\times9.8=1.96\times10^3(Pa)=1.96(kPa)$$

【例 3-6】 泵的吸水管如图 3-16 所示，管径为 200mm，管的下端位于水源以下 2m 并装有底阀及拦污网，该处的局部水头损失 $h_{j网}=8\frac{v^2}{2g}$，断面 2—2 处的真空度 $\frac{p_真}{\rho g}=5.0 mH_2O$，由过流断面 1—1 至 2—2 的沿程水头损失 $h_{fl-2}=\frac{4}{5}\frac{v^2}{2g}$。试确定：

(1) 管内水的流量；

(2) 进水口断面 1—1 处的压力。

分析：因为流量 $Q=vA$，由已知的管径可确定过流断面的面积 A，所以，求出流速 v 即可计算出流量。由于 1—1 断面处的流速和压力均为未知数，因此，不能将其选为计算断面。

解：(1) 求管内水的流量。

以液面 A—A 和真空表所在的过流断面 2—2 为计算断面，列伯努利方程式：

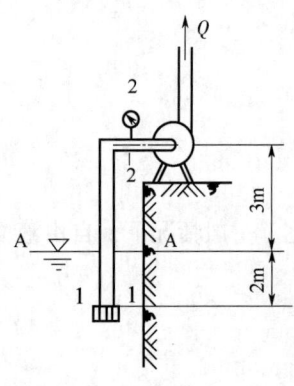

图 3-16 泵的吸入管段

$$z_A+\frac{p_A}{\rho g}+\frac{v_A^2}{2g}=z_2+\frac{p_2}{\rho g}+\frac{v_2^2}{2g}+h_{LA-2}$$

取液面为基准面0—0，则 $z_A=0$，$z_2=3\text{m}$，$p_A=0$，$\frac{p_2}{\rho g}=-\frac{p_真}{\rho g}=-5.0\text{m}$，$v_A=0$，$v_2=v$ 待求；从液面 A—A 到真空表所在的 2—2 断面处的水头损失 $h_{LA-2}=h_{j网}+h_{fl-2}$，将各值代入上式，则

$$0+0+0=3+(-5.0)+\frac{v^2}{2g}+8\frac{v^2}{2g}+\frac{4}{5}\frac{v^2}{2g}$$

$$9.8\frac{v^2}{2g}=2$$

$$v=\sqrt{\frac{2\times 2\times 9.8}{9.8}}=2(\text{m/s})$$

$$Q=vA=2\times\frac{\pi\times 0.2^2}{3}=6.28\times 10^{-2}(\text{m}^3/\text{s})$$

（2）求进水口 1—1 断面处的压力。

以液面 A—A 和进口的过流断面 1—1 为计算断面，列伯努利方程式：

$$z_A+\frac{p_A}{\rho g}+\frac{v_A^2}{2g}=z_1+\frac{p_1}{\rho g}+\frac{v_1^2}{2g}+h_{LA-1}$$

选取 1—1 断面所在的水平面为基准面，则 $z_A=2\text{m}$，$p_A=0$，$v_A=0$，$z_1=0$，p_1 待求，$v_1=v=2\text{m/s}$；$h_{LA-1}=h_j=8\frac{v^2}{2g}=8\times\frac{2^2}{2\times 9.8}=1.63\text{m}$。将上述参数代入上式，得

$$2+0+0=0+\frac{p_1}{\rho g}+\frac{2^2}{2\times 9.8}+1.63$$

整理得

$$\frac{p_1}{\rho g}=0.166$$

$$p_1=0.166\times 1000\times 9.8=1.63\times 10^3(\text{Pa})=1.63(\text{kPa})$$

【例 3-7】 为了在水平放置的直径 180mm 输液管中自动掺入另一种液体，安装了如图 3-17 所示的自动掺液装置，在管径收缩的喉道处引出一个铅垂管 B 通入液池。C 处的直径为 $D_C=50\text{mm}$，水平管中液体的相对密度为 0.9，其流量 $Q=40\text{L/s}$，水头损失 $h_{LA-C}=0.6\text{m}$，A 处压力表的读数 $p_A=168\text{kPa}$，液池的液面距喉道的高度 $H=1.6\text{m}$，液池内液体的相对密度为 0.8，若铅垂管 B 的水头损失为 $h_{LB}=0.8\text{m}$，掺入的液量是水平管液量的 15%，

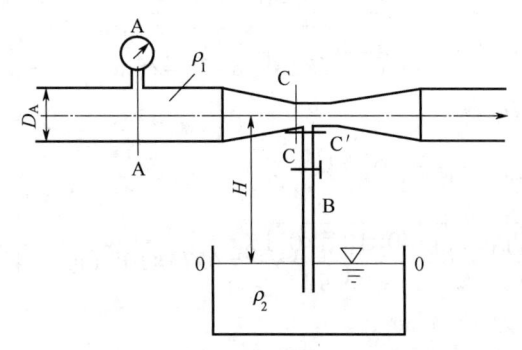

图 3-17 自动掺液装置示意图

试确定铅垂管 B 的管径 D_B。

分析：当 B 管的管径一定时，掺液量与该管内的液体流速有关，而 B 管内的液体流速则由喉道处的压力（真空度）的大小所决定的。因此，应先确定喉道处的压力。

解：（1）确定喉道处的压力。

以水平管的 A、C 两过流断面为计算断面，建立伯努利方程式：

$$z_A + \frac{p_A}{\rho g} + \frac{v_A^2}{2g} = z_C + \frac{p_C}{\rho g} + \frac{v_C^2}{2g} + h_{LA-C}$$

取管轴线所在的水平面为基准面，则 $z_A = z_C = 0$；$p_A = 168\text{kPa}$，p_C 待求；两断面上的流速为

$$v_A = \frac{Q}{A_A} = \frac{4Q}{\pi D_A^2} = \frac{4 \times 40 \times 10^{-3}}{\pi \times 0.18^2} = 1.57 (\text{m/s})$$

$$v_C = \frac{Q}{A_C} = \frac{4Q}{\pi D_C^2} = \frac{4 \times 40 \times 10^{-3}}{\pi \times 0.05^2} = 20.4 (\text{m/s})$$

水头损失 $h_{LA-C} = 0.6\text{m}$，将上述已知条件代入伯努利方程式：

$$0 + \frac{168 \times 10^3}{0.9 \times 10^3 \times 9.8} + \frac{1.57^2}{2 \times 9.8} = 0 + \frac{p_C}{\rho g} + \frac{20.4^2}{2 \times 9.8} + 0.6$$

整理得

$$\frac{p_C}{\rho g} = -2.66$$

$$p_C = -2.66 \times 0.9 \times 10^3 \times 9.8 = -23.5 \times 10^3 (\text{Pa})$$

（2）确定 B 管内的液体流速 v_B。

以液池液面 0—0 及 B 管与喉道连接的过流断面 C′—C′ 为计算断面，建立伯努利方程式：

$$z_0 + \frac{p_0}{\rho_2 g} + \frac{v_0^2}{2g} = z_{C'} + \frac{p_{C'}}{\rho_2 g} + \frac{v_{C'}^2}{2g} + h_{LB}$$

取液池液面为基准面，则 $z_0 = 0$，$p_0 = 0$，$v_0 = 0$，$z_{C'} \approx 1.6\text{m}$，$p_{C'} \approx p_C = -23.5 \times 10^3 \text{Pa}$，铅垂管中液体的流速 $v_{C'} = v_B$；水头损失 $h_{LB} = 0.8\text{m}$。将以上参数代入上式得

$$0 + 0 + 0 = 1.6 + \frac{-23.5 \times 10^3}{0.8 \times 10^3 \times 9.8} + \frac{v_B^2}{2g} + 0.8$$

$$\frac{v_B^2}{2g} = 0.597$$

$$v_B = \sqrt{0.597 \times 2 \times 9.8} = 3.42 (\text{m/s})$$

（3）求 B 管的管径 D_B。

由 B 管的流量 $Q_B = v_B A_B = v_B \frac{\pi}{4} D_B^2$ 得

$$D_B = \sqrt{\frac{4Q_B}{\pi v_B}} = \sqrt{\frac{4 \times 40 \times 10^{-3} \times 0.15}{\pi \times 3.42}} = 4.73 \times 10^{-2} (\text{m}) = 47.3 (\text{mm})$$

因此，铅垂管的管径 D_B 为 47.3mm。

由例 3-7 可见，应用伯努利方程式解决问题不同时，选择的计算断面和基准面一般是

不同的，即使解决同一个问题，计算断面和基准面也可以有不同的选法。选择得当，可以使计算简单。

二、测定流速与流量的装置

在实际生产和实验研究过程中，经常遇到液体流速和流量的测量问题。流速的测量目前常用浮标法、压力法和激光法；流量的测量一般可分为直接测量法和间接测量法。直接测量法是首先测出在一定时间间隔内的液流体积，然后根据流量的定义，计算出单位时间内的液流体积。在流量较小的情况下，这种方法简单易行，但当流量较大时，测量误差较大。间接测量法是使用某些仪器先测出与流速或流量有关的压差、电信号等参数，再经过换算，得出流量。在实际工程中，常采用间接测量法。本节主要介绍与伯努利方程式相关的测量流速和流量的仪器。

1. 皮托管（视频 3-8）

皮托管又称毕托管、空速管和风速管，由法国亨利·皮托于 1730 年发明。后经逐步改进，目前已有几十种类型。皮托管常用于测量液流中某点流速。

为了测量液流中某点 A 的流速，在管壁上安装如图 3-18 所示的测速管 1 和测压管 2，在液流压力 p_A 的作用下，测压管中液面上升的高度为 $h_1 = \dfrac{p_A}{\rho g}$。在测速管口 A 点处，由于液流受到测速管的阻碍被迫绕流，液流的速度变为 0，该点称为液流的驻点。在驻点上，液流的动能全部转化为压能，因此，测速管内液面上升的高度为 $h_2 = \dfrac{p_A}{\rho g} + \dfrac{u^2}{2g}$。显然，两管内液面的高差为

$$\Delta h = h_2 - h_1 = \frac{u^2}{2g}$$

视频 3-8 皮托管

则 A 点的流速为

$$u = \sqrt{2g\Delta h} \tag{3-13}$$

从理论上讲，只要测得两管内液面的高差 Δh，即可由式(3-13)确定液流 A 点的流速。但由于实际液体具有黏滞性，存在能量损失及测速管对液流的干扰等因素的影响，当通过测量 Δh 计算 A 点流速时，必须对式(3-13)进行修正，即

$$u = \varphi\sqrt{2g\Delta h} \tag{3-14}$$

式中，φ 称为皮托管的流速修正系数，其值的大小与皮托管的结构、尺寸及表面光滑程度有关，其值一般由实验方法确定。

皮托管的类型很多，常用的皮托管是由两个封闭的互不连通的同心套管组成的，又称普朗特管，如图 3-19 所示，前端开一个测速孔 A，而侧表面开有数个测压孔 B 的外管作为测压管，这样，测得两管内液面高差 Δh 后，即可确定液流中某点的流速 u。对于如图 3-19 所示的皮托管测速仪，可得测点处流速为

$$u = \varphi\sqrt{2g\frac{\rho_1 - \rho}{\rho}\Delta h} \tag{3-15}$$

图 3-18 皮托管测速原理

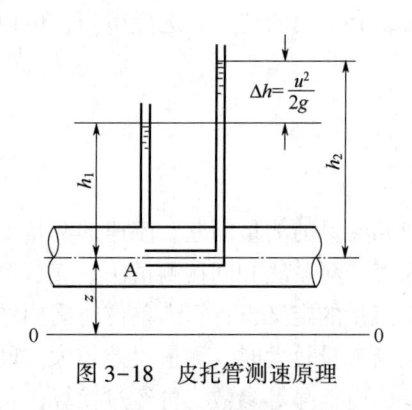

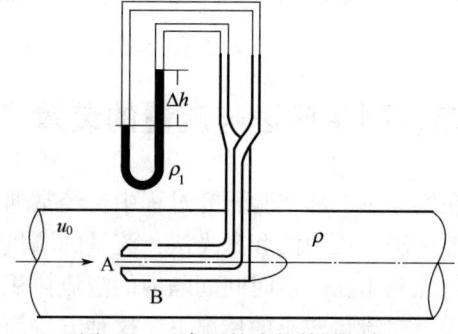

图 3-19 常用的皮托管测速仪

使用皮托管测量流速比较方便灵活，但测速时，必须将仪器放入流体中，这样会破坏流体原来的流动状态，从而对测量精度有一定的影响。

2. 节流式流量计

节流式流量计是工业中常用的测量流量的装置。在管道中，流体流经通道截面突然缩小的阀门、窄缝及喉道后发生压力降低的现象称为节流。当管路中的液体流经节流装置时，液流的过流断面缩小，流速增大，动能增大，压能降低，从而在节流装置前后产生压差。液体的流量越大，节流装置前后产生的压差也越大。因此，测量出节流装置前后的压差即可计算液体流量的大小。

工业上常用的节流装置包括孔板、喷嘴和文丘里管，如图 3-20 所示。这三种节流装置的基本原理相同。下面以孔板流量计和文丘里管流量计为例，介绍节流装置前后压力的变化与液体流量之间的定量关系，并简单介绍浮子流量计的工作原理。

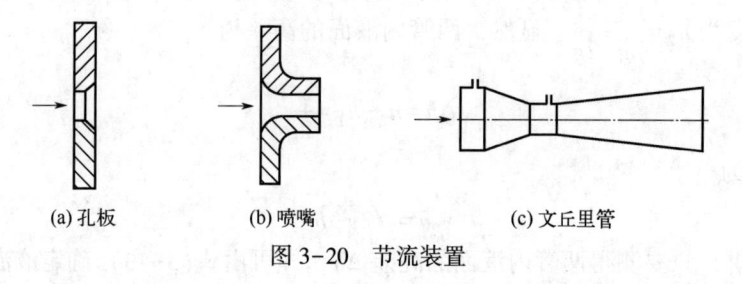

(a) 孔板　　(b) 喷嘴　　(c) 文丘里管

图 3-20 节流装置

1) 孔板流量计

孔板流量计结构如图 3-21 所示。在直径为 D 的水平等径管中装有孔径为 d 的孔板，由于流体质点的惯性力作用，当流体通过孔板时断面收缩，并在孔板后形成最小断面，而后液流又逐渐扩大，该最小断面 2—2 称为收缩断面。在孔板前的 1—1 断面和孔板后的 2—2 断面建立伯努利方程式，若不计能量损失，并设 $\alpha_1 = \alpha_2 = 1$；水平管路 $z_1 = z_2$，则有

$$\frac{p_1}{\rho g} + \frac{v_1^2}{2g} = \frac{p_2}{\rho g} + \frac{v_1^2}{2g}$$

设孔板的过流断面的面积为 A，其流速为 v，由连续性方程式得

$$vA = v_1 A_1 = v_2 A_2$$

则两断面的流速分别为

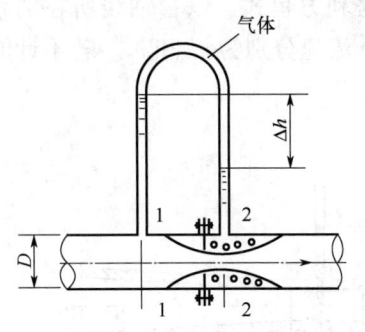

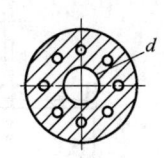

图 3-21 孔板流量计

$$v_1 = \frac{A}{A_1}v, \quad v_2 = \frac{A}{A_2}v$$

将 v_1 和 v_2 代入伯努利方程式并整理,得

$$\frac{p_1-p_2}{\rho g} = \frac{v_2^2-v_1^2}{2g} = \left[\left(\frac{A}{A_2}\right)^2 - \left(\frac{A}{A_1}\right)^2\right]\frac{v^2}{2g}$$

则孔口处的流速为

$$v = \frac{1}{\sqrt{\left(\frac{A}{A_2}\right)^2 - \left(\frac{A}{A_1}\right)^2}}\sqrt{2g\frac{p_1-p_2}{\rho g}}$$

于是,理论流量为

$$Q_{\text{理}} = vA = \frac{1}{\sqrt{\left(\frac{A}{A_2}\right)^2 - \left(\frac{A}{A_1}\right)^2}} A\sqrt{2g\frac{p_1-p_2}{\rho g}}$$

令 $\mu = \dfrac{1}{\sqrt{\left(\dfrac{A}{A_2}\right)^2 - \left(\dfrac{A}{A_1}\right)^2}}$,则有

$$Q_{\text{理}} = vA = \mu A \sqrt{2g}\sqrt{\frac{p_1-p_2}{\rho g}} \tag{3-16}$$

实际上,流体通过流量计是有能量损失的。另外,严格来说,两断面处的动能修正系数也不等于 1。所以,流体的实际流量小于由式(3-16)计算出的理论流量。因此,实际应用时,需要对上式进行修正。一般可用实验系数 α 代替 μ,即实际流量为

$$Q = \alpha A \sqrt{2g}\sqrt{\frac{p_1-p_2}{\rho g}} \tag{3-17}$$

式中 α 称为孔板流量系数。仪表在出厂前都要对其流量系数进行标定,给出相应的图表,如果使用条件与厂家标定的条件不同时需重新标定。

可见,使用孔板流量计,只要测得孔板前后的压差 p_1-p_2,即可根据式(3-17)确定液体的流量。孔板流量计可以测量气体、蒸汽、液体及天然气的流量。

2) 文丘里管流量计

文丘里管流量计由入口段、收缩段、喉道和扩散段组成,如图 3-22 所示。在收缩段前

的 1—1 断面和喉道处 2—2 断面建立伯努利方程式，以管轴线所在的水平面为基准面，则 $z_1=z_2=0$；两断面的压力分别为 p_1 和 p_2，流速分别为 v_1 和 v_2。若不计能量损失，则

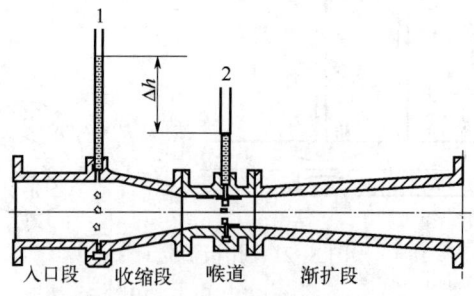

图 3-22 文丘里管流量计结构图

$$\frac{p_1-p_2}{\rho g}=\frac{v_2^2-v_1^2}{2g}$$

由连续性方程式：$v_1 A_1 = v_2 A_2$，可得 $v_1=\frac{A_2}{A_1}v_2=\left(\frac{D_2}{D_1}\right)^2 v_2$，将其代入上式得

$$\frac{p_1-p_2}{\rho g}=\left[1-\left(\frac{D_2}{D_1}\right)^4\right]\frac{v_2^2}{2g}$$

喉道处的流速为

$$v_2=\frac{1}{\sqrt{1-\left(\frac{D_2}{D_1}\right)^4}}\sqrt{2g\frac{p_1-p_2}{\rho g}}$$

通过文丘里管流量计的理论流量为

$$Q_{理}=v_2 A_2=\frac{A_2}{\sqrt{1-\left(\frac{D_2}{D_1}\right)^4}}\sqrt{2g\frac{p_1-p_2}{\rho g}} \tag{3-18}$$

在实际应用时，考虑到液体黏滞性等影响，必须对式(3-18)用流量系数加以修正，即

$$Q=\mu v_2 A_2=\frac{\mu A_2}{\sqrt{1-\left(\frac{D_2}{D_1}\right)^4}}\sqrt{2g\frac{p_1-p_2}{\rho g}} \tag{3-19}$$

式中　μ——文丘里管流量计的流量系数，无量纲；

A_2——文丘里管喉道处过流断面的面积，m^2；

D_2——文丘里管喉道处的直径，m；

D_1——文丘里管断面收缩前的直径，m；

p_1-p_2——1—1 与 2—2 两过流断面间的压力差，Pa。

3）浮子流量计（动画 3-1）

浮子流量计也称为转子流量计，其结构如图 3-23 所示。在一个横截面积由下向上逐渐增大的锥形玻璃管中，安装一个沿管轴线可自由升降的浮子。流体由底端流入，从顶端流出。当流体流经浮子与管壁之间的环形过流断面时，因过流断面面积缩小，流速增大，压力

降低。由于浮子受到底部和顶部压差的作用，浮子上升。当浮子上升后，环形断面面积又逐渐增大，流速逐渐减小。当浮子底部和顶部所受的压力差与其所受的浮力之和等于浮子所受重力时，浮子处于某一平衡位置。若流量增大，则浮子的平衡位置升高，反之则下降。因此，由浮子所处位置的高度即可确定流量的大小。

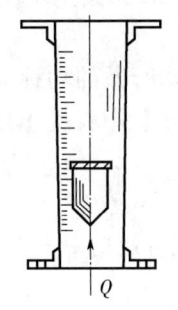

图 3-23　浮子流量计　　　　　动画 3-1　浮子流量计

当流量不同时，浮子的平衡位置不同，环形面积也不同，因此，浮子流量计是一种过流断面面积可自行调节的节流式流量计。

总之，节流式流量计的工作原理基本相同，但不同的节流装置具有不同的特点。孔板结构简单，容易制造和调换，因而应用较为广泛，缺点是阻力较大；文丘里管和喷嘴对液流的阻力较小，但制造工艺要求较高，不易调换，因此，一般情况下应用得较少。浮子流量计必须垂直安装，流体下进上出，读数方便，测量范围宽，测量精度较高，但玻璃管不能经受高温和高压，在安装使用过程中玻璃容易破碎。

三、泵在液体输送过程中的作用

在实际工程中，为了提高管道输送液体的能力，以达到规定的输送量、输送高度或输送距离，经常需要安装输液泵。泵是用来提高输送液体能量的机械装置（提高输送气体能量的装置是压缩机或称风机），如生活供水系统中的供水泵、油田注水系统中的注水泵、输油管线中的输油泵等。当液体流经泵时，泵对液体做功，液体就从外界获得了能量（即液体在流动过程中有能量输入），液流的总机械能相应增加。

泵使单位重力液体增加的能量称为泵的**扬程**，用符号 E_m 表示，单位为 m。

1. 泵对液体做功的伯努利方程式（视频 3-9）

在应用伯努利方程式时，若所选取的两个计算断面，液体流经泵，如图 3-24 所示，那么就必须考虑由于泵的工作而使液体增加的能量，即扬程 E_m，那么

$$z_1 + \frac{p_1}{\rho g} + \frac{v_1^2}{2g} + E_m = z_2 + \frac{p_2}{\rho g} + \frac{v_2^2}{2g} + h_{L1-2} \quad (3-20)$$

视频 3-9　泵对液体做功的伯努利方程式

式（3-20）为泵对液体做功的伯努利方程式。

若将泵前后的过流断面选在敞开于大气的液面时，$v_1 = v_2 = 0$，$p_1 = p_2 = 0$，则泵的扬程为

$$E_m = (z_2 - z_1) + h_{L1-2} \quad (3-21)$$

也就是说泵的扬程主要用于提高液体的位能和克服液流的能量损失。

2. 泵的功率及效率

泵是对液体做功的机械,其主要性能参数除扬程外,还有功率和泵效。

在单位时间泵对液体所做的功称为泵的输出功率或有效功率,用符号 N 表示,单位为 W 或 kW,其计算公式为

$$N = \rho g Q E_m \tag{3-22}$$

式中 N——输出功率或有效功率,W;

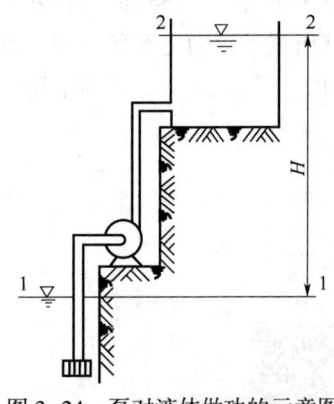

E_m——泵的扬程,m;

图 3-24 泵对液体做功的示意图

Q——泵的排量(通过泵的流量),m^3/s。

一般情况下,原动机通过联轴器与泵连接,将机械能传给泵,使其工作,如图 3-25 所示。泵所需的功率即从原动机获得的功率称为泵的输入功率或轴功率,也称额定功率,用符号 $N_{轴}$ 表示。

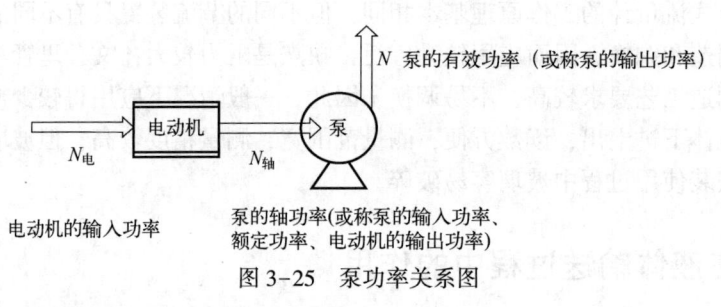

图 3-25 泵功率关系图

泵的输出功率与轴功率的比值称为泵的效率,用符号 η 表示:

$$\eta = \frac{N}{N_{轴}} \tag{3-23}$$

由于液体的黏滞性及泵轴的影响,液体从泵获得的有效功率总是小于泵从原动机(电动机或柴油机等)获得的轴功率,因此,泵的效率 $\eta < 1$。

【例 3-8】 测定水泵扬程的装置如图 3-26 所示。已知泵的排量为 60L/s,吸水管直径 $D_1 = 200mm$,排水管直径 $D_2 = 150mm$,泵前真空表的读数为 4.0m 水柱,泵后压力表的读数为 196kPa,两表高差 $\Delta z = 1m$,水头损失 $h_{L1-2} = 0.6m$,泵效为 0.75。试确定:

(1) 泵的扬程;

(2) 泵的额定功率。

解: (1) 求泵的扬程。

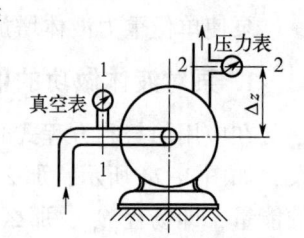

图 3-26 水泵扬程测定装置

以泵前真空表和泵后压力表所在的过流断面分别为 1—1、2—2 计算断面,建立伯努利方程式:

$$z_1 + \frac{p_1}{\rho g} + \frac{v_1^2}{2g} + E_m = z_2 + \frac{p_2}{\rho g} + \frac{v_2^2}{2g} + h_{L1-2}$$

取泵前 1—1 断面形心所在的水平面为基准面，则 $z_1=0$，$z_2=\Delta z=1\text{m}$，$\dfrac{p_1}{\rho g}=-4\text{m}$，$p_2=$ 196kPa，两过流断面的流速分别为

$$v_1=\frac{Q}{A_1}=\frac{4Q}{\pi D_1^2}=\frac{4\times 60\times 10^{-3}}{\pi\times 0.2^2}=1.91(\text{m/s})$$

$$v_2=\frac{Q}{A_2}=\frac{4Q}{\pi D_2^2}=\frac{4\times 60\times 10^{-3}}{\pi\times 0.15^2}=3.40(\text{m/s})$$

将已知条件代入伯努利方程式，得

$$0+(-4)+\frac{1.91^2}{2\times 9.8}+E_\text{m}=1+\frac{196\times 10^3}{1000\times 9.8}+\frac{3.40^2}{2\times 9.8}+0.6$$

$$E_\text{m}=26.0(\text{m})$$

（2）确定泵的额定功率（轴功率）。

计算泵的输出功率：

$$N=\rho g Q E_\text{m}=10^3\times 9.8\times 60\times 10^{-3}\times 26.0$$
$$=15.3\times 10^3(\text{W})=15.3(\text{kW})$$

因此泵的额定功率为

$$N_\text{轴}=\frac{N}{\eta}=\frac{15.3}{0.75}=20.4(\text{kW})$$

【例 3-9】 供水系统如图 3-27 所示。泵的输出功率为 828W，泵前真空表的读数为 58.5kPa，泵后压力表的读数为 98.3kPa。管径 $D=50\text{mm}$，$h_1=1.0\text{m}$，$h_2=5.0\text{m}$。吸入管的水头损失 $h_\text{L吸}=4.6\text{m}$，排出管的水头损失 $h_\text{L排}=5.4\text{m}$。求泵的排量。

分析：由于本题已知条件充分，可选择的计算断面较多，因此，该题有多种解题方法。解题的基本思路有两种：一是由 $Q=vA$ 可知，只要正确选择计算断面，根据伯努利方程式求出流速，即可确定流量；二是由泵的有效功率计算公式 $N=\rho g Q E_\text{m}$ 可知，求出泵的扬程，也可确定流量。需要注意的是，由于管内液体的流速和泵的扬程均为未知数，因此，所选取的过流断面不能同时含有这两个参数。下面给出两种解法。

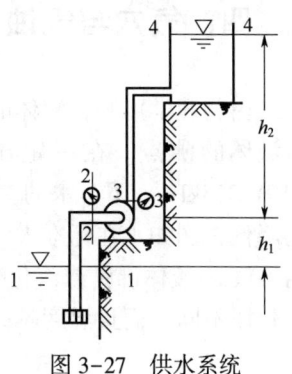

图 3-27 供水系统

解法一：先求流速，再计算流量。

选择水源液面 1—1 和泵前真空表所在的断面 2—2 为计算断面，建立伯努利方程式：

$$z_1+\frac{p_1}{\rho g}+\frac{v_1^2}{2g}=z_2+\frac{p_2}{\rho g}+\frac{v_2^2}{2g}+h_\text{L1-2}$$

取水源液面 1—1 为基准面，则 $z_1=0$，$z_2=h_1=1.0\text{m}$；$p_1=0$，$p_2=-58.5\text{kPa}$；$v_1=0$，v_2 待求；$h_\text{L1-2}=h_\text{L吸}=4.6\text{m}$。将以上各值代入伯努利方程，得

$$0+0+0=1.0+\frac{-58.5\times 10^3}{1000\times 9.8}+\frac{v^2}{2g}+4.6$$

$$\frac{v^2}{2g}=0.369$$

$$v=\sqrt{0.369\times 2\times 9.8}=2.69(\text{m/s})$$

$$Q = vA = 2.69 \times \frac{\pi}{4} \times 0.05^2 = 5.28 \times 10^{-3} (\text{m}^3/\text{s})$$

同理也可在泵后压力表所在的断面 3—3 和水箱液面 4—4 应用伯努利方程式，先求出管内液体流速后再确定流量。

解法二：通过求泵的扬程，确定流量。

选择泵前水源液面 1—1 和泵后水箱液面 4—4 为计算断面，建立伯努利方程式：

$$z_1 + \frac{p_1}{\rho g} + \frac{v_1^2}{2g} + E_m = z_4 + \frac{p_4}{\rho g} + \frac{v_4^2}{2g} + h_{L1-4}$$

取水源液面 1—1 为基准面，则 $z_1 = 0$，$z_4 = h_1 + h_2 = 1.0 + 5.0 = 6.0 \text{m}$；以表压标准计算，$p_1 = p_4 = 0$；在液面上，$v_1 = v_4 = 0$；$h_{L1-4} = h_{L吸} + h_{L排} = 4.6 + 5.4 = 10.0 \text{m}$。将已知参数代入上式，得

$$0 + 0 + 0 + E_m = 6.0 + 0 + 0 + 10.0$$
$$E_m = 16.0 (\text{m})$$

由 $N = \rho g Q E_m$ 得流量为

$$Q = \frac{N}{\rho g E_m} = \frac{828}{1000 \times 9.8 \times 16.0} = 5.28 \times 10^{-3} (\text{m}^3/\text{s})$$

当然，也可在泵前真空表所在的断面 2—2 和泵后压力表所在的断面 3—3 处应用伯努利方程式，先计算出扬程，再计算流量。

四、气穴与气蚀

由物理学可知，液体的汽化或沸腾与压力和温度有关。通常将某液体沸腾时的温度称为该液体的沸点。在一定压力的作用下，不同液体的沸点不同。例如，在标准大气压（101.325kPa）下，水的沸点为100℃，酒精的沸点为78℃；同种液体的沸点随压力的减小而降低，例如水在标准大气压时，沸点为100℃，当绝对压力降为19.865kPa时，其沸点变为60℃。液体沸腾或汽化时的压力称为液体的饱和蒸气压或汽化压。不同温度下，液体的汽化压不同，而且温度越高，液体的汽化压越高。水在不同温度时的汽化压见表3-2。

表 3-2 水在不同温度下的汽化压力

温度，℃	200	100	80	60	40
绝对压力，kPa	1554.538	101.325	47.329	19.865	7.3727

1. 气穴与气蚀产生的原因

由伯努利方程式可知，液流中的水动压力随着位能、动能和水头损失三项参数的变化而变化。液流位能增加会引起压能降低，当过流断面缩小时，动能增加也会引起压能降低。当液流中的压力降到该液体当前温度下的汽化压时，液体由液态变为气态，从而导致低压区的液流中产生气泡，随着液体流动，气泡聚集成含有液体蒸气的空穴，这种现象就称为气穴现象，如图 3-28 所示。

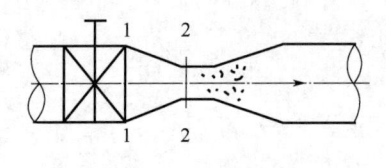

图 3-28 气穴现象

在低压区形成的气穴是不稳定的，当被液流带到高压区时，若高压区的压力大于液体的汽化压，气穴内的液体蒸气会突然液化，而原来所占据的空间就形成了真空，导

致其周围的液体以极大的速度冲向该真空区域。在高压下气泡破裂产生的液压冲击有时可高达 150~200MPa。若该过程发生在固体壁面附近，在液流强烈冲击力作用的同时，还伴随着物化反应，固体表面受到腐蚀，产生麻点或凹坑，这种现象称为气蚀（视频 3-10）。

若液流中的气穴不断发生、发展、溃灭，冲击作用也不断地叠加，就像锤子一样连续敲打着固体表面，严重的气蚀会引起材料的疲劳破坏以致发生断裂，造成安全隐患，如水轮机或离心泵的叶片表面常因气蚀产生凹坑，从而缩短其使用寿命。因此，在进行水利工程设计时，应尽可能避免气穴现象的发生。

视频 3-10　离心泵中的气蚀

2. 气穴与气蚀的预防措施

为了在生产中减少气蚀对设备的影响，根据其产生原因，可以采取以下预防措施：

（1）管路尽量保持平直，尽量避免急转弯和过流断面的突然缩小；

（2）若管路中存在喉道，则应适当控制其最低压力降，一般情况下 $\dfrac{p}{p_{喉道}}<3.5$；

（3）离心泵的吸入管直径不宜太小，保持管内流速不大于 1.5m/s，并尽可能降低泵的吸入高度。

另外，一般在泵的吸入口都会安装一个真空表，如果保证泵的吸入口真空度小于液体汽化压，也会减少气穴及气蚀现象的发生。

【例 3-10】　泵与吸入管如图 3-29 所示。在泵工作过程中，为使泵前的液体不发生气穴现象，要求泵前真空表读数不超过 $4mH_2O$。吸入管的直径为 250mm，水头损失为 $h_{L1-2}=8\dfrac{v^2}{2g}$，流量为 70L/s，试确定泵的最大安装高度 H。

分析：泵的安装高度 H 越大，位能越大，压能越小，当压力降低到液体的汽化压时，液体汽化，发生气穴现象，因此，计算出汽化压对应的泵的安装高度，即为防止气穴发生的最大安装高度。

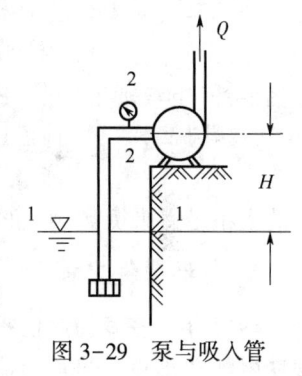

图 3-29　泵与吸入管

解：以液面 1—1 和真空表所在断面 2—2 为计算断面，建立伯努利方程式：

$$z_1+\dfrac{p_1}{\rho g}+\dfrac{v_1^2}{2g}=z_2+\dfrac{p_2}{\rho g}+\dfrac{v_2^2}{2g}+h_{L1-2}$$

取液面 1—1 为基准面，则 $z_1=0$，$z_2=H$，即 2—2 断面的形心距基准面的铅垂高度就是泵的安装高度；以表压计算，$p_1=0$，$\dfrac{p_2}{\rho g}=-4m$；在液面上 $v_1=0$，管内的液体流速 $v_2=\dfrac{4Q}{\pi D^2}=\dfrac{4\times 70\times 10^{-3}}{\pi\times 0.25^2}=1.43m/s$，$h_{L1-2}=8\dfrac{v^2}{2g}$。将已知各值代入伯努利方程式，得

$$0+0+0=H+(-4)+\dfrac{1.43^2}{2\times 9.8}+8\times\dfrac{1.43^2}{2\times 9.8}$$

则

$$H = 3.06(\text{m})$$

因此，为防止气穴现象的发生，泵距离液面的最大高度为3.06m。

显然，相对于水源液面，泵的安装高越大，泵前吸入管的位能越大，压能就会越低，若泵前吸入管内的压力低于液体的汽化压，液体就会在吸入管内汽化，发生气穴现象，从而导致泵不能正常工作。因此，泵的安装高度要确保泵前吸入管内的压力不低于液体的汽化压。

通过上述例题可见，应用伯努利方程式，可以求解相关的流体运动参数，包括位置高度、压力、流速或排量、泵的扬程、管路直径等。

五、伯努利方程式的其他应用

此外，根据伯努利方程式，还可以解释某些现象产生的原因。

1. 吹不走的乒乓球

如果将一个乒乓球放入玻璃漏斗中，从漏斗的下部向上用力吹气时，能否将乒乓球像"子弹"一样射向天空呢？"乒乓球很轻，也许不用费力就可将其吹射出去"。你会这么想吗？但当你试吹后就会发现，不但不能将乒乓球吹出漏斗，而且越是用力吹，乒乓球与漏斗壁贴合得越紧密，甚至将漏斗倒转过来向下吹时，乒乓球也不会掉下来，如图3-30所示。下面来分析一下产生这种现象的原因。

图3-30 乒乓球吹离漏斗演示

根据连续性方程式，流体的运动速度与过流断面的面积成反比。当从漏斗细端用力吹气时，空气通过漏斗内壁与乒乓球之间的间隙流过。由于该处过流断面的面积远小于漏斗的开口端，因此漏斗内的气体流速远大于其开口端处的流速。根据伯努利方程式，若不计位差和能量损失，则漏斗开口端处的压力远大于漏斗内部的压力，且该压力差的大小足以平衡乒乓球的重力并将其推向漏斗内部，这就是乒乓球吹不走的原因。

2. 海难事件之秘

1912年，在离海岸已很远的地方，"奥林匹克"号轮船沿航线正在全速航行，后面有一艘铁甲舰"霍克"号逐渐追了上来，它的速度很快。当它接近"奥林匹克"号与其并行前进时，两船船员互相招手致意，却不知危险就在眼前。两船的距离越来越近，"霍克"号的舰首突然转向"奥林匹克"号，无论船员如何操纵，完全无济于事，最终"霍克"号在"奥林匹克"号的船舷上撞出了一个大洞。当海事法庭审理这次不同寻常的事件时，判定"奥林匹克"号的船长有罪，原因是：他未曾下达任何命令给"霍克"号让路。实际上两个船长都有过错，因为他们根本不知道大海中的舰船近距离并行高速航行时会发生"船吸"现象。不仅他们不知道，在那之前的航海家也不知道为什么会发生这种情况。

当两艘船近距离高速并行前进时，由连续性方程可知，两船之间海水的流速远大于两船外侧海水的流速。根据伯努利方程式，两船之间海水动能的增加引起压能的降低，从而在两船外侧形成一种向内挤压的作用力，如图3-31所示，该作用力就是两船相撞的根本原因。现在

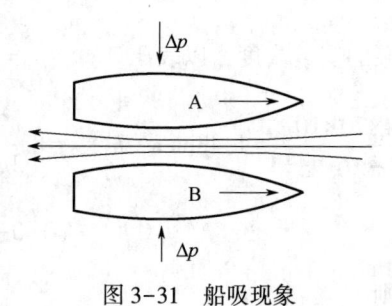

图3-31 船吸现象

航海上把这种现象称为"船吸现象"。同样原理,船在近岸行驶时也应与岸边保持适当距离,否则也可能会引起"船吸"而触岸。

3. 飞机飞行时升力的产生(视频 3-11)

飞机飞行时升力的产生可以利用机翼的形状以及伯努利方程式来解释。简单来说,飞机升力主要来源于机翼上下表面气流的速度差而形成的气压差。因为机翼的上表面是弧形的,下表面是平的,所以机翼上表面的气流速度快,下表面气流速度慢,如图 3-32 所示。根据伯努利方程式可知,等高流动时,机翼上表面流速(动能)大,压力(压能)小;机翼下表面流速(动能)小,压力(压能)大,所以机翼下方气体压力大于机翼上方气体压力,产生压力差,进而产生向上的升力。对此感兴趣的同学也可以上网查阅相关资料进一步了解。

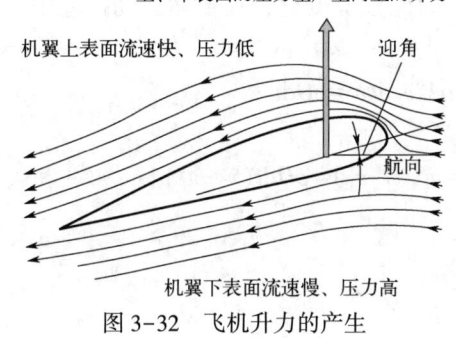

图 3-32 飞机升力的产生

视频 3-11 飞机起飞的原理

第五节 流体的动量方程式及其应用

运动流体与处于运动状态的物体一样,在具有动能的同时,也具有动量。动量是运动流体的质量与其运动速度的乘积,因为速度是矢量,所以动量也是矢量。流体在运动过程中,流速(大小或方向)发生变化时流体的动量也相应地发生变化。由动量定律可知,流体动量的变化使液流对固体壁面产生了作用力,因此在实际工程中还存在着运动流体与固体壁面之间作用力的问题,解决此类问题需要根据物理学中的动量定律建立流体的动量方程式。

一、流体的动量方程式

由物理学中的动量定律可知,流体所受的合外力等于单位时间内流体动量的变化量。若用符号 F 表示流体所受的力,用符号 K 表示流体的动量,经过 dt 时间,则

$$\sum F = \frac{dK}{dt} \tag{3-24}$$

为了研究流体动量的变化情况,在稳定流中任取质量力只有重力作用的过流断面 1—1 与 2—2 之间的流体,如图 3-33 所示。两过流断面的面积分别为 A_1 和 A_2,其流速分别为 v_1 和 v_2。

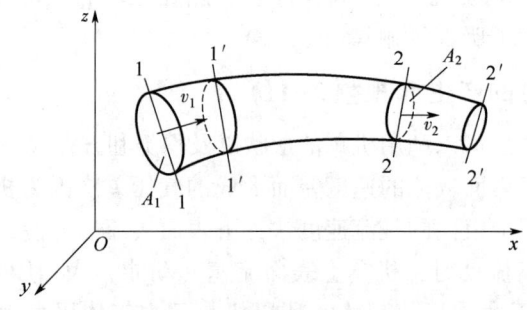

图 3-33 流体动量的变化

经过 dt 时间，1—1 至 2—2 断面间的流体运动到 $1'$—$1'$ 至 $2'$—$2'$ 断面的位置。流体动量的变化量相当于 1—1 与 $1'$—$1'$ 断面之间的流体运动到 2—2 与 $2'$—$2'$ 断面时动量的变化量，因为 $1'$—$1'$ 与 2—2 断面间的流体动量经过 dt 时间没有变化，在流体运动过程中，流体质量守恒，即

$$m = \rho A_1 v_1 dt = \rho A_2 v_2 dt = = \rho Q dt$$

则动量的变化量为

$$dK = K_2 - K_1 = mv_2 - mv_1 = m(v_2 - v_1) = \rho Q dt (v_2 - v_1)$$

单位时间内的动量变化量为

$$\frac{dK}{dt} = \rho Q (v_2 - v_1)$$

由式 (3-24) 可得

$$\sum F = \rho Q (v_2 - v_1) \tag{3-25}$$

式 (3-25) 是流体动量方程式的矢量表达式。

在三维坐标中，式 (3-25) 在三个坐标方向上的解析式为

$$\begin{cases} \sum F_x = \rho Q (v_{2x} - v_{1x}) \\ \sum F_y = \rho Q (v_{2y} - v_{1y}) \\ \sum F_z = \rho Q (v_{2z} - v_{1z}) \end{cases} \tag{3-26}$$

式中 $\sum F_x$，$\sum F_y$，$\sum F_z$——1—1 与 2—2 断面间的流体所受的合外力在 x、y、z 三个坐标方向的分量；

v_{2x}，v_{2y}，v_{2z}——2—2 断面处流体的平均流速在 x、y、z 三个坐标方向的分量；

v_{1x}，v_{1y}，v_{1z}——1—1 断面处流体的平均流速在 x、y、z 三个坐标方向的分量。

式 (3-25) 和式 (3-26) 是动量定律在流体力学中的数学表达式，称为流体的动量方程式。该式表明：在稳定流条件下，液流所受的合外力等于单位时间内液流动量的变化量。

关于流体所受的合外力 $\sum F$ 一般包括以下几种力：

(1) 重力，指在流体中取出的作为研究对象的那部分流体（隔离体）的重力，其大小 $G = mg$，方向垂直向下。当流体沿水平方向运动，即流速方向与重力方向垂直时，重力在 x、y 方向的分量均为 0，对流体动量的变化没有影响，可不考虑重力的作用。

(2) 流体中所选取的隔离体两断面处的总压力 P_1 和 P_2，其大小分别等于断面处的压力与断面面积的乘积，即 $P_1 = p_1 A_1$，$P_2 = p_2 A_2$。当流体在大气中流动时，以表压计算，$P_1 = P_2 = 0$。

（3）流体所受的固体壁面的作用力 R。固体壁面对流体的作用力和流体对固体壁面的作用力是一对大小相等、方向相反、分别作用于流体和固体壁面的作用力和反作用力。当需确定 R 时，由于其大小和方向都是未知数，因此，一般先假设 R 的方向，若求出的结果为正值，说明 R 的实际方向与假设的方向相同，若为负值，则说明 R 的实际方向与假设的方向相反。

通过上述分析可知，流体所受的合外力为

$$\sum F = G + P_1 + P_2 + R \tag{3-27}$$

在三维坐标中，各力在 x、y、z 方向的分量为

$$\begin{cases} \sum F_x = P_{1x} + P_{2x} + R_x \\ \sum F_y = P_{1y} + P_{2y} + R_y \\ \sum F_z = G + P_{1z} + P_{2z} + R_z \end{cases} \tag{3-28}$$

当 R 在三维坐标方向的分量 R_x、R_y、R_z 确定之后，可得固体壁对流体的作用力为

$$R = \sqrt{R_x^2 + R_y^2 + R_z^2} \tag{3-29}$$

作用力的方向可用 R 与 x 轴之间的夹角 θ 表示，若流体沿水平面运动，则

$$\theta = \arctan \frac{R_y}{R_x} \tag{3-30}$$

若流体沿铅垂面运动，则

$$\theta = \arctan \frac{R_z}{R_x} \tag{3-31}$$

二、流体动量方程式的应用

在应用动量方程式时，要注意应用条件：(1) 稳定流；(2) 选取隔离体的两断面处流体只受重力作用；(3) 两过流断面为缓变流断面。不过，两断面之间的流体既可以是缓变流，也可以是急变流。

动量方程式的应用步骤如下：
(1) 取两个缓变流断面之间的流体为隔离体，并确定直角坐标 x、y、z 的方向。
(2) 对隔离体进行受力分析，确定各力及流速在三个坐标方向上的分量。
(3) 建立动量方程。在建立动量方程的过程中，必须注意：当流体的流速和所受的作用力在三维坐标的分量方向与坐标轴方向相同时取正号，相反时取负号。
(4) 解方程，求未知数。

下面通过例题说明流体动量方程的具体应用。

1. 液流对弯管的作用力

【例 3-11】 水平放置的 45°变径弯管如图 3-34(a) 所示，管径由 $D = 400mm$ 渐变到 $D_2 = 250mm$，$p_1 = 50kPa$，流量 $Q = 0.16 m^3/s$。若不计水头损失，确定液流对弯管的作用力及其方向。

分析：可选取液流只受重力作用的 1—1 和 2—2 过流断面之间的流体作为隔离体，进行受力分析，并选取坐标系如图 3-34(b) 所示。由于在动量方程中涉及的两断面处的流速和 2—2 断面处的压力还是未知数，因此，需要先确定这几个参数。

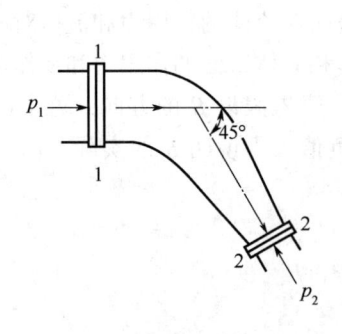

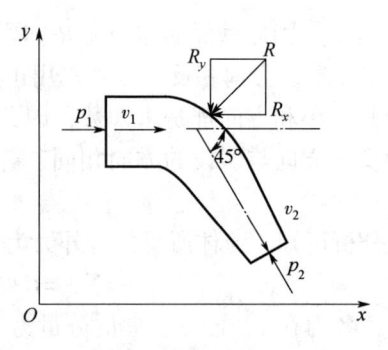

(a) 变径弯管　　　　(b) 受力分析

图 3-34　变径弯管及液流受力分析

解：由 $Q = vA = v\dfrac{\pi D^2}{4}$ 得

$$v_1 = \frac{4Q}{\pi D_1^2} = \frac{4 \times 0.16}{\pi \times 0.4^2} = 1.27(\text{m/s})$$

$$v_2 = \frac{4Q}{\pi D_2^2} = \frac{4 \times 0.16}{\pi \times 0.25^2} = 3.26(\text{m/s})$$

为了确定 2—2 过流断面处的压力，在两断面处建立伯努利方程式，并以管轴线所在的水平面为基准面，则 $z_1 = z_2 = 0$；不计水头损失，$h_{L1-2} = 0$。两断面处的伯努利方程式为

$$\frac{p_1}{\rho g} + \frac{v_1^2}{2g} = \frac{p_2}{\rho g} + \frac{v_2^2}{2g}$$

将已知条件代入上式，并整理得

$$\frac{p_2}{\rho g} = \frac{50 \times 10^3}{1000 \times 9.8} + \frac{1.27^2}{2 \times 9.8} - \frac{3.26^2}{2 \times 9.8}$$

得

$$\frac{p_2}{\rho g} = 4.64$$

$$p_2 = 1000 \times 9.8 \times 4.64 = 45.5 \times 10^3(\text{Pa})$$

根据动量方程

$$\begin{cases} \sum F_x = \rho Q(v_{2x} - v_{1x}) \\ \sum F_y = \rho Q(v_{2y} - v_{1y}) \end{cases}$$

得

$$\begin{cases} p_1 A_1 - p_2 A_2 \cos\alpha - R_x = \rho Q(v_2 \cos\alpha - v_1) \\ 0 + p_2 A_2 \sin\alpha - R_y = \rho Q(-v_2 \sin\alpha - 0) \end{cases}$$

则

$$\begin{cases} R_x = p_1 A_1 - p_2 A_2 \cos\alpha - \rho Q(v_2 \cos\alpha - v_1) \\ R_y = p_2 A_2 \sin\alpha + \rho Q v_2 \sin\alpha \end{cases}$$

两个过流断面的面积为

$$A_1 = \frac{\pi D_1^2}{4} = \frac{\pi \times 0.4^2}{4} = 0.1256(\text{m}^2)$$

$$A_2 = \frac{\pi D_2^2}{4} = \frac{\pi \times 0.25^2}{4} = 0.0491 (\text{m}^2)$$

将已知条件代入得

$$\begin{cases} R_x = 50 \times 10^3 \times 0.1256 - 45.5 \times 10^3 \times 0.0491 \times \cos 45° - 10^3 \times 0.16 \times (3.26 \times \cos 45° - 1.27) \\ R_y = (45.5 \times 10^3 \times 0.0491 + 10^3 \times 0.16 \times 3.26) \times \sin 45° \end{cases}$$

即

$$\begin{cases} R_x = 4.54 \times 10^3 (\text{N}) = 4.54 (\text{kN}) \\ R_y = 1.95 \times 10^3 (\text{N}) = 1.95 (\text{kN}) \end{cases}$$

则液流所受的作用力为

$$R = \sqrt{R_x^2 + R_y^2} = \sqrt{4.54^2 + 1.95^2} = 4.95 (\text{kN})$$

作用力 R 的方向为

$$\theta = \arctan \frac{R_y}{R_x} = \arctan \frac{1.95}{4.54} = 23.2°$$

液流对弯管的作用力 R' 与液体所受的作用力 R 大小相等方向相反,与 x 轴的夹角为 23.2°。

【例 3-12】 水泵排水管中的一段等径 60°弯管如图 3-35(a) 所示,弯管轴线位于铅垂的平面内。已知管径 $D=200\text{mm}$,弯管长 $L=5.0\text{m}$,流量 $Q=80\text{L/s}$,1—1 断面处的压力 $p_1=49\text{kPa}$,2—2 断面处的压力 $p_2=30\text{kPa}$。试确定弯管所受的作用力。

(a) 铅垂等径弯管　　(b) 受力分析

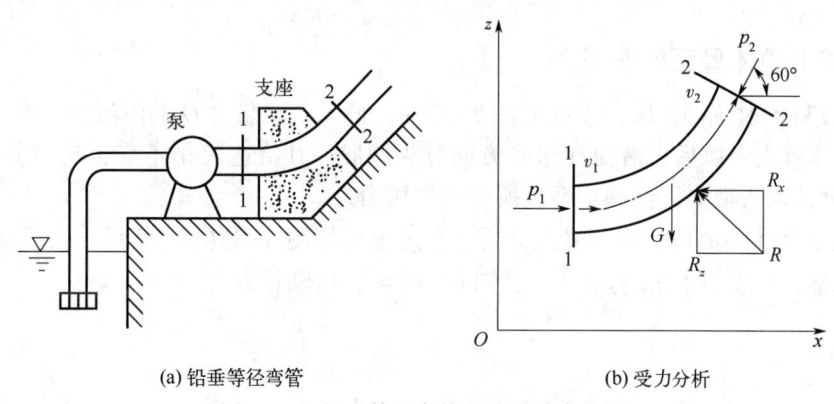

图 3-35　铅垂等径弯管和液流受力分析

解:选取液流只受重力作用的过流断面 1—1 和 2—2 之间的液体作为隔离体,所选坐标及受力分析如图 3-35(b) 所示。根据动量方程

$$\begin{cases} \sum F_x = \rho Q (v_{2x} - v_{1x}) \\ \sum F_z = \rho Q (v_{2z} - v_{1z}) \end{cases}$$

可得

$$p_1 A_1 - p_2 A_2 \cos \alpha - R_x = \rho Q (v \cos \alpha - v)$$
$$R_z - p_2 A_2 \sin \alpha - G = \rho Q (v \sin \alpha - 0)$$

即

$$\begin{cases} R_x = (p_1 - p_2 \cos \alpha) A - \rho Q v (\cos \alpha - 1) \\ R_z = (p_2 A + \rho Q v) \sin \alpha + G \end{cases}$$

而液体的流速为

$$v = \frac{4Q}{\pi D^2} = \frac{4 \times 0.08}{\pi \times 0.2^2} = 2.55 (\text{m/s})$$

将已知条件代入，可得

$$\begin{cases} R_x = (49 \times 10^3 - 30 \times 10^3 \times \cos 60°) \times \frac{\pi \times 0.2^2}{4} - 10^3 \times 0.08 \times 2.55 \times (\cos 60° - 1) \\ R_z = \left(30 \times 10^3 \times \frac{\pi \times 0.2^2}{4} + 10^3 \times 0.08 \times 2.55\right) \times \sin 60° + 10^3 \times 9.8 \times \frac{\pi \times 0.2^2}{4} \times 5.0 \end{cases}$$

即

$$\begin{cases} R_x = 1.17 \times 10^3 (\text{N}) = 1.17 (\text{kN}) \\ R_z = 2.53 \times 10^3 (\text{N}) = 2.53 (\text{kN}) \end{cases}$$

液流所受的作用力为

$$R = \sqrt{1.17^2 + 2.53^2} = 2.79 (\text{kN})$$

作用力 R 的方向为

$$\theta = \arctan \frac{R_z}{R_x} = \arctan \frac{2.53}{1.17} = 65.2°$$

弯管所受的作用力 R' 与液体所受的作用力 R 大小相等方向相反，与 x 轴的夹角为 $65.2°$。

2. 液流对固体壁面的作用力

【例 3-13】 射流冲击固体壁面如图 3-36(a) 所示。流量为 Q 的液流以速度 v 射在倾角 $\alpha = 45°$ 的固体壁面上以后，液流在水平方向分为两股，其流速大小不变，流量分别为 $3/4Q$ 和 $1/4Q$，不计水头损失，试确定平板所受的作用力。

解： 选取液体隔离体，进行受力分析，并选坐标如图 3-36(b) 所示。由于液体在大气中流动，以表压标准计算 $p_1 = p_2 = 0$，已知 $v_1 = v_2 = v$，由动量方程

(a) 液流射在固体壁面上　　(b) 受力分析

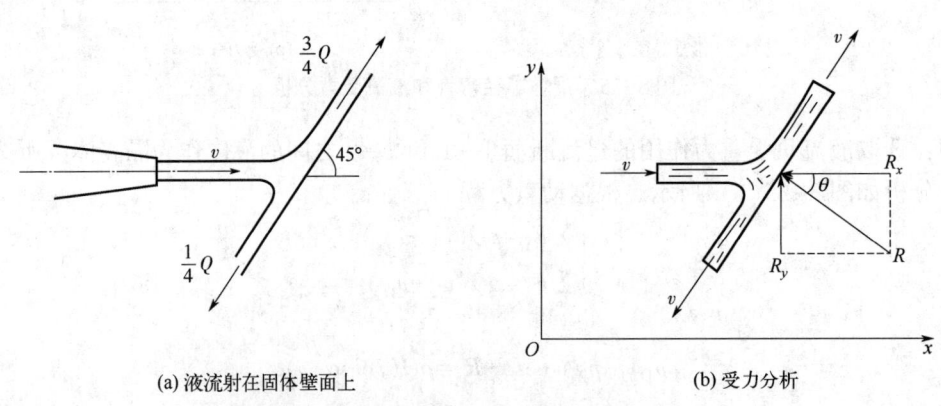

图 3-36　液流冲击倾斜固体壁面及液流受力分析

$$\sum F_x = \rho Q (v_{2x} - v_{1x})$$
$$\sum F_y = \rho Q (v_{2y} - v_{1y})$$

可得

$$\begin{cases} -R_x = \rho\dfrac{3Q}{4}v\cos45°-\rho\dfrac{Q}{4}v\cos45°-\rho Qv \\ R_y = \rho\dfrac{3Q}{4}v\sin45°-\rho\dfrac{Q}{4}v\sin45° \end{cases}$$

即

$$R_x = \left(1-\dfrac{1}{2}\cos45°\right)\rho Qv = \left(1-\dfrac{\sqrt{2}}{4}\right)\rho Qv = 0.646\rho Qv$$

$$R_y = \rho\dfrac{1}{2}Qv\sin45° = \dfrac{\sqrt{2}}{4}\rho Qv = 0.354\rho Qv$$

液流所受的作用受力为

$$R = \sqrt{R_x^2+R_y^2} = \sqrt{0.646^2+0.354^2}\rho Qv = 0.737\rho Qv$$

作用力 R 的方向为

$$\theta = \arctan\dfrac{R_y}{R_x} = \arctan\dfrac{0.354}{0.646} = 28.7°$$

液流对固体壁的作用力 R' 与液流所受的作用力 R 大小相等，方向相反，与 x 轴的夹角为 $28.7°$。

【例 3-14】 液流从喷嘴流出，射向如图 3-37 所示的固体壁面后水平对称分流。已知喷嘴直径 $D=70\text{mm}$，流量 $Q=100\text{L/s}$。若不计水头损失，试确定液流分流后的角度 α 分别为 $60°$、$90°$ 和 $180°$ 时射流对固体壁面的作用力。

解： 选取液体隔离体，进行受力分析，并选坐标如图 3-37 所示。液体在大气中流动，以表压计算 $p_1=p_2=0$，则

$$v_1 = v_2 = \dfrac{4Q}{\pi D^2} = \dfrac{4\times100\times10^{-3}}{\pi\times0.07^2} = 26.0(\text{m/s})$$

水平对称分流，$Q_1 = Q_2 = \dfrac{Q}{2}$，根据动量方程式

$$\sum F_x = \rho Q(v_{2x}-v_{1x})$$

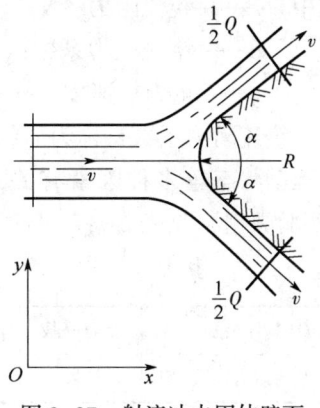

图 3-37 射流冲击固体壁面

可得

$$-R = \rho\dfrac{Q}{2}v\cos\alpha + \rho\dfrac{Q}{2}v\cos\alpha - \rho Qv$$

整理后得

$$R = \rho Qv(1-\cos\alpha)$$

当 $\alpha=60°$ 时，有

$$R = \rho Qv(1-\cos60°) = 1000\times0.1\times26\times\left(1-\dfrac{1}{2}\right) = 1300(\text{N}) = 1.3(\text{kN})$$

当 $\alpha=90°$ 时，有

$$R = \rho Qv(1-\cos90°) = 1000\times0.1\times26\times1 = 2600(\text{N}) = 2.6(\text{kN})$$

当 $\alpha=180°$ 时，有

$$R = \rho Qv(1-\cos180°) = 1000\times0.1\times26\times2 = 5200(\text{N}) = 5.2(\text{kN})$$

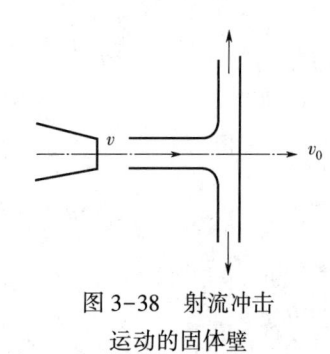

由以上分析可见，液流对固体壁面作用力的大小与角度 α 有关，在 0°≤α≤180°的范围内，α 越大，作用力越大，当 α=180°时，射流对固体壁的作用力最大。

当流体以速度 v 冲击向右侧运动且运动速度为 v_0 的固体壁面时，如图 3-38 所示，流体相对于固体壁面的运动速度是 $v_r=(v-v_0)$，以该相对速度计算的流量 $Q=A(v-v_0)$，则固体壁面所受的作用力为

$$R=\rho Q(v-v_0)=\rho A(v-v_0)^2$$

图 3-38 射流冲击运动的固体壁

当固体在流体内产生相对运动时，流体对固体的阻力称为绕流阻力。绕流阻力产生的原因在于流体绕过固体流动时其动量发生变化及流体与物体表面存在摩擦力。实际工程中的架空管道、井架、水下管道等设施都受流体绕流阻力的作用。

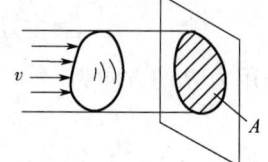

绕流阻力问题可以根据流体的动量定律进行研究，如图 3-39 所示，设物体沿流体运动方向的投影面积为 A，流体与固体之间的相对速度为 v，流体密度为 ρ，则流体对物体的绕流阻力为

$$F=C\rho g A \frac{v^2}{2g} \tag{3-32}$$

图 3-39 绕流阻力

式中　　F——绕流阻力，N；
　　　　C——绕流阻力系数；
　　　　g——重力加速度，m/s²。

绕流阻力系数又称为形状阻力系数，其大小与流体中的固体表面形状、表面粗糙度和流体运动状态等多种因素有关，可通过模型实验方法测得。几种常见物体的绕流阻力系数（实验数据）见表 3-3。

表 3-3　几种常见物体的绕流阻力系数

物体类别	垂直平板	水平横卧圆柱体	迎面半圆形墩座	迎面流线型墩座	球形物体
绕流阻力系数 C	1.90	1.00	0.67	0.60	0.40

知识扩展

不稳定流的伯努利方程式

前面讨论了稳定流条件下的伯努利方程式及应用，但在实际工程中还有许多液流是不稳定流，例如活塞泵的吸液和排液过程、变水头下孔口或管嘴的出流、水击产生过程等都是不稳定流。不稳定流体的运动参数（压力、速度、密度等）随时间发生变化。

在一般情况下，不稳定流运动参数既是空间位置的函数，同时也是时间的函数，因此不稳定流问题比稳定流问题要复杂得多，但是等直径管路中的不稳定流是比较简单的。因为在等直径管路的任一过流断面上，流体的平均流速均相同。因此，流体的平均流速与位置无关而只是时间的函数。对于总流来讲，液流的断面平均流速随时间的变化率称为液流的加速

度，用 $\dfrac{\mathrm{d}v}{\mathrm{d}t}$ 表示。若单位时间内通过过流断面的体积流量为 Q，则单位时间内通过过流断面的流体质量为 ρQ，于是，单位重量流体由于速度变化而产生的惯性力为

$$F_{惯} = \dfrac{\rho Q \dfrac{\mathrm{d}v}{\mathrm{d}t}}{\rho g Q}$$

在惯性力作用下，若流体移动的微小距离为 $\mathrm{d}L$，则惯性力所做的功为

$$W = F_{惯}\,\mathrm{d}L = \dfrac{\rho Q \dfrac{\mathrm{d}v}{\mathrm{d}t}}{\rho g Q}\mathrm{d}L = \dfrac{1}{g}\dfrac{\mathrm{d}v}{\mathrm{d}t}\mathrm{d}L$$

单位质量流体在重力作用下，若经过长度 L 的管路，则惯性力所做的功为

$$\int_0^L \dfrac{1}{g}\dfrac{\mathrm{d}v}{\mathrm{d}t}\mathrm{d}L = \dfrac{1}{g}\dfrac{\mathrm{d}v}{\mathrm{d}t}L = \dfrac{L}{g}\dfrac{\mathrm{d}v}{\mathrm{d}t}$$

$\dfrac{L}{g}\dfrac{\mathrm{d}v}{\mathrm{d}t}$ 称为惯性水头，用符号 h_i 表示，即

$$h_i = \dfrac{L}{g}\dfrac{\mathrm{d}v}{\mathrm{d}t} \tag{3-33}$$

在等直径管路中，任一过流断面的面积 A 均相同，则

$$\dfrac{\mathrm{d}v}{\mathrm{d}t} = \dfrac{1}{A}\dfrac{\mathrm{d}Q}{\mathrm{d}t}$$

这样，惯性水头又可写成

$$h_i = \dfrac{L}{gA}\dfrac{\mathrm{d}Q}{\mathrm{d}t} \tag{3-34}$$

在研究不稳定流的能量平衡关系时，必须考虑惯性水头的影响。对稳定流的能量方程式(3-9)进行修正，可以得到不稳定流的伯努利方程式：

$$z_1 + \dfrac{p_1}{\rho g} + \dfrac{\alpha_1 v_1^2}{2g} = z_2 + \dfrac{p_2}{\rho g} + \dfrac{\alpha_2 v_2^2}{2g} + h_{\mathrm{L}1-2} + h_{\mathrm{i}1-2} \tag{3-35}$$

这里要注意，由于 $\dfrac{\mathrm{d}v}{\mathrm{d}t}$ 可以是正值，也可以是负值，即流体可以是加速运动，也可以是减速运动，因此惯性水头的值可为正值，也可为负值。当流体加速运动时，流体惯性力的方向与流向相反，其做功的结果使流体损失能量，式(3-35)中的惯性水头为正值；当流体减速运动时，流体惯性力的方向与流向相同，其做功的结果将增加流体的能量，式(3-35)中的惯性水头为负值。

当 $\dfrac{\mathrm{d}v}{\mathrm{d}t}=0$，即流体速度不随时间变化时，根据式(3-33)可知惯性水头 $h_i=0$，由式(3-35)可见，稳定流是不稳定流的一种特殊情况。

思考题

3-1 水箱中的水自侧壁上的孔口流出。孔口的流量为 Q_2，同时向水箱中注入流量为 Q_1 的水，若有以下四种情况，(1) $Q_1=0$；(2) $Q_1=Q_2$；(3) $Q_1>Q_2$；(4) $Q_1<Q_2$，问哪

种情况下，流线与迹线重合。

3-2 液流连续性方程式的物理意义是什么？

3-3 伯努利方程式的物理意义是什么？其应用条件有哪些？

3-4 液流中水动压力的变化与哪些因素有关？

3-5 什么是水力坡度？

3-6 请简述思考题 3-6 图所示的液流能量的变化情况。

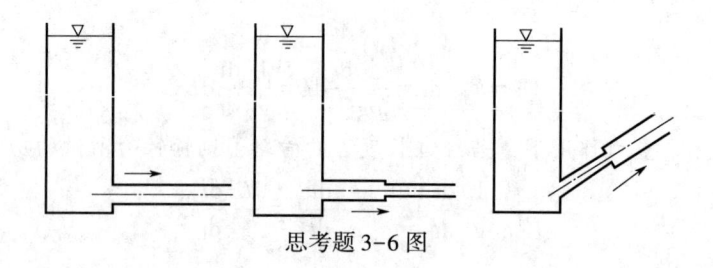

思考题 3-6 图

3-7 在应用总流的伯努利方程式 $z_1+\dfrac{p_1}{\rho g}+\dfrac{v_1^2}{2g}=z_2+\dfrac{p_2}{\rho g}+\dfrac{v_2^2}{2g}+h_{L1-2}$ 时，是否可以任意选择过流断面、基准面和压力量度标准？为什么？

3-8 关于水的流动方向在日常生活中有以下三种说法，试判断是否正确，并说明原因。

（1）水总是从高处向低处流动；

（2）水从压力大的地方向压力小的地方流动；

（3）水从流速大的地方向流速小的地方流动。

3-9 输水管路如思考题 3-9 图所示。在水箱内液面高度不变的情况下，试分别比较 A 与 B、C 与 D、D 与 E、E 与 F 点压力的大小，并说明原因。

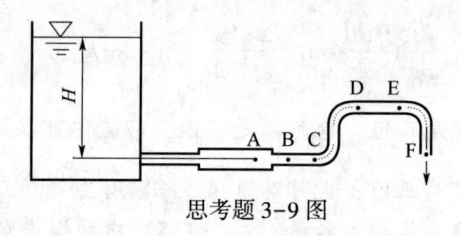

思考题 3-9 图

3-10 等径输水管路如思考题 3-10 图所示。当泵的排量一定时，试比较图中 1、2、3、4、5 各点水动压力的大小。

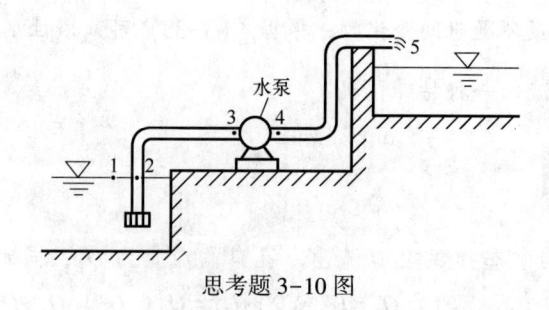

思考题 3-10 图

3-11 输液装置如思考题 3-11 图所示。当水平管内的液体流量为 Q 时，铅垂玻璃管内的液面高 h。若用阀门调节流量，水平管内液体流量 Q 增大时，铅垂管中的液面高度 h 是上升还是下降？为什么？

思考题 3-11 图

3-12 由于液体内摩擦力的影响，一般情况下，液流的总机械能沿流程总是减小的，但经过泵以后总能量为什么增加了？

3-13 泵前吸入管内的真空度是否越大越好？为什么？

3-14 在水平等径管路中流动的液体，损失的能量是三种能量中的哪一种？

3-15 什么是"气穴""气蚀"？预防气蚀发生的措施有哪些？

3-16 请说明皮托管和文丘里管流量计的工作原理。

3-17 流体动量方程式的应用步骤是什么？怎样判断液流是否产生动量变化？

习题

3-1 某输油管路输送相对密度为 0.8 的煤油，设计的输送量为 50t/h，其流速不得超过 0.8m/s，那么需要多大的管径？

3-2 某输水干线设计流量 90m³/h，欲保持管中流速范围为 1.2~1.5m/s，试确定管径大小和管中的实际流速（可供选择的管径：ϕ100mm，ϕ125mm，ϕ150mm，ϕ175mm）。

3-3 离心泵的吸入管直径为 200mm，排出管直径为 150mm，若吸入管中的流速不得超过 1.0m/s，则排出管的流速和泵的排量各为多少？

3-4 水箱出水管如习题 3-4 图所示。管径 $D_1=10\text{cm}$，$D_2=6\text{cm}$，$D_3=3\text{cm}$，液体在出口处的流速为 1m/s。试求：

(1) 液体在 AB 段管路内流动的断面平均流速；

(2) 液体的体积流量和质量流量。

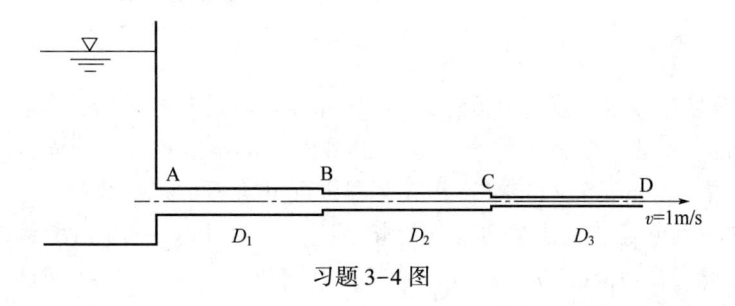

习题 3-4 图

3-5 输水管路如习题 3-5 图所示。已知 $D_A = 25\text{cm}$，$D_B = 50\text{cm}$，$p_A = 30\text{kPa}$，$p_B = 50\text{kPa}$，流速 $v_B = 1.2\text{m/s}$，B 点比 A 点高 1m。试确定管内水流的方向及 A、B 两断面间的水头损失。

3-6 容器及出水管如习题 3-6 图所示。管径 $D = 100\text{mm}$，当阀门关闭时，压力表的读数为 49kPa；阀门开启后，压力表读数降为 29.4kPa。由液面到压力表的水头损失为 0.5m。试确定管路中液体的流量。

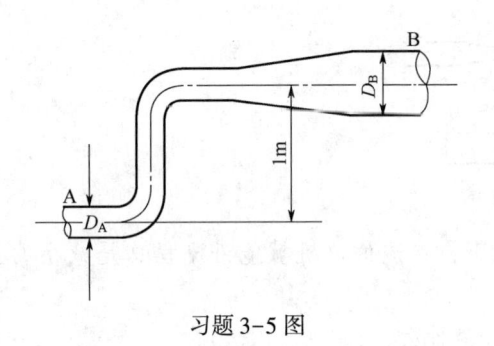

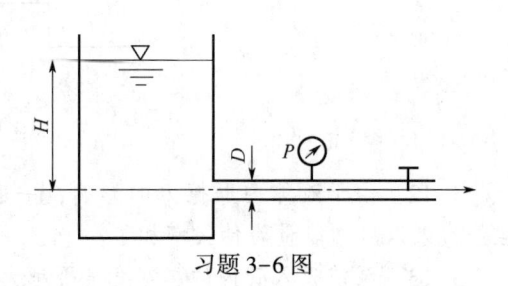

习题 3-5 图

习题 3-6 图

3-7 消防水龙头如习题 3-7 图所示。喷嘴入口直径 $D_1 = 80\text{mm}$，长度 $L = 0.6\text{m}$，喷出的水流高度 $H = 15\text{m}$（不计空气阻力），流量 $Q = 10\text{L/s}$，喷嘴的水头损失为 4m。试确定入口断面处的压力 p_1 和喷嘴出口的直径 D_2。

3-8 变径水平管路如习题 3-8 图所示。管内水的流量 $Q = 3.14\text{L/s}$，直径 $D_1 = 5\text{cm}$，$D_2 = 2.5\text{cm}$，已知 $\dfrac{p}{\rho g} = 1.0\text{m}$。若不计能量损失，试确定连接于该管收缩断面处的铅垂管将水槽内的水吸上来的高度 h。

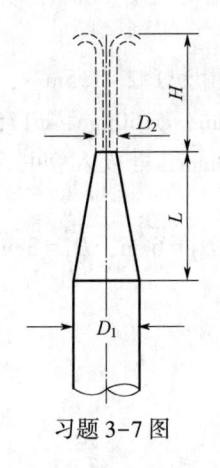

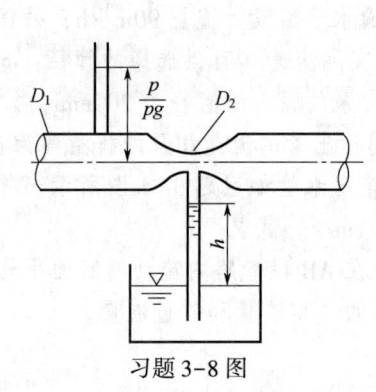

习题 3-7 图

习题 3-8 图

3-9 输油管路将相对密度为 0.85 的柴油从 A 容器输送到 B 容器，如习题 3-9 图所示。管路内径为 80mm，A 容器液面上的表压 $p_A = 353\text{kPa}$，B 容器液面上的表压 $p_B = 30\text{kPa}$。两容器内的液面高差为 20m。试确定柴油从 A 容器流到 B 容器的水头损失。

3-10 水箱中的水经装有水银测压计的管路流出，如习题 3-10 图所示。液面高度 $H = 3\text{m}$，测压计的读数 $\Delta h = 15\text{cm}$，$h = 0.6\text{m}$，管径为 $D = 50\text{mm}$，从水箱液面到 A 点的水头损失为 0.2m。试求管内液体的流量。

习题 3-9 图

习题 3-10 图

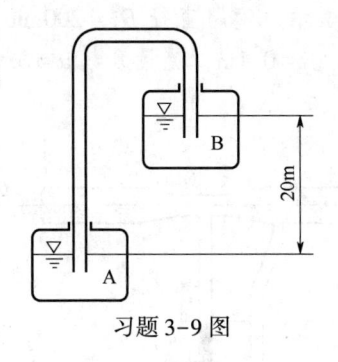

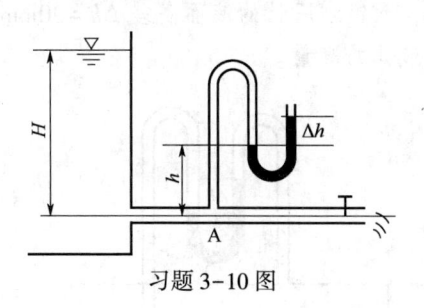

3-11 水箱及装有测压计的导管如习题 3-11 图所示，已知作用水头 $H=4\text{m}$，$h=0.3\text{m}$，$\Delta h=0.2\text{m}$，管径 $D=100\text{mm}$。若不计水头损失，试确定管内液体的流量。

3-12 水箱及出水导管如习题 3-12 图所示，已知 $h_1=1.5\text{m}$，$h_2=0.5\text{m}$，液流的水头损失 $h_{LAC}=1.3\text{m}$，$h_{LBC}=0.7\text{m}$。试确定管中液体的流速及阀门前压力表的读数。

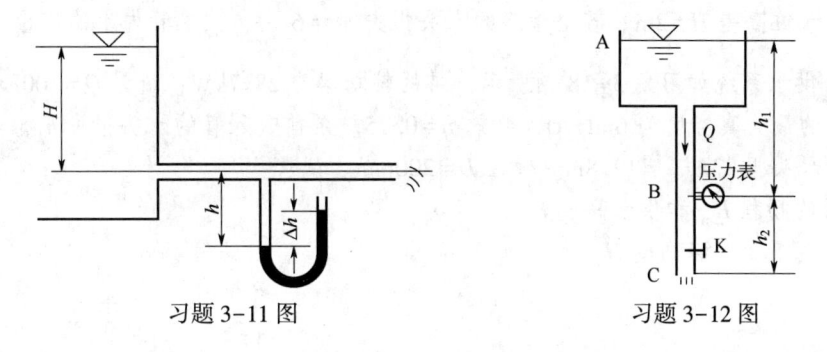

习题 3-11 图

习题 3-12 图

3-13 消防水龙带如习题 3-13 图所示，喷嘴出口的直径 $D_C=20\text{mm}$，泵出口的直径 $D_A=50\text{mm}$，泵出口 A 处的压力为 203kPa，水龙带的水头损失为 0.7m，喷嘴的水头损失为 0.1m。试求喷嘴出口的流速、泵的排量。

3-14 虹吸输水管如习题 3-14 图所示，已知管径 $D=0.1\text{m}$，$\Delta h=3\text{m}$，$h=3\text{m}$，水头损失 $h_{LAB}=1.5\text{m}$，$h_{LAC}=2.5\text{m}$，试计算流量和 B—B 断面处的压力。

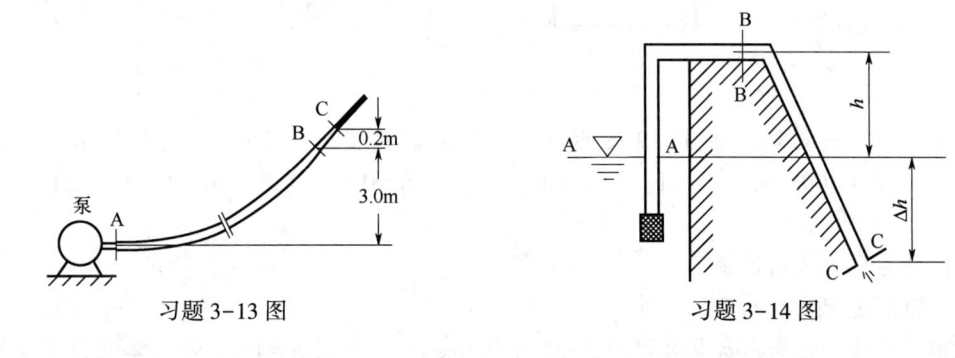

习题 3-13 图

习题 3-14 图

3-15 用装有水银测压计的皮托管测量水管轴线处的液体流速，如习题 3-15 图所示。测压计的液面高差 $\Delta h=20\text{mm}$，管径 $D=150\text{mm}$。若管内断面平均流速 $v=0.8v_{\max}$，试确定管内水的流量。

3-16 输水管路上的文丘里流量计如习题 3-16 图所示，管路直径 $D_1 = 200$mm，$D_2 = 100$mm，水银测压计的液面高差 $\Delta h = 30$mm，能量损失 $h_{L1-2} = 0.1$m，流量系数 $\mu = 0.98$，试求管内液体的流量。

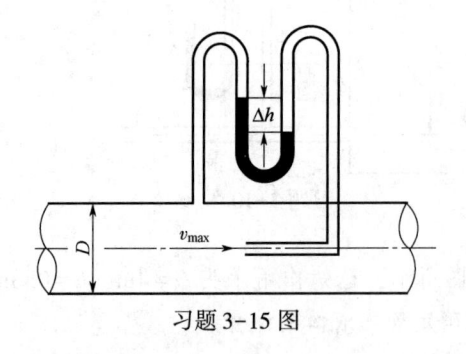

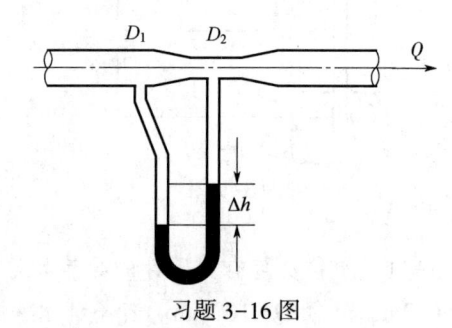

习题 3-15 图

习题 3-16 图

3-17 某自来水厂用直径为 $D = 0.5$m 的管路将河水引入储水池，如习题 3-17 图所示。河面与池内水位高差 $H = 2$m。若全管路的水头损失 $h_L = 6\dfrac{v^2}{2g}$，试求管内水的流量。

3-18 供水系统如习题 3-18 图所示，泵的轴功率为 28.7kW，流量 $Q = 100$L/s，泵正常工作所允许的最大真空度为 6mH$_2$O，泵效 $\eta = 0.75$。泵前吸入管的水头损失 $h_{L吸} = 1.2$m，泵后排出管的水头损失 $h_{L排} = 12.8$m。管径 $D = 200$mm。试求：

（1）泵的扬程 E_m 和供水高度 H；
（2）泵的最大安装高度 H_s。

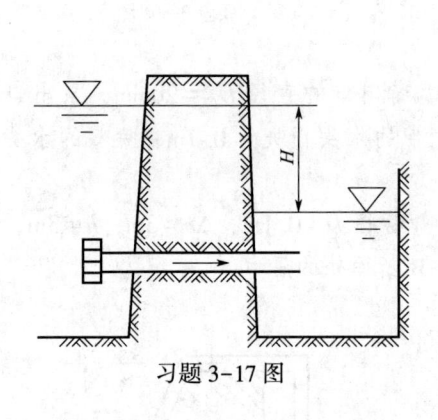

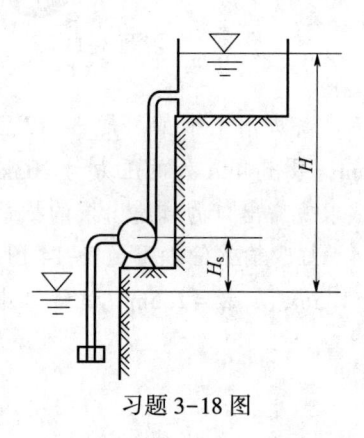

习题 3-17 图

习题 3-18 图

3-19 输水系统如习题 3-19 图所示，全管路水头损失为 2m，排出管的水头损失为 1.7m，管径 $D_1 = 100$mm，出口直径 $D_2 = 50$mm。泵效 $\eta = 0.8$。要维持出口流速 $v = 20$m/s，试确定：

（1）泵后压力表的读数；
（2）需要选配多大功率的水泵。

3-20 水箱及铅垂出水管如习题 3-20 图所示，箱内水深 $h = 1$m。因液体流线不能突然转折而使 A—A 断面的平均流速为出口断面平均流速的 1.5 倍，水的汽化压为 14.7kPa（绝对压力），不计能量损失。若要保证 A—A 断面处的液体不会发生汽化，那么出水管的最大长度 L 是多少？

习题 3-19 图

习题 3-20 图

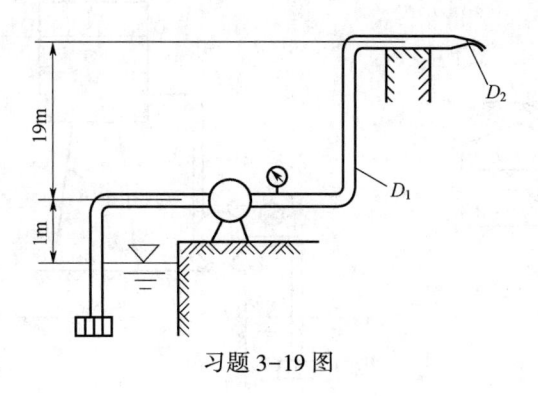

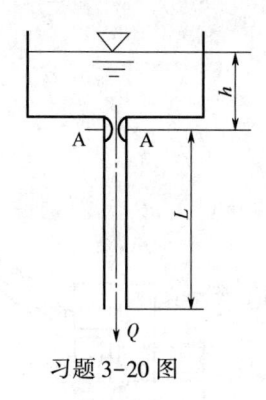

3-21　供水系统如习题 3-21 图所示，泵的轴功率为 73.5kW，泵的效率 $\eta=0.8$，管径 $D=200\text{mm}$，全管路的水头损失为 1m，吸入管的水头损失为 0.2m。试求管内液体的流速、泵的排量及泵前真空表的读数。

3-22　供水系统如习题 3-22 图所示，泵的排量为 $10\text{m}^3/\text{h}$，储水罐内液面上的压力为 29.4kPa，泵的效率为 0.7，水源与储水罐内液面高度差 $H=80\text{m}$。若全管路的水头损失为 4m，试确定电动机的输出功率。

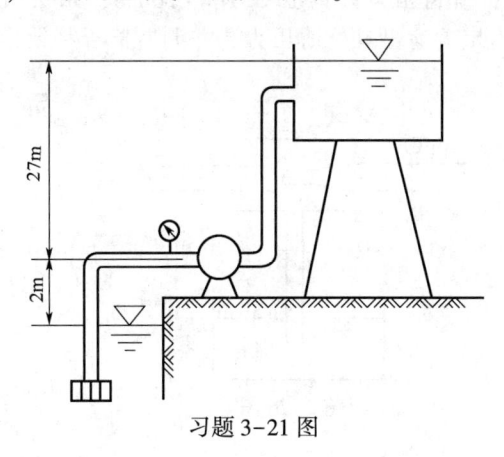

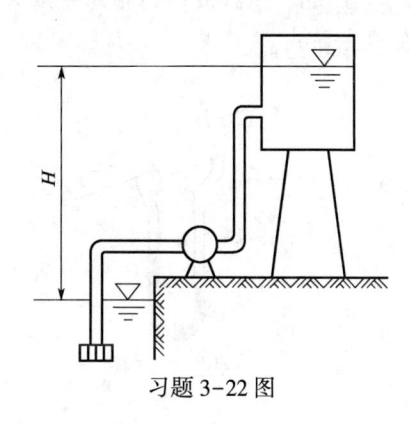

习题 3-21 图

习题 3-22 图

3-23　输油设备如习题 3-23 图所示，油泵以 $20\text{m}^3/\text{h}$ 的流量将相对密度为 0.9 的原油从 A 罐输送到 B 罐。已知 A 罐液面上的表压为 20kPa，B 罐液面上的表压为 32kPa，两罐内的液面高差 $H=40\text{m}$。若全管路的水头损失为 5m，泵的效率 $\eta=0.75$，试确定泵的轴功率。

3-24　供水系统如习题 3-24 图所示，水箱内液面上的压力水头为 $25\text{mH}_2\text{O}$，泵吸入管的横截面积 $A=0.025\text{m}^2$，泵前真空表的读数为 $6\text{mH}_2\text{O}$，B—B 至 C—C 断面间的水头损失 $h_{\text{LB-C}}=8\dfrac{v^2}{2g}$。试求：

（1）泵的排量 Q。

（2）B—B 断面处的压力 p_B。

（3）若全管路的水头损失 $h_\text{L}=20\text{m}$，则泵的扬程 E_m 是多少？

（4）若泵的效率 $\eta=0.8$，则泵的轴功率 $N_\text{轴}$ 为多少？

习题 3-23 图

习题 3-24 图

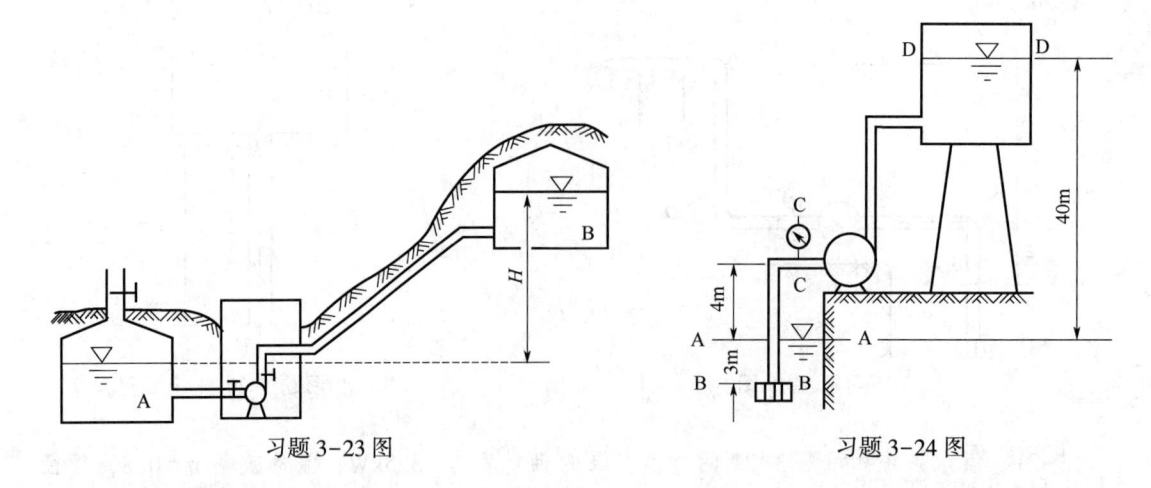

3-25 倾斜变径输水管段如习题 3-25 图所示，$D_1 = 50\text{mm}$，$D_2 = 25\text{mm}$，$h_L = 0.5\text{m}$，$\Delta h = 120\text{mm}$，试确定管中流量。

3-26 喷射泵如习题 3-26 图所示，泵内喷嘴喷出高速液流形成负压，将液箱里的液体吸入泵内，与水混合后排出。泵安装在液面以上的高度 $H = 1.5\text{m}$，水平管直径 $D_A = 25\text{mm}$，流量 $Q = 2\text{L/s}$，A 处压力表的读数 $p_A = 304\text{kPa}$；喷嘴出口处的直径 $D_C = 10\text{mm}$，水头损失 $h_{LA-C} = 0.6\text{m}$，所掺液体的相对密度为 1.2。试确定喷嘴出口处的压力，并判断能否将欲掺的液体吸入泵内。

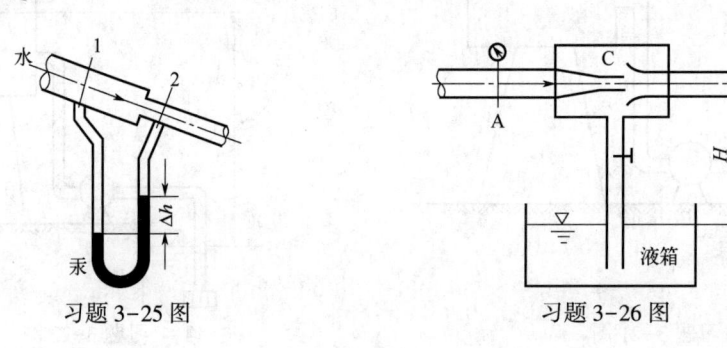

习题 3-25 图

习题 3-26 图

3-27 井场地面输送管线的管径 $D = 100\text{mm}$，钻井液的相对密度 1.2，流量 $Q = 47\text{L/s}$，水平放置的 90°弯管内的钻井液压力 1.0MPa。若不计能量损失，试确定钻井液对弯管的作用力。

3-28 水管连接的喷嘴如习题 3-28 图所示，管路直径 $D_1 = 100\text{mm}$，管嘴出口直径 $D_2 = 50\text{mm}$，流量 $Q = 30\text{L/s}$。若不计能量损失，试确定管路与喷嘴连接处的轴向拉力。

3-29 水平放置的 90°弯管如习题 3-29 图所示，已知 $D_1 = 150\text{mm}$，$D_2 = 75\text{mm}$，$p_1 = 30\text{kPa}$，$p_2 = 20\text{kPa}$，水的流量 $Q = 30\text{L/s}$，试求水流对弯管管壁的作用力。

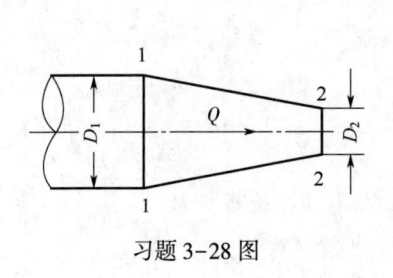

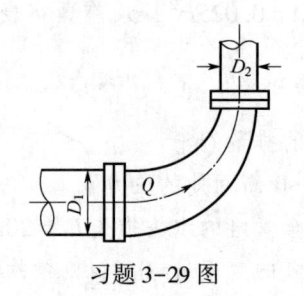

习题 3-28 图

习题 3-29 图

第四章 流动阻力及水头损失计算

引言

近年来，我国在油气管道输送技术上取得了突破性的进展，易凝高黏原油管道输送和天然气管道输送技术均已达到国际先进水平，我国的能源安全得到了充分的保障。

与其他运输方式相比，油气管道输送具有无可比拟的优越性，它不仅输量大、经济、安全、可靠，而且容易实现自动化控制，但在管道输送过程中，能量损失会导致输送压力不断下降，因此长距离管道输送一般要布置增压站和中间泵站（或热泵站），利用输油泵增压以补充油气流动过程中产生的能量损耗。那么，流体在流动过程中为什么会产生能量损失？能量损失的大小与哪些因素有关？

本章将在讨论实际流体流动阻力产生的原因、类型及其流动状态的基础上，分析不同条件下的流体运动规律并解决水头损失的计算问题。

第一节 管路中流动阻力产生的原因及分类

管路中流动阻力产生的原因有很多，流体之间摩擦和掺混可视为内部原因，其大小主要受管道直径、流量和流体黏度的影响；流体与管壁之间的摩擦和撞击可视为外部原因，其大小主要由液流与管壁的接触面积、管壁的粗糙程度和流速决定。

一、流动阻力产生的原因

由于管壁的限制，液流与管壁接触，从而发生质点与管壁间的摩擦和撞击，消耗能量，形成阻力。因此，流体与管壁的接触面积是影响阻力的因素之一。下面介绍与接触面积相关的几个概念及其对流动阻力的影响。

1. 过流断面面积

过流断面面积是影响流动阻力的外部原因之一。过流断面面积越大，流动阻力越小；过流断面面积越小，流动阻力越大。这是因为过流断面越大，与管壁接触的流体占全部流体的比例越小，流动阻力越小，反之亦然。

2. 湿周

湿周是指在过流断面上，流体与固体壁面接触的周界线，一般湿周的长度用χ（希腊字母）表示，单位为m。在过流断面面积相同的情况下，湿周越长，流动阻力越大。

如图4-1所示，虽然两个过流断面的面积相等$A_1=A_2=a^2$，但是二者的形状不同，湿周也不同，即

$$\chi_1 = 4a$$
$$\chi_2 = 2(2a+0.5a) = 5a$$

显然

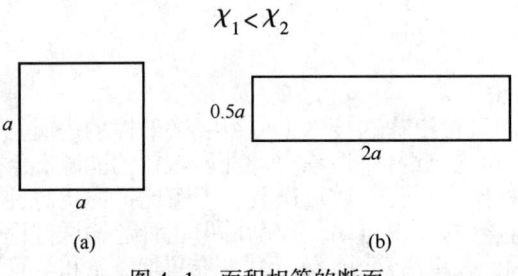

$$\chi_1 < \chi_2$$

图4-1 面积相等的断面

因此，一定流量的流体通过形状不同、但面积相等的两过流断面时，湿周较小的断面流动阻力较小；反之，湿周相等的两过流断面，如图4-2所示，$\chi_1=\chi_2=4a$，但是二者的形状不同，其面积也不一定相等，即

$$A_1 = a^2$$
$$A_2 = 1.5a \times 0.5a = 0.75a^2$$

显然

$$A_1 > A_2$$

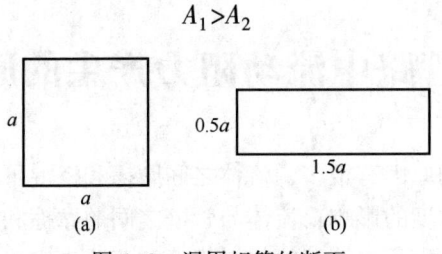

图4-2 湿周相等的断面

因此，当一定流量的流体通过湿周相等的两过流断面时，面积较小的过流断面阻力较大。所以说不仅面积A是影响流动阻力的一个水力要素，湿周χ也是一个重要的水力要素。为了便于分析过流断面面积和湿周对流动阻力的综合影响，在流体力学中，引入了水力半径R的概念。

3. 水力半径

水力半径是指过流断面面积A与湿周长度χ（希腊字母）的比值，用R表示。其数学表达式为

$$R = \frac{A}{\chi} \tag{4-1}$$

由式(4-1)可知，过流断面面积 A 越大，湿周 χ 越小，则 R 越大，流动阻力越小。由此可知，水力半径 R 越大，流动阻力越小；反之，水力半径 R 越小，流动阻力越大。也就是说，流动阻力随水力半径的增大而减小。

在这里可以思考一下，为什么油气输送管道一般都选择圆柱形管道呢？

【例 4-1】 试确定图 4-3 中（a）、(b)、(c)、(d) 过流断面的水力半径。

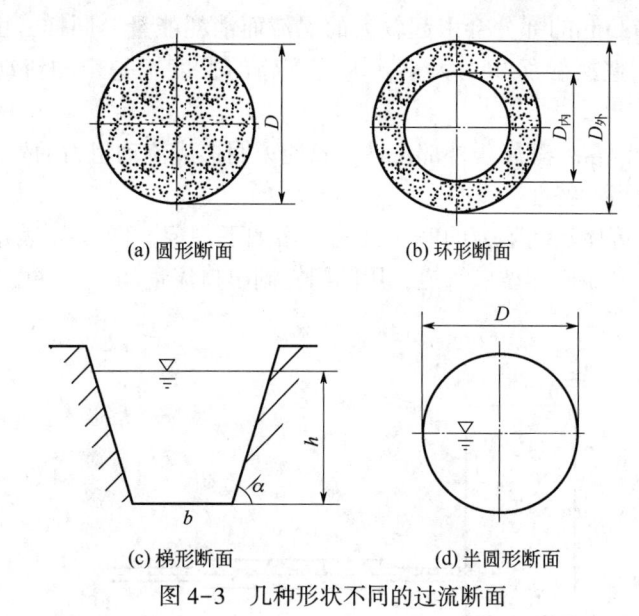

图 4-3 几种形状不同的过流断面

解：（1）圆形断面（柱体）[图 4-3(a)] 的水力半径为

$$R = \frac{A}{\chi} = \frac{\pi D^2/4}{\pi D} = \frac{D}{4}$$

（2）环形断面 [图 4-3(b)] 的水力半径为

$$R = \frac{A}{\chi} = \frac{\pi(D_{外}^2 - D_{内}^2)/4}{\pi(D_{外} + D_{内})} = \frac{D_{外} - D_{内}}{4}$$

（3）梯形断面 [图 4-3(c)] 的水力半径为

$$R = \frac{A}{\chi} = \frac{(b + b + 2h\cot\alpha)h}{2(b + 2h\sqrt{1 + \cot^2\alpha})}$$

（4）半圆形断面 [图 4-3(d)] 的水力半径为

$$R = \frac{A}{\chi} = \frac{\pi D^2/8}{\pi D/2} = \frac{D}{4}$$

【例 4-2】 油田进行注水井反洗井作业时，洗井液从油管与套管之间的环形空间注入井底后，从油管返出地面，已知油管内径为 60mm，套管的内径为 150mm。试分析油管和油套管环形空间的流动阻力是否相同（忽略油管的壁厚）。

解： 本题要先分别计算出油管和油套管环形空间的水力半径，再判断流动阻力的大小。

油管的水力半径为

$$R_{油管} = \frac{A}{\chi} = \frac{\pi D_{油}^2/4}{\pi D_{油}} = \frac{D_{油}}{4} = \frac{0.06}{4} = 0.015 (\text{m})$$

油套环形空间的水力半径为

$$R_{环空} = \frac{A}{\chi} = \frac{D_{套}-D_{油}}{4} = \frac{0.15-0.06}{4} = 0.0225(\text{m})$$

因为 $R_{环空} > R_{油管}$，所以油套环形空间的流动阻力小于油管的流动阻力。

另外，不同材料制成的管子，内壁的粗糙程度也不一样。当液流靠近管壁处，且流速大到一定程度时，粗糙凸起的部分会引起较大的涡流而消耗能量。同样，由于管路的长度直接影响流体与管道内壁接触面积的大小，因此管路的长度也是影响流动阻力大小的主要因素。

以上讨论的各种因素，都属于外部条件，只能说明形成流动阻力的外部原因，其根本原因还在于液体内部的运动特性。

为了弄清管路中流体流动阻力的实质，先观察如下现象。图4-4表示从液箱中接出一段由不同直径管道连接而成的玻璃管道，用阀门控制出口流量的大小，由进液管补充液体使液箱内液面保持稳定。

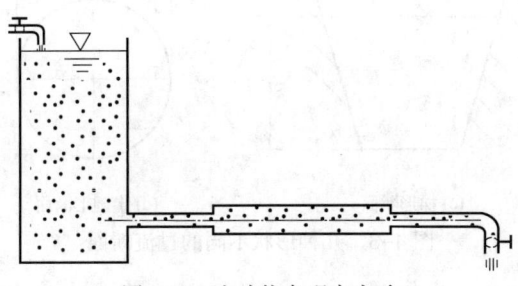

图4-4 流动状态观察实验

为了能够清楚地观察到液体质点的运动状况，在液体中混入铝粉，铝粉的运动状态可以代表液体质点的运动状况。当阀门稍微打开时，可以看到在管路的直管段中，液体有序地向前流动，但靠近管轴处速度较快，靠近管壁处速度较慢，说明液体在流动时产生质点间的摩擦；在流程中流经断面突然扩大或突然缩小及弯头、阀门等局部装置时会出现一些旋涡，说明此处的质点除互相摩擦外，还会互相撞击。当逐渐开大阀门使流量增加时，直管段也会从中部到管壁发生质点掺混现象，最后几乎全部以撞击为主。

以上现象说明液体流动过程中总是存在质点的摩擦和撞击，质点摩擦所表现出的黏滞性是产生流动阻力的根本原因，而质点发生撞击引起运动速度变化所表现出的惯性，也会在不同速度阶段对流动产生不同程度的影响。

二、流动阻力的分类

实际工程管路都是由许多直管段通过各种管件连接而成的。流体沿管路流动时，一方面，由于流体的黏滞性在直管段内所产生的黏性切应力阻止流体流动；另一方面，流体在流经管路中的阀门、弯头等各种类型的局部管件处将形成漩涡，产生额外的附加阻力。因此，可将流动阻力分为以下两类。

1. 沿程阻力

通常把直管段产生的流动阻力称为沿程阻力，液流因克服沿程阻力而产生的水头损失称为沿程水头损失，用 h_f 表示。其数值大小与液流的流程有关，流程越长，沿程水头损失越大。

2. 局部阻力

流体通过管路局部管件时产生的流动阻力称为局部阻力，液流因克服局部阻力而产生的水头损失称为局部水头损失，用 h_j 表示。局部水头损失一般集中在局部管件附近，与管路长度无关。

全流程总的水头损失 h_L 是各直管段的沿程水头损失与所有局部管件的局部水头损失的总和，即

$$h_L = \sum h_f + \sum h_j \tag{4-2}$$

一般情况下，在输油或输水等长距离输送液体的管道中，以沿程水头损失为主，通常约占总水头损失的 90%，而局部水头损失只占 10% 左右。室内管线，由于连接的局部管件较多，局部水头损失的占比有时也可达 30%。下面将重点讨论沿程水头损失，对于局部水头损失，由于种类繁多，只简单介绍一些经验结果。

第二节　两种流态及其判别标准

在日常生活中，注意观察可以发现，当河水流速较小时，水流平稳；当河水流速较大时，水流湍急。这表明，水流因流速不同，存在着不同的流动状态，自然界中的其他液流也有类似现象。

早在 1883 年，英国科学家雷诺通过试验分析，揭示了管流中存在着两种截然不同的流态，并找出了划分两种流态的标准。

一、雷诺实验

雷诺实验装置如图 4-5 所示。它由水箱 A、色液漏斗 B 和观察流态的玻璃管 C 等组成。色液漏斗通过细管和玻璃管入口中心处的针管 D 连接。观察针管流出的色液运动状况可以分析玻璃管内水流的运动状态。实验过程（视频 4-1）如下：出口阀门 E 的开度由小到大，当阀门开度较小，管内流速也较小时，色液在玻璃管中保持一条直线状态，这说明色液质点不与周围的水掺混，如图 4-5(a) 所示；在阀门逐渐开大的过程中，水的流速逐渐增大，当速度大到一定程度时，管内的色液线开始弯曲摆动，说明液流质点出现了垂直于管轴的横向运动，如图 4-5(b) 所示；若将阀门进一步开大，流速继续增加，呈波动状的色液线摆动幅度不断增大，以至于最后在水流中扩散消失，其质点和周围水流质点相互掺混，如图 4-5(c) 所示。

第一种流动状态主要表现为液体质点的摩擦和变形，称为层流状态；第三种流动状态则主要表现为液体质点的互相撞击和掺混，称为紊流状态；而中间的第二种状态表现为层流到紊流的过渡，称为临界状态（视频 4-2）。如果实验从大流速到小流速来进行，也会出现相反的类似变化过程。

视频 4-1　雷诺实验

视频 4-2　层流与紊流演示

从表面上看，流动状态的改变与流速的大小有直接关系（视频4-3）。流态转化时临界状态的流速称为临界流速，用v_c表示。实验发现，由层流过渡到紊流和从紊流过渡到层流的临界流速数值并不相同，由层流过渡到紊流时的临界流速称为上临界流速，以$v_{c上}$表示；由紊流过渡到层流时的临界流速称为下临界流速，以$v_{c下}$表示。实验结果表明：液体的上临界流速大于下临界流速，即$v_{c上}>v_{c下}$，因此，当流速$v<v_{c下}$时，为层流；当流速$v>v_{c上}$时，为紊流；当$v_{c下}<v<v_{c上}$时，液流可能是层流，也可能是紊流。

视频4-3 层流的发生

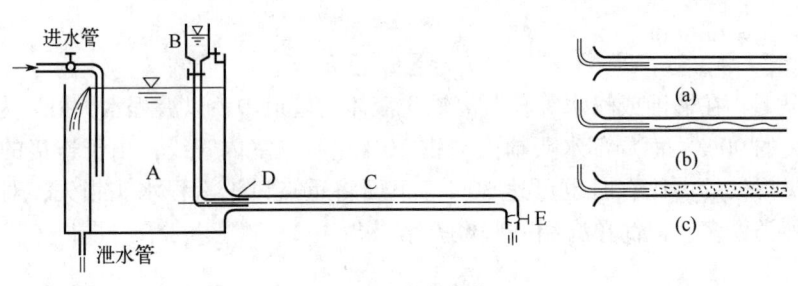

图4-5 雷诺实验装置

二、流态的判别标准——雷诺数

虽然依据临界流速的大小也可判别液流的流动状态，但是应用很不方便，况且在液体黏度或管径不同的情况下，液流的临界流速也是不同的。

通过大量的实验发现，尽管临界流速随液体性质及管径的不同而变化，但不同管径、不同性质的液流，临界流速时的一个无量纲数Re_c是基本相同的。Re_c称为临界雷诺数，其计算公式为

$$Re_c = \frac{v_c D \rho}{\mu} = \frac{v_c D}{\nu} \quad (4-3)$$

式中 μ——流体动力黏度，Pa·s；
ν——流体运动黏度，m²/s；
v_c——临界流速，m/s；
D——管子内径，m。

对应于上、下临界流速的雷诺数分别称为上临界雷诺数$Re_{c上}$和下临界雷诺数$Re_{c下}$。

若管内液体断面平均流速为v，则雷诺数的计算公式为

$$Re = \frac{vD\rho}{\mu} = \frac{vD}{\nu} \quad (4-4)$$

显然，当$Re \leq Re_{c下}$时，液流的流动状态为层流；当$Re>Re_{c上}$时，液流的流动状态为紊流；当$Re_{c下}<Re \leq Re_{c上}$时，可能是层流，也可能是紊流，但此时的层流状态是很不稳定的，外界稍有干扰，层流会立刻变为紊流。因此，在工程实际中，一般将该区按紊流处理。因此，流动状态的判别是以下临界雷诺数$Re_{c下}$为标准的，实验证明，下临界雷诺数$Re_{c下}$=2320，在工程实际应用中，一般取值2000。

当$Re \leq 2000$时，液体的流动状态为**层流**；当$Re>2000$时，液体的流动状态为**紊流**。

雷诺数的物理意义是液流惯性力与黏滞力的比值。紊流状态下，惯性力占主导地位，雷诺数较大；层流状态下，惯性力较弱，黏滞力占主导地位，雷诺数较小。故用雷诺数来判别流态，它能够同时反映出流速、管径和流体性质三方面对流态的影响，综合了引起流动阻力的内因和外因，揭示了产生流动阻力的物理本质。

【例 4-3】 水在内径 $D=100\text{mm}$ 的管中流动，流速 $v=0.5\text{m/s}$，水的运动黏度 $\nu_w=1\times10^{-6}\text{m}^2/\text{s}$，问水在管中呈何种流态？如果油在管中流动，流速不变，但油的运动黏度 $\nu_o=31\times10^{-6}\text{m}^2/\text{s}$，则油在管中呈何种流态？

分析：根据公式 $Re=\dfrac{vD}{\nu}$，计算出雷诺数，判别流动状态。

解：当输水时：

$$Re=\frac{vD}{\nu_w}=\frac{0.5\times0.1}{10^{-6}}=5\times10^4>2000$$

故水在管中的流动状态为紊流。

当输油时：

$$Re=\frac{vD}{\nu_o}=\frac{0.5\times0.1}{31\times10^{-6}}=1610<2000$$

故油在管中的流动状态为层流。

显然，在流量及管径一定的条件下，流动状态主要取决于液体的黏度。

三、流动状态与沿程水头损失的关系

雷诺实验不仅证明了液流存在两种不同的流态，而且也揭示了流动状态与沿程水头损失之间的关系。

为了确定沿程水头损失与流速的关系，在实验管段上接出两根相距为 L 的测压管，如图 4-6 所示。流体在水平等直径管路中稳定流动时，根据伯努利方程，其沿程水头损失等于两断面间的压力水头差，即

$$h_f=\frac{p_1-p_2}{\rho g} \tag{4-5}$$

根据实测流量和管子断面面积可以计算出断面平均流速 v，利用式(4-5)可以计算出相应平均流速下的沿程水头损失 h_f。最后将实测结果以 $\lg v$ 为横坐标，以 $\lg h_f$ 为纵坐标绘制在同一直角坐标系中，可得出如图 4-7 所示的关系曲线。

结果表明：无论是层流状态还是紊流状态，实验数值都分别集中在不同斜率的直线段上，其方程可以写为

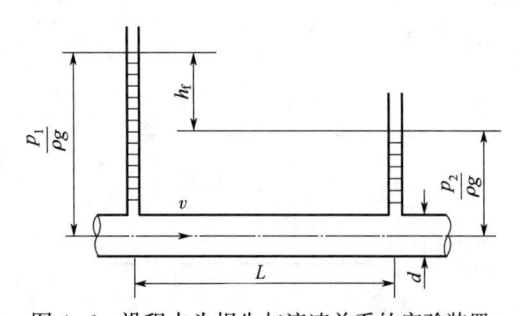

图 4-6 沿程水头损失与流速关系的实验装置

$$\lg h_f=\lg k+m\lg v \tag{4-6}$$

式中　$\lg k$——直线的截距；

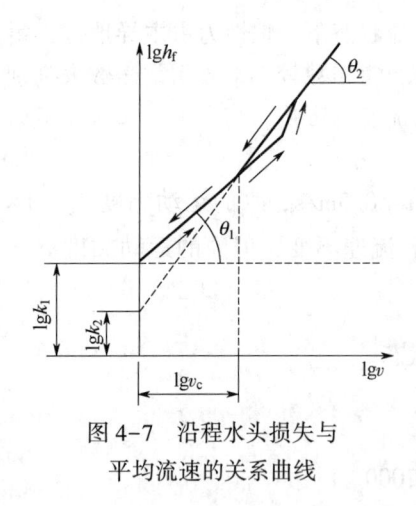

m——直线的斜率，且 $m=\tan\theta$（θ 为直线与水平线的夹角）。

大量实验证实：层流时，$\theta_1 = 45°$，$m = 1$，从而有 $\lg h_f = \lg k_1 + \lg v$ 或 $h_f = k_1 v$，说明层流时，沿程水头损失与平均流速成正比，这一点在后面的层流理论分析中也可以得到证实。

紊流时，$\theta_2 > 45°$，$m = 1.75 \sim 2$，从而有 $\lg h_f = \lg k + (1.75 \sim 2) \lg v = \lg k v^{1.75 \sim 2}$，即 $h_f = k_2 v^{1.75 \sim 2}$，说明紊流时，沿程水头损失与平均流速的 1.75~2 次方成正比。

两种流动状态的转化说明了流体流动阻力从量变到质变的发展过程，通过临界状态产生质的飞跃。因此，当确定沿程水头损失时，必须首先判别液流的流动状态。

图 4-7 沿程水头损失与平均流速的关系曲线

第三节　圆管层流沿程水头损失计算

管路中的层流通常发生在流体黏度较高或流速较低的情况下，一般输水管线很少出现层流，而机械润滑系统往往多是层流。下面着重从理论上分析圆管层流的特点及其沿程水头损失的计算。

一、圆管层流分析

为了分析圆管层流的运动规律，在圆管上取一段层流管段，建立如图 4-8 所示的直角坐标系。已知圆管的直径为 D（或半径为 R），层流中流体质点只有沿轴向的流动而无横向运动，流速为 u。

1. 切应力的分布规律

在管流中围绕管轴线取半径为 r、长度为 L 的液柱作为隔离体进行受力分析，如图 4-9 所示。隔离体在运动方向上受到作用在液柱两端的压力 p_1 和 p_2，作用在液柱侧面上的切应力（内摩擦力）τ。

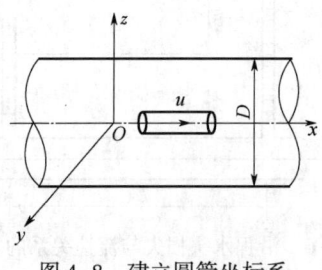

图 4-8 建立圆管坐标系

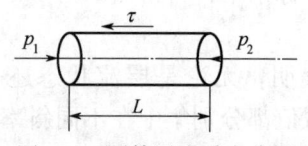

图 4-9 圆管层流受力分析

在稳定流条件下，液体呈匀速直线运动，因此，液柱在运动方向上所受的合外力平衡，即

$$(p_1-p_2)\pi r^2 - 2\pi rL \cdot \tau = 0$$

整理，得

$$\tau = \frac{(p_1-p_2)r}{2L} = \frac{\Delta p}{2L}r \tag{4-7}$$

由式（4-7）可知，在层流的过流断面上，切应力 τ 与半径 r 呈线性规律变化，如图 4-10 所示。在管轴线处，$r=0$，切应力最小，$\tau_{\min}=0$；在管壁处，$r=R$，切应力达到最大值，$\tau_{\max}=\frac{(p_1-p_2)}{2L}R$。

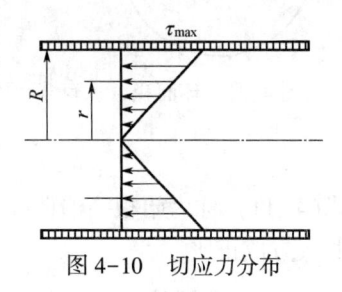

图 4-10 切应力分布

2. 流速的分布规律

根据牛顿内摩擦定律，$\tau = -\mu\frac{\mathrm{d}u}{\mathrm{d}r}$，将其与式（4-7）联立，分离变量，并整理得

$$\mathrm{d}u = -\frac{\Delta p}{2\mu L}r\mathrm{d}r$$

对上式积分，整理得

$$u = -\frac{\Delta p}{4\mu L}r^2 + C$$

当 $r=R$ 时，即在管壁处，$u=0$，代入上式即可确定积分常数 $C=\frac{\Delta p}{4\mu L}R^2$，则半径 r 处的液体流速为

$$u = -\frac{\Delta p}{4\mu L}(R^2 - r^2) \tag{4-8}$$

式中 u——过流断面上任一点处的流速，m/s；
　　　Δp——两断面上的水动压力差，MPa；
　　　L——两断面间的轴向距离，m；
　　　R——管道半径，m；
　　　r——管中任意一点到管轴线的距离，m；
　　　μ——流体动力黏度，Pa·s。

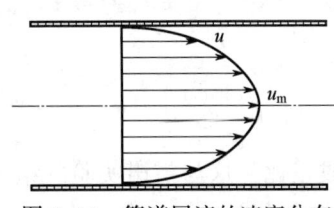

图 4-11 管道层流的速度分布

式（4-8）称为斯托克斯公式。它表明：在圆管层流中，过流断面上各点流速 u 与该点所在的半径 r 成二次抛物线的关系，如图 4-11 所示。

由式（4-8）可知，当 $r=0$ 时，即在管轴线处，液体流速最大，为

$$u_m = \frac{\Delta p}{4\mu L}R^2 = \frac{\Delta p}{16\mu L}D^2 \tag{4-9}$$

当 $r=R$ 时，即在管壁处，液体的流速最小，$u_{\min}=0$。

3. 流量

在半径 r 处取其增量为 $\mathrm{d}r$ 的微小环面积，如图 4-12 所示，通过此环面积的流量为

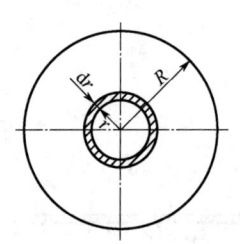

$$dQ = u \cdot 2\pi r dr$$

在整个有效断面上积分后，得出管中的流量为

$$Q = \int_A dQ = \int_0^R u \cdot 2\pi r dr = \int_0^R \frac{\Delta p}{4\mu L}(R^2 - r^2) 2\pi r dr$$

$$= \frac{\Delta p \pi}{2\mu L} \int_0^R (R^2 - r^2) r dr = \frac{\Delta p \pi}{8\mu L} R^4 \quad (4-10)$$

图 4-12 环面积

若把半径换成直径，整理可得

$$Q = \frac{\Delta p \pi D^4}{128 \mu L} \quad (4-11)$$

式（4-11）称为哈根—泊谡叶定律，它表明层流时，管路中的流量与管路半径（或直径）的四次方成正比。

4. 断面平均流速

由断面平均流速的定义可得

$$v = \frac{Q}{A} = \frac{\Delta p \pi D^4}{128 \mu L \cdot \frac{\pi}{4} D^2} = \frac{\Delta p D^2}{32 \mu L} \quad (4-12)$$

与式（4-9）相比较，可以得出

$$v = \frac{1}{2} u_m \quad (4-13)$$

即牛顿流体圆管层流的断面平均流速 v 为管轴线处最大流速 u_m 的二分之一。在工程上，利用层流这一特性，可以通过测定管轴心处的最大流速来计算断面平均流速和流量。

二、圆管层流沿程水头损失计算过程

根据伯努利方程式可知，水平等径直管层流时的沿程水头损失为

$$h_f = \frac{\Delta p}{\rho g} \quad (4-14)$$

由式（4-12）可得

$$\Delta p = \frac{32 \mu L v}{D^2}$$

将上式代入式（4-14）中，得

$$h_f = \frac{32 \mu L v}{\rho g D^2} \quad (4-15)$$

式（4-15）表明：层流时，管路沿程水头损失与断面平均流速成正比，这与雷诺实验的结果是一致的。

在工程中，习惯用速度水头的倍数 $\frac{v^2}{2g}$ 表示水头损失，为此将式（4-15）分子、分母分别乘以 $2v$，则

$$h_f = \frac{32 \mu L v}{\rho g D^2} \times \frac{2v}{2v} = \frac{64 \mu}{\rho v D} \frac{L}{D} \frac{v^2}{2g} = \frac{64}{Re} \frac{L}{D} \frac{v^2}{2g}$$

令 $\lambda = \dfrac{64}{Re}$，得

$$h_f = \lambda \frac{L}{D} \frac{v^2}{2g} \tag{4-16}$$

式中　λ——沿程阻力系数，层流时，$\lambda = \dfrac{64}{Re}$。

　　L/D——长径比，其大小反映管路尺寸对阻力的影响。

式(4-16)称为达西公式，利用该式可确定液体运动时的沿程水头损失。

若将式(4-16)中的流速 v 用流量 Q 表示，也就是将 $v = \dfrac{4Q}{\pi D^2}$ 代入式中，整理可得

$$h_f = 0.0826\lambda \frac{Q^2 L}{D^5} \tag{4-17}$$

式(4-17)反映了沿程水头损失与管径、管长及液体流量之间的定量关系。

若管路非水平放置，则 $h_f \neq \dfrac{\Delta p}{\rho g}$，由能量方程可知

$$h_f = \left(z_1 + \frac{p_1}{\rho g}\right) - \left(z_2 + \frac{p_2}{\rho g}\right) = \frac{(p_1 + \rho g z_1) - (p_2 + \rho g z_2)}{\rho g}$$

令 $p^* = p + \rho g z$，称为折算压强，则

$$h_f = \frac{p_1^* - p_2^*}{\rho g} = \frac{\Delta p^*}{\rho g} \tag{4-18}$$

因此，水平管路的结论同样适用于非水平放置的管路，仅需将 Δp 用 Δp^* 代替即可。

【例 4-4】　某输水管路的管径 $D = 0.02\text{m}$，$L = 2000\text{m}$，流速 $v = 0.12\text{m/s}$，水温 10℃，试求管路的沿程水头损失。

解： 查表 1-3 得，水在 10℃时的运动黏度 $\nu = 1.3 \times 10^{-6} \text{m}^2/\text{s}$，其雷诺数为

$$Re = \frac{vD}{\nu} = \frac{0.12 \times 0.02}{1.3 \times 10^{-6}} = 1846 < 2000$$

故为层流。

层流的沿程阻力系数为

$$\lambda = \frac{64}{Re} = \frac{64}{1846} = 0.035$$

因此，该管路沿程水头损失为

$$h_f = \lambda \frac{L}{D} \frac{v^2}{2g} = 0.035 \times \frac{2000}{0.02} \times \frac{0.12^2}{2 \times 9.8} = 2.57 (\text{m})$$

【例 4-5】　某长输管道的管径为 300mm，长为 5000m，输送相对密度为 0.9 的石油，质量流量 $Q_m = 240\text{t/h}$。当温度为 10℃时，运动黏度为 $2.5 \times 10^{-3} \text{m}^2/\text{s}$；当温度升高到 20℃时，运动黏度变为 $1.6 \times 10^{-4} \text{m}^2/\text{s}$。试确定液流在不同温度时的沿程水头损失。

解： 由质量流量 $Q_m = \rho Q$，得体积流量为

$$Q = \frac{Q_m}{\rho_o} = \frac{240 \times 10^3}{0.9 \times 10^3 \times 3600} = 0.0741 (\text{m}^3/\text{s})$$

因为 $v = \dfrac{4Q}{\pi D^2}$，所以 $Re = \dfrac{vD}{\nu} = \dfrac{4Q}{\pi D \nu}$。计算雷诺数，判别油品在不同温度时的流动状态。

当温度为10℃时：

$$Re_1 = \frac{4Q}{\pi D \nu_1} = \frac{4 \times 0.0741}{\pi \times 0.3 \times 2.5 \times 10^{-3}} = 126 < 2000$$

当温度为20℃时：

$$Re_2 = \frac{4Q}{\pi D \nu_2} = \frac{4 \times 0.0741}{\pi \times 0.3 \times 1.6 \times 10^{-4}} = 1967 < 2000$$

由于液体在两种不同温度时的雷诺数都小于2000，故油品均以层流状态流动，沿程阻力系数分别为

$$\lambda_1 = \frac{64}{Re_1} = \frac{64}{126} = 0.508$$

$$\lambda_2 = \frac{64}{Re_2} = \frac{64}{1967} = 0.0325$$

根据式(4-17)计算沿程水头损失分别为

$$h_{f1} = 0.0826\lambda_1 \frac{Q^2 L}{D^5} = 0.0826 \times 0.508 \times \frac{0.0741^2 \times 5000}{0.3^5} = 474(\text{m})$$

$$h_{f2} = 0.0826\lambda_2 \frac{Q^2 L}{D^5} = 0.0826 \times 0.0325 \times \frac{0.0741^2 \times 5000}{0.3^5} = 30.3(\text{m})$$

本题也可根据式(4-16)进行计算，所得结果相同。由本题可知，在其他条件不变的情况下，随着温度的升高，液体黏度降低，即使流态状态未改变，沿程水头损失也会减小。因此，当进行长距离输油时，将原油适当加热，不仅可以预防结蜡，还可以降低能量损失。

第四节　圆管紊流沿程水头损失计算

在实际工程中，液体以层流状态流动的情况相对较少，绝大多数情况下液体都以紊流状态流动。因此，研究紊流的特点和运动规律具有非常重要的意义。但由于紊流运动的复杂性，到目前为止，还只是在实验基础上进行分析研究，并在某些假设的条件下，得出一些半理论半经验的公式。

一、紊流的脉动现象

紊流空间某一点在某瞬时的真实流速称为瞬时流速，实验表明紊流瞬时流速随时间的变化而变化，如图4-13所示。因此，严格来说，紊流属于不稳定流。但从图4-13中可以看出，在一段足够长的时间内，瞬时流速始终在某一平均值上下波动，紊流的压力也有类似现象。液流某一点的运动参数在某一平均值上下波动的现象称为脉动现象。在一个较长的时间内，瞬时速度对时间的平均值称为时间平均流速，简称时均流速。同理，在一个较长的时间内，瞬时压力的时间平均值称为时均压力。虽然紊流实质上是不稳定流，但是紊流运动参数

的时均值并不随时间变化。因此，若用时均值来代替紊流中的瞬时值，稳定流的基本规律同样适用于紊流（视频4-4）。

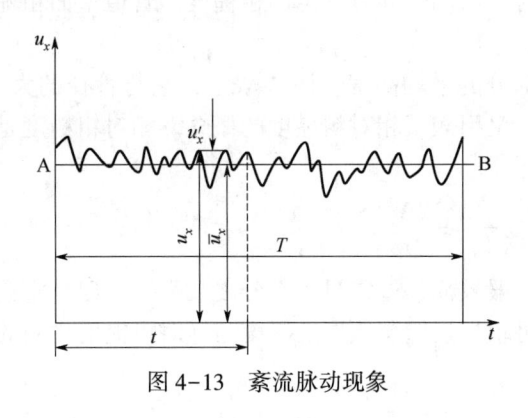

图 4-13 紊流脉动现象

视频 4-4 紊流的脉动现象

二、紊流特点分析

1. 紊流的内部结构

雷诺实验表明，以紊流状态运动的液流并不是在整个过流断面上都是紊动的。在管壁附近，由于液体本身的黏滞力，以及液体与管壁之间的附着力，液流质点的运动受到束缚而始终保持层流运动。在管壁附近作层流运动的液层称为近壁层流层（或称层流边层），其厚度用 δ 表示，如图 4-14 所示，其值可根据经验公式确定：

$$\delta = \frac{32.8D}{Re\sqrt{\lambda}} \tag{4-19}$$

式中 δ——近壁层流层厚度，mm；
D——管径，m；
Re——管中液流的雷诺数；
λ——紊流时的沿程阻力系数（后面将详细讨论）。

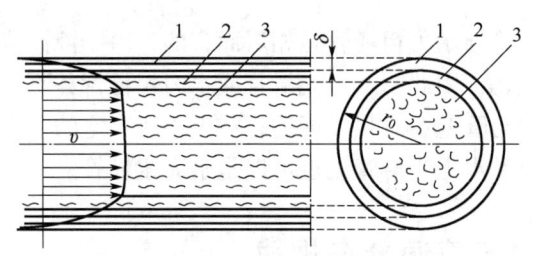

图 4-14 紊流的内部结构及流速分布
1—近壁层流层；2—过渡层；3—紊流核心

由式(4-19) 可知，Re 越大，近壁层流边层厚度 δ 越小。

距离管壁越远，管壁对液流质点的影响越小，流速越大，质点的掺混能力越强。液流经过很薄的过渡层就发展成为完全的紊流状态，称为紊流核心。因此，在紊流状态下，整个过流断面由**近壁层流层**、**过渡层**和**紊流核心**三部分组成（图 4-14）。

2. 水力光滑管与水力粗糙管

在工程中，管路的内表面都不是绝对光滑的，即有一定的粗糙度。管道壁面粗糙度有两种表示方法：绝对粗糙度和相对粗糙度。

绝对粗糙度是指管道壁面粗糙凸起部分的平均高度，用 Δ 表示，它与管径的大小无关。为了客观反映管壁粗糙度对液流的影响，又引入了相对粗糙度的概念。相对粗糙度是指绝对粗糙度与管道半径 r_0 的比值，用 ε 表示，即

$$\varepsilon = \frac{\Delta}{r_0} = \frac{2\Delta}{D} \tag{4-20}$$

虽然紊流运动中近壁层流层的厚度一般较薄，通常只有十分之几毫米，但是它会直接影响到液流阻力的大小。在流体力学中，可根据近壁层流层的厚度与绝对粗糙度之间的相对大小将紊流分成水力光滑管和水力粗糙管。

1）水力光滑管

当近壁层流层厚度大于管壁绝对粗糙度（$\delta > \Delta$）时，如图 4-15(a) 所示，近壁层流层完全覆盖了管壁的粗糙凸起部分，紊流区域完全不受管壁粗糙度的影响，液体就好像在由层流边界构成的完全光滑的管路中流动，这种状态的管路称为"水力光滑管"。

2）水力粗糙管

当近壁层流层厚度小于管壁绝对粗糙度（$\delta < \Delta$）时，管壁粗糙凸起部分完全暴露于紊流核心中，当紊流区域中的液体质点遇到管壁粗糙凸起的部分，便发生碰撞，造成附加的能量损失，管壁粗糙度对紊流流动产生影响，这种状态的管路称为"水力粗糙管"，如图 4-15(b) 所示。

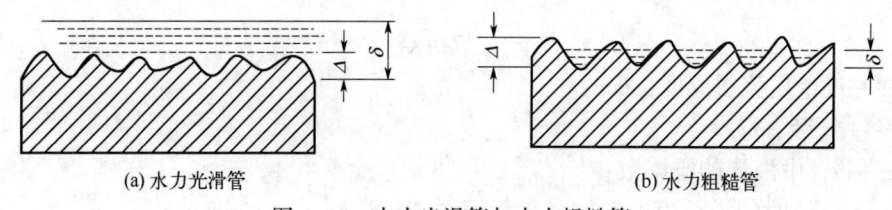

(a) 水力光滑管　　　　　　　　(b) 水力粗糙管

图 4-15　水力光滑管与水力粗糙管

综上所述，水力光滑管与水力粗糙管是相对而言的。由于液流流速的变化，近壁层流层的厚度也会发生相应的变化，因此，水力光滑管或水力粗糙管并不完全取决于管壁本身是否光滑，而是由近壁层流层与管壁绝对粗糙度的相对大小所决定的。也就是说，同一管路，随着液流流速的变化，可以是水力光滑管，也可以是水力粗糙管。

三、紊流切应力与流速分布规律

液体以紊流状态运动时，一方面由于液体的黏滞性而产生内摩擦切应力；另一方面液体质点的相互掺混和碰撞引起动量交换而产生惯性切应力，也称为附加应力。在近壁层流层中，只有内摩擦切应力的作用；在紊流核心中，惯性切应力起主要作用；而在过渡区中，两者都起作用。

实验表明，液体以紊流状态运动时，流速分布可近似地用下式表示：

$$u = u_m \left(\frac{y}{r}\right)^n \tag{4-21}$$

式中　u_m——管轴处最大流速，m/s；
　　　y——自管壁起算的径向距离，m；
　　　r——自管中心起算的径向距离，m；
　　　n——指数。

对于不同的紊流状态，指数 n 有不同的取值：对水力光滑管，$Re<10^5$ 时，可取 $n=\frac{1}{7}$；当 $10^5<Re<4\times10^5$ 时，可取 $n=\frac{1}{8}$；对水力粗糙管，$Re>4\times10^5$ 时，可取 $n=\frac{1}{10}$。

紊流状态下，过流断面流速分布规律如图 4-14 所示，近壁层流层中，液流的速度按抛物线分布；在紊流核心中，由于液流质点的掺混和动量交换，液流断面上各点的时均流速趋于均匀化。实验表明：断面平均流速 v 与管轴线最大流速 u_m 之间的比值随 Re 的增加而增大。如 $Re=4\times10^3$ 时，$v=0.79u_m$；$Re=1\times10^6$ 时，$v=0.86u_m$；$Re=1\times10^8$ 时，$v=0.9u_m$，可见，随雷诺数的增加，速度分布趋于均匀化。

四、圆管紊流沿程水头损失计算过程

由于紊流运动的复杂性，到目前为止，仅用数理分析方法尚不能圆满地解决紊流沿程水头损失的计算问题。在这种情况下，必须采用实验方法进行研究。大量实验结果表明，圆管紊流的沿程水头损失与雷诺数及管壁相对粗糙度之间存在着某种确定的关系，并且层流状态下得出的达西公式(4-16)对于紊流的时均值是同样适用的，只是紊流状态下，沿程阻力系数 λ 的变化规律不同于层流，因此，需要先确定出紊流的沿程阻力系数 λ，再利用达西公式计算出沿程水头损失 h_f。

下面将详细介绍圆管紊流的沿程阻力系数 λ 的实验分析过程及其确定方法。

1. 沿程阻力系数的实验分析

液体的紊流状态运动情况比较复杂，为了确定沿程阻力系数 λ 的变化规律，需要在大量实验的基础上，将实验结果进行整理归纳和分析研究，找出沿程阻力系数 λ 与雷诺数 Re 及相对粗糙度 ε 的关系，目前最具有代表性的是尼古拉兹实验和莫迪实验。

1) 尼古拉兹实验

由于工业机制管的粗糙度不均匀且不易测定，因此，尼古拉兹实验采用不同管径、不同粗糙度的人工粗糙管进行。所谓人工粗糙管，就是在实验管路的内壁上黏结经过筛选的直径均匀的砂粒（砂粒直径相当于管壁的绝对粗糙度 Δ）。当液体在管内流动时，测得长度为 L 的管段在不同流量 Q 下的沿程水头损失 h_f。根据式(4-22) 和式(4-23)，计算出相应的雷诺数 Re 和沿程阻力系数 λ：

$$Re = \frac{vD}{\nu} = \frac{4Q}{\pi D\nu} \tag{4-22}$$

$$\lambda = \frac{2gDh_f}{Lv^2} \tag{4-23}$$

将实验结果在以 lgRe 为横坐标、lg（100λ）为纵坐标的双对数坐标中绘制出来，即可得到一条曲线。再更换不同相对粗糙度的管子，进行同样的实验和数据处理，并将实验结果绘制在同一双对数坐标中，这样就得到了不同相对粗糙度情况下的多条曲线，如图 4-16 所示，这就是尼古拉兹实验曲线。

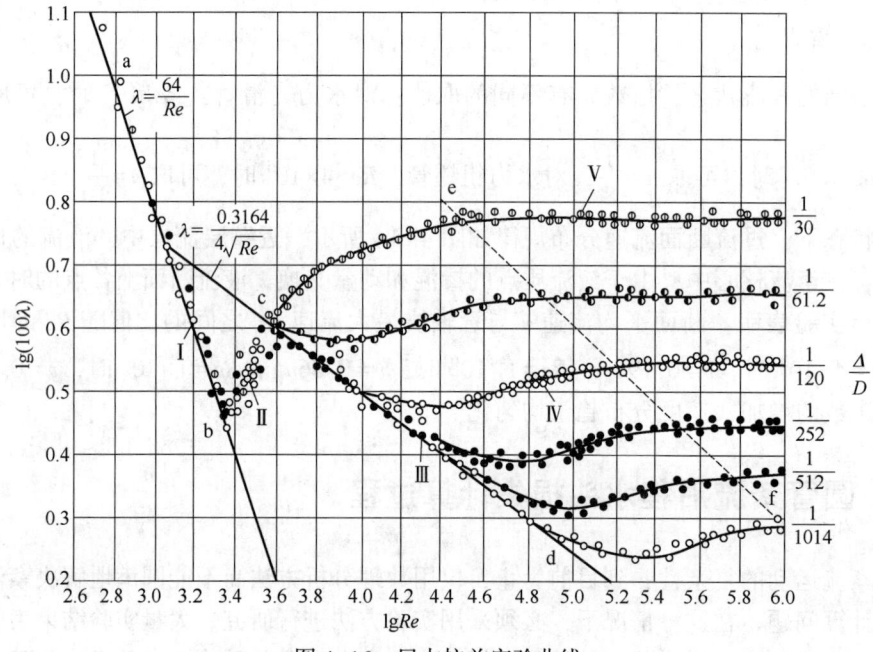

图 4-16 尼古拉兹实验曲线

通过分析沿程阻力系数 λ 随雷诺数 Re 和相对粗糙度 Δ/D 的变化情况，可将尼古拉兹实验曲线划分为层流区、过渡区、紊流水力光滑区、紊流混合摩擦区和紊流完全粗糙区五个流区，如图 4-16 所示。

（1）第Ⅰ区为**层流区**。当液体以层流状态流动，雷诺数 $Re \leqslant 2000$ 时，对于相对粗糙度不同的各个管路，实验点均集中在一条直线 ab 上，说明层流的沿程阻力系数 λ 只与雷诺数 Re 有关，而与粗糙度无关，即 $\lambda = f(Re)$，这与理论分析得到的层流沿程阻力系数公式 $\lambda = 64/Re$ 一致。

（2）第Ⅱ区为**过渡区**。当雷诺数增大到 2000~4000 范围内，各管路的实验点脱离直线 ab，而集中落在一个范围很小的 bc 区域内，即液体的运动进入由层流到紊流的过渡区。在实际工程中，液流处于过渡区的情况较少，并且也较复杂，实际意义不大。因此，通常将该区沿程阻力系数 λ 近似的按紊流水力光滑区进行处理。

（3）第Ⅲ区为**紊流水力光滑区**。随着雷诺数的继续增大，相对粗糙度较小的某些管路的实验点都集中落在另一条直线 cd 上，这说明沿程阻力系数 λ 仍只与雷诺数 Re 有关，而与粗糙度无关，即 $\lambda = f(Re)$，但两者之间的关系显然已不同于层流。这时，雷诺数还不是很大，紊流程度较低，近壁层流层较厚，足以覆盖管壁的粗糙凸起面，管壁的粗糙度对液流阻力没有影响。由此可知，该区是与水力光滑管相对应的水力光滑区。由图 4-16 可知，相对粗糙度不同的管路在 cd 线上的区间范围明显不同，相对粗糙度越大的管路，在 cd 线上的区间范围越小，这是因为相对粗糙度大的管路粗糙凸起部分难以被近壁层流层完全盖住而暴露于紊流核心中，也就是在雷诺数不太大时，实验点就已脱离了水力光滑区而直接进入混合摩擦区。

（4）第Ⅳ区为**紊流混合摩擦区**。随着雷诺数的增大，近壁层流层厚度变薄并小于管壁的绝对粗糙度，使管壁内较大的粗糙凸起部分暴露于紊流核心中，管壁的粗糙度开始影响液流阻力大小，各管路的实验点相继脱离 cd 线，进入 cd 线与 ef 线之间的Ⅳ区。这时，沿程阻力系数不仅与雷诺数 Re 有关，还与管壁的相对粗糙度有关，即 $\lambda=f(Re, \Delta/D)$，该区称为混合摩擦区。

（5）第Ⅴ区为**紊流完全粗糙区**。随着雷诺数继续增大，近壁层流层变得很薄，管壁内粗糙凸起完全暴露于紊流核心中，各管路的实验点进入 ef 线右侧的Ⅴ区，并且相对粗糙度不同的管路，其实验点集中在不同的直线上，雷诺数再继续增大，沿程阻力系数也不再发生变化。这说明沿程阻力系数与雷诺数 Re 无关，只与管壁的相对粗糙度有关，即 $\lambda=f(\Delta/D)$，该区称为完全粗糙区，也称为阻力平方区，液流的沿程水头损失与断面平均流速的平方成正比。

尼古拉兹实验揭示了管道液流能量损失的变化规律，给出了沿程阻力系数 λ 以相对粗糙度 Δ/D 为参变量而随雷诺数 Re 变化的关系曲线，为管道的沿程水头计算提供了可靠的实验基础。

2) 莫迪实验

实际工业管道与人工管的内壁粗糙度毕竟是不同的，为了确定实际管路沿程阻力系数的变化规律，莫迪对工业机制管道进行了与尼古拉兹实验相类似的研究，并绘制出了沿程阻力系数 λ 与雷诺数 Re 及相对粗糙度 Δ/D 的关系曲线——莫迪图，如图 4-17 所示。

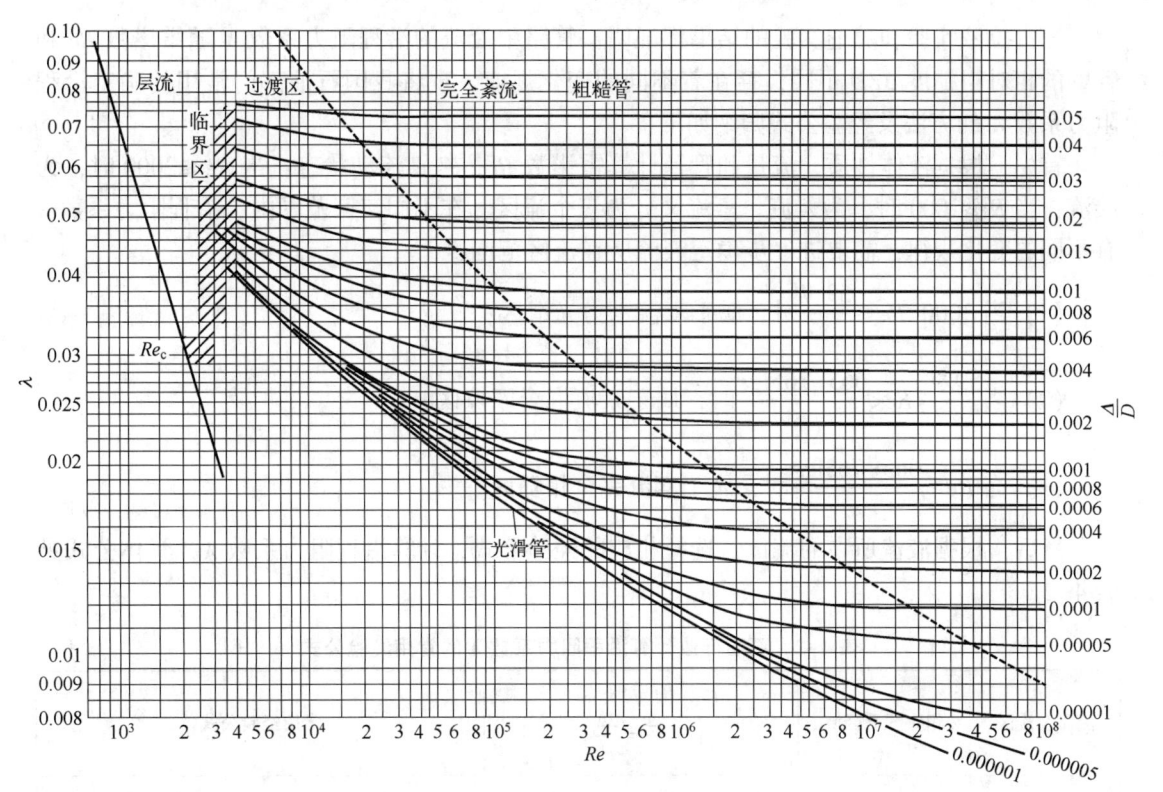

图 4-17　莫迪图

由于实际管路的绝对粗糙度难以测定，因此，将实际管路与人工管的实验结果进行比较，把具有相同沿程阻力系数的人工管的绝对粗糙度作为实际管路的粗糙度，并称其为实际管路的当量粗糙度，也用符号 Δ 表示。一般管路的绝对粗糙度实际上指的是当量粗糙度，为方便起见，简称为粗糙度。工程中常见管路的当量粗糙度见表4-1。

表4-1 常用管路的当量粗糙度 Δ

管壁表面特征	Δ, mm	管壁表面特征	Δ, mm
清洁无缝钢管、铝管	0.0015~0.01	新铸铁管	0.25~0.42
新精制无缝钢管	0.04~0.15	普通铸铁管	0.50~0.85
通用输油钢管	0.14~0.15	生锈铸铁管	1.00~1.50
普通钢管	0.19	结水垢铸铁管	1.50~3.00
涂柏油钢管	0.12~0.21	光滑水泥管	0.30~0.80
普通镀锌钢管	0.39	粗糙水泥管	1.00~2.00
旧钢管	0.50~0.60	橡皮软管	0.01~0.03

通过莫迪图与尼古拉兹实验曲线对比可知：工业机制管路与人工管的沿程阻力系数的变化规律基本相同，只是由于实际工业管路的粗糙度更不均匀，当雷诺数不太大，近壁层流层厚度还比较大时，已有较高的粗糙凸起暴露于紊流核心中，从而使得莫迪实验曲线更早地脱离了水力光滑区进入混合摩擦区。

2. 沿程阻力系数 λ 的确定方法

尼古拉兹实验和莫迪实验的结果都证明：管路中液流的沿程阻力系数 λ 随雷诺数 Re 和管壁的相对粗糙度 Δ/D 不同，存在着不同的变化规律。现将我国石油部门常用的确定沿程阻力系数 λ 的方法及经验公式归纳如下：

首先，根据液体性质、流量和管径计算雷诺数 Re，判别流动状态：当 $Re \leq 2000$ 时，为层流；当 $Re > 2000$ 时，为紊流。紊流又分为三个流区，在不同流区范围内，沿程阻力系数 λ 有不同的变化规律，需要进一步确定液流所在流区范围：

(1) 当 $3000 < Re \leq \dfrac{59.7}{\varepsilon^{8/7}}$ 时，属于紊流水力光滑区；

(2) 当 $\dfrac{59.7}{\varepsilon^{8/7}} < Re < \dfrac{665 - 765\lg\varepsilon}{\varepsilon}$ 时，属于紊流混合摩擦区；

(3) 当 $Re \geq \dfrac{665 - 765\lg\varepsilon}{\varepsilon}$ 时，属于紊流完全粗糙区。

然后，根据液流所在的流区，选择相应的经验公式，计算沿程阻力系数 λ，具体公式见表4-2。

表4-2 石油行业计算沿程阻力系数 λ 的常用经验公式

流态及流区	相应图上区域	Re 范围 $\left(\varepsilon = \dfrac{\Delta}{r_0} = \dfrac{2\Delta}{D}\right)$	常用经验公式	
层流	ab	$Re \leq 2000$	$\lambda = \dfrac{64}{Re}$	(4-24)

续表

流态及流区		相应图上区域	Re 范围 $\left(\varepsilon=\dfrac{\Delta}{r_0}=\dfrac{2\Delta}{D}\right)$	常用经验公式	
紊流	水力光滑	cd	$3000<Re\leqslant\dfrac{59.7}{\varepsilon^{8/7}}$	$\lambda=\dfrac{0.3164}{Re^{0.25}}$	(4-25)
	混合摩擦	fg 左方	$\dfrac{59.7}{\varepsilon^{8/7}}<Re<\dfrac{665-765\lg\varepsilon}{\varepsilon}$	$\dfrac{1}{\sqrt{\lambda}}=-1.81\lg\left[\dfrac{68}{Re}+\left(\dfrac{\Delta}{3.7D}\right)^{1.11}\right]$	(4-26)
	水力粗糙	fg 右方	$Re\geqslant\dfrac{665-765\lg\varepsilon}{\varepsilon}$	$\lambda=\dfrac{1}{\left(2\lg\dfrac{3.7D}{\Delta}\right)^2}$	(4-27)

当然，沿程阻力系数 λ 也可以根据雷诺数 Re 和 Δ/D，在莫迪图上查得。

表4-2 中的式(4-25) 称为伯拉休斯公式，式(4-26) 称为伊萨耶夫公式，式(4-27) 称为尼古拉兹公式。在工程中，也可利用图 4-18 来确定流区；混合摩擦区经验公式(4-26) 的计算比较麻烦，其值也可由伊萨耶夫公式算图（图4-19）查得。

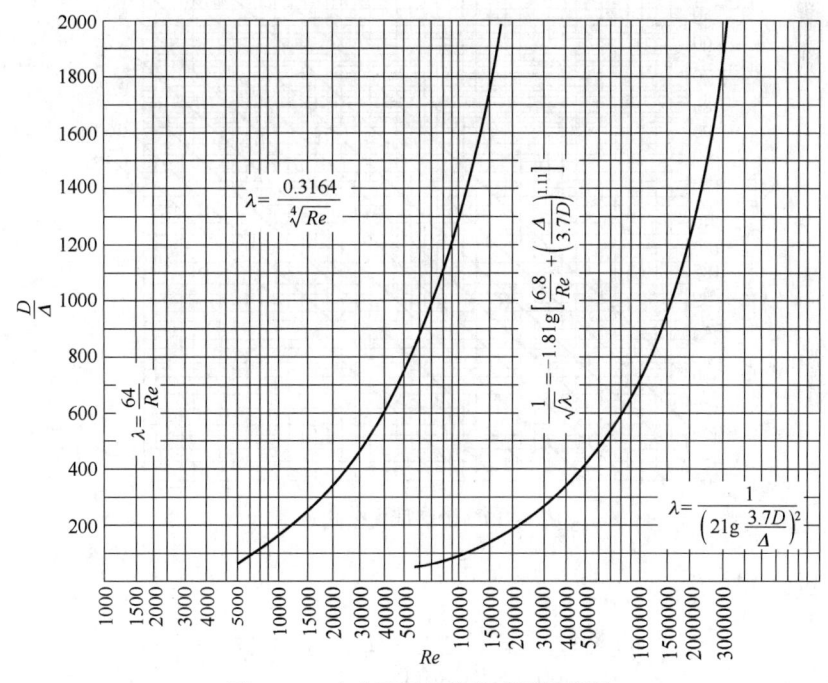

图 4-18 水力摩阻经验公式适用范围

尼古拉兹也曾提出对水力光滑区采用下式计算：

$$\lambda=0.0032+0.221Re^{-0.237} \tag{4-28}$$

实践证明也有较好的效果。

【例 4-6】 某输油管道的直径 $D=200\text{mm}$，长度 $L=3000$，输送相对密度为 0.9 的石油。已知质量流量 $Q_\text{m}=90\text{t/h}$，其运动黏度在冬季为 $1.09\times10^{-4}\text{m}^2/\text{s}$，夏季为 $0.355\times10^{-4}\text{m}^2/\text{s}$，试分别计算其冬季和夏季的沿程水头损失。

解：首先计算雷诺数，分别判断石油在冬、夏两季的流动状态。

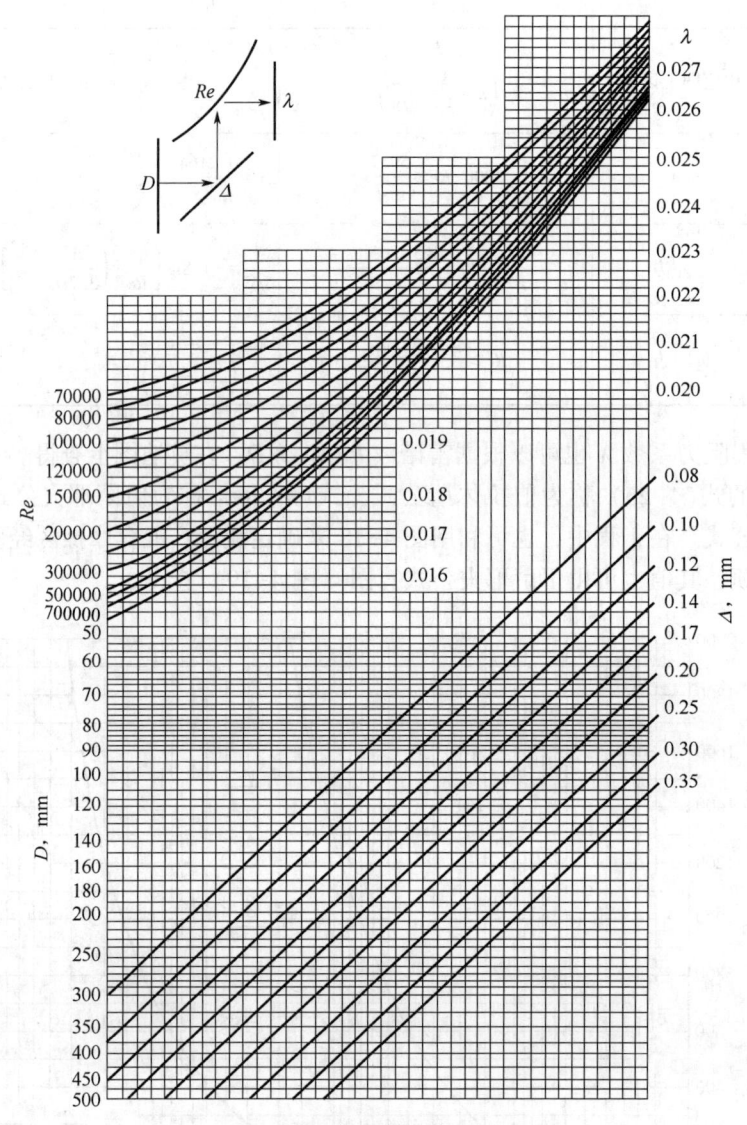

图 4-19 伊萨耶夫公式算图

由 $Q_\mathrm{m}=\rho Q$，得

$$Q=\frac{Q_\mathrm{m}}{\rho}=\frac{90\times10^3}{0.9\times10^3\times3600}=0.0278(\mathrm{m^3/s})$$

$$v=\frac{Q}{A}=\frac{4Q}{\pi D^2}=\frac{4\times0.0278}{\pi\times0.2^2}=0.885(\mathrm{m/s})$$

在冬季：

$$Re_{冬}=\frac{vD}{\nu_{冬}}=\frac{0.885\times0.2}{1.09\times10^{-4}}=1624<2000，故其流动状态为层流。$$

则沿程阻力系数为

$$\lambda_{冬}=\frac{64}{Re_{冬}}=\frac{64}{1624}=0.039$$

在夏季：

$$Re_{夏} = \frac{vD}{\nu_{夏}} = \frac{0.885 \times 0.2}{0.355 \times 10^{-4}} = 4985 > 2000$$

显然，石油以紊流状态流动，需要进一步判别流区。

由表 4-1 可查得普通钢管的粗糙度 $\Delta = 0.19\text{mm}$，水力光滑区的上限雷诺数为

$$Re_1 = \frac{59.7}{\varepsilon^{8/7}} = \frac{59.7}{\left(\frac{2 \times 0.19}{200}\right)^{8/7}} = 76908 > 4985$$

由于 $3000 < Re_{夏} < 76908$，即属于紊流水力光滑区。因此，沿程阻力系数 λ 用伯拉休斯公式计算：

$$\lambda_{夏} = \frac{0.3164}{Re_{夏}^{0.25}} = \frac{0.3164}{4985^{0.25}} = 0.038$$

根据达西公式(4-16)可分别计算出冬、夏季的沿程水头损失：

$$h_{f冬} = \lambda_{冬} \frac{L}{D} \frac{v^2}{2g} = 0.039 \times \frac{3000}{0.2} \times \frac{0.885^2}{2 \times 9.8} = 23.4(\text{m})$$

$$h_{f夏} = \lambda_{夏} \frac{L}{D} \frac{v^2}{2g} = 0.038 \times \frac{3000}{0.2} \times \frac{0.885^2}{2 \times 9.8} = 22.8(\text{m})$$

因此，该输油管道冬季和夏季的沿程水头损失分别为 23.4m 和 22.8m。

第五节　非圆管沿程水头损失计算

在实际工程中，尽管多数液流的过流断面是圆形的，但是也存在某些非圆形的过流断面，例如常见水渠中的液流、石油工业中流体在油套管环形空间的流动及钻井液在钻杆与井壁间的流动。那么，如何计算非圆管的沿程水头损失呢？其实，前面所介绍的计算沿程水头损失的公式也可近似地用于非圆管的沿程水头损失计算，但非圆管没有直径，需引入当量直径的概念。

若非圆管水力半径 R 与某一圆管的水力半径 $R_{圆}$ 相等时，则把该圆管的直径称为非圆管的当量直径，一般用 $D_{当}$ 表示。用当量直径 $D_{当}$ 替代圆管沿程水头损失计算公式中的直径 D，即可求得非圆管的沿程水头损失。

圆管的水力半径为

$$R_{圆} = \frac{A}{\chi} = \frac{\pi D^2/4}{\pi D} = \frac{D}{4}$$

当 $R_{非圆管} = R_{圆管} = \frac{D}{4}$ 时，则

$$D_{当} = D = 4R_{非圆管} \tag{4-29}$$

例如正方形断面各边长为 a 时，其水力半径为

$$R_{正方形} = \frac{A}{\chi} = \frac{a^2}{4a} = \frac{a}{4}$$

其当量直径为

$$D_{当} = 4R_{正方形} = 4 \times \frac{a}{4} = a$$

又例如，外径为 $D_{外}$、内径为 $D_{内}$ 的环形过流断面的当量直径为

$$D_{当} = 4R_{环} = 4 \times \frac{\frac{\pi}{4}(D_{外}^2 - D_{内}^2)}{\pi(D_{外} + D_{内})} = D_{外} - D_{内}$$

实验证明，计算圆管沿程水头损失的达西公式(4-16)同样适用于非圆管的沿程水头损失计算，只是需要将公式中的直径 D 用非圆管的当量直径 $D_{当}$ 替代，因此，计算非圆管的沿程水头损失的公式为

$$h_f = \lambda \frac{L}{D_{当}} \frac{v^2}{2g} \quad (4-30)$$

液体在非圆管中的流动状态与圆管一样，存在着层流和紊流两种流态，并可根据当量直径 $D_{当}$ 计算出的雷诺数 $Re_{当}$ 进行判别。

$$Re_{当} = \frac{\rho v D_{当}}{\mu} = \frac{v D_{当}}{\nu} \quad (4-31)$$

若雷诺数 $Re_{当} \leq 2000$，则液体的流动状态为层流；若雷诺数 $Re_{当} > 2000$，则液体的流动状态为紊流。

当液体以层流状态运动时，沿程阻力系数为

$$\lambda = \frac{a}{Re_{当}} \quad (4-32)$$

式中 a——与非圆管过流断面形状有关的常数，其值参见表4-3。

表4-3 几种常见非圆管的常数 a 值

过流断面形状	矩形	正方形	正三角形	环形
常数 a 值	62	57	53	96

当液体以紊流状态运动时，可用非圆管的当量直径 $D_{当}$ 和当量雷诺数 $Re_{当}$ 替代圆管直径 D 和雷诺数 Re，根据圆管的公式近似计算非圆管的沿程阻力系数。

这里要注意，式(4-30)和式(4-31)中的液体流速 v 不能以当量直径计算，必须以实际过流断面面积进行计算。

【例4-7】 运动黏度 $\nu = 7.0 \times 10^{-6} \text{m}^2/\text{s}$ 的石油，在长度 $L = 1200\text{m}$ 的油套管环形空间中流动。油管的外径 $D_{油} = 73\text{mm}$，套管的内径 $D_{套} = 120\text{mm}$，当流量 $Q = 3.5\text{L/s}$ 时，求其沿程水头损失（已知管壁的绝对粗糙度均为 0.15mm）。

分析：因为油套管环形空间属于非圆管，所以应首先计算出当量直径 $D_{当}$，然后再计算雷诺数，判别流动状态，计算沿程水头损失。

解：$D_{当} = 4R = 4 \times \frac{D_{套} - D_{油}}{4} = D_{套} - D_{油} = 0.12 - 0.073 = 0.047(\text{m})$

$$v = \frac{Q}{A} = \frac{4Q}{\pi(D_{套}^2 - D_{油}^2)} = \frac{4 \times 3.5 \times 10^{-3}}{\pi \times (0.12^2 - 0.073^2)} = 0.491(\text{m/s})$$

$$Re_{当} = \frac{v D_{当}}{\nu} = \frac{0.491 \times 0.047}{7.0 \times 10^{-6}} = 3297 > 2000$$

因此，石油在油套管环形空间中以紊流状态流动，需要进一步判别液流的流区。紊流水力光滑区的上限雷诺数为

$$Re_1 = \frac{59.7}{\varepsilon^{8/7}} = \frac{59.7}{\left(\frac{2\Delta}{D_{\text{当}}}\right)^{8/7}} = \frac{59.7}{\left(\frac{2\times0.15}{47}\right)^{8/7}} = 19254$$

显然，$3000 < Re_{\text{当}} < 19254$ 属于紊流水力光滑区。根据伯拉休斯公式即可求得沿程阻力系数：

$$\lambda = \frac{0.3164}{Re^{0.25}} = \frac{0.3164}{3297^{0.25}} = 0.042$$

利用达西公式即可求得液流的沿程水头损失为

$$h_f = \lambda \frac{L}{D_{\text{当}}} \frac{v^2}{2g} = 0.042 \times \frac{1200}{0.047} \times \frac{0.491^2}{2\times9.8} = 13.19(\text{m})$$

第六节　局部水头损失计算

实际工程管路不仅包含直管，还连接有各种局部装置。当液体流经局部装置时，边界条件突然发生变化，产生局部水头损失，其原因如下：

(1) 液流经过局部装置而形成的旋涡区中，液体质点之间发生摩擦和碰撞，产生能量损失。

(2) 当液体流经局部装置时，其流速的大小和方向发生急剧变化，液体流速的重新分布引起液体质点的动量交换，形成附加阻力，从而产生能量损失。

由于液体在局部装置中的运动情况极其复杂，目前绝大多数局部水头损失都需要用实验方法来确定，只有个别局部装置的水头损失可以通过数理分析的方法得出。

一、圆管过流断面突然扩大的局部水头损失

液流在管路中流动，当过流断面突然扩大时，由于惯性力的作用，液流质点的运动方向不可能突然发生变化，从而在管壁与液体主流之间形成涡流区，如图 4-20 所示。

为了确定局部水头损失，在图 4-20 中选取 1—1 和 2—2 断面，两断面的面积分别为 A_1 和 A_2，相应的压力为 p_1 和 p_2，断面平均流速为 v_1 和 v_2。取轴线所在的水平面为基准面 0—0，在 1—1、2—2 断面上建立伯努利方程：

$$\frac{p_1}{\rho g} + \frac{\alpha_1 v_1^2}{2g} = \frac{p_2}{\rho g} + \frac{\alpha_2 v_2^2}{2g} + h_{L1-2}$$

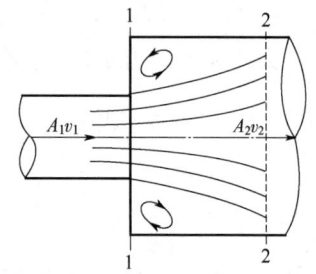

图 4-20　突然扩大的断面

由于两断面距离很短，沿程水头损失可忽略而不计，则 $h_{L1-2} = h_{j\text{扩}}$；设 $\alpha_1 = \alpha_2 = 1.0$，则

$$h_{j\text{扩}} = \frac{p_1 - p_2}{\rho g} + \frac{v_1^2 - v_2^2}{2g} \tag{4-33}$$

对于 1—1 与 2—2 断面间的液流沿运动方向上应用动量定律

$$\sum F = \rho Q(v_2 - v_1) \tag{4-34}$$

液体沿运动方向所受的外力分析如下：液流两断面上的总压力为 P_1 和 P_2，显然，P_1 是主流断面上的压力 $p_1 A_1$ 与涡流区环形面积上的压力 $p(A_2 - A_1)$ 之和。实验证明：$p \approx p_1$，则 1—1 断面上的总压力为

$$P_1 = p_1 A_1 + p_1 (A_2 - A_1) = p_1 A_2 \tag{4-35}$$

液流在 2—2 断面上的总压力为

$$P_2 = p_2 A_2 \tag{4-36}$$

液流所受的重力 G 在运动方向上的分力为 0；另外，由于 1—1 与 2—2 断面间的距离很短，摩擦力可忽略不计。因此，根据动量定律得

$$P_1 - P_2 = \rho Q(v_2 - v_1)$$
$$p_1 A_2 - p_2 A_2 = \rho Q(v_2 - v_1) \tag{4-37}$$

等式两边同除以 $\rho g A_2$，得

$$\frac{p_1 - p_2}{\rho g} = \frac{v_2}{g}(v_2 - v_1) \tag{4-38}$$

将式(4-38) 代入式(4-33)，得

$$h_{j扩} = \frac{v_2}{g}(v_2 - v_1) + \frac{v_1^2 - v_2^2}{2g}$$

整理得

$$h_{j扩} = \frac{(v_1 - v_2)^2}{2g} \tag{4-39}$$

根据连续性方程 $v_1 A_1 = v_2 A_2$，式(4-39) 可写成

$$h_{j扩} = \left(1 - \frac{A_1}{A_2}\right)^2 \frac{v_1^2}{2g} = \xi_1 \frac{v_1^2}{2g} \tag{4-40}$$

或

$$h_{j扩} = \left(\frac{A_2}{A_1} - 1\right)^2 \frac{v_2^2}{2g} = \xi_2 \frac{v_2^2}{2g} \tag{4-41}$$

式(4-40) 或式(4-41) 是断面突然扩大的局部水头损失的计算公式。ξ_1 和 ξ_2 称为断面突然扩大的局部阻力系数，其值分别与断面扩大前、后的流速相对应，即

$$\xi_1 = \left(1 - \frac{A_1}{A_2}\right)^2 \tag{4-42}$$

$$\xi_2 = \left(\frac{A_2}{A_1} - 1\right)^2 \tag{4-43}$$

可见，ξ_1 和 ξ_2 仅与过流断面的几何尺寸有关。

另外，当管路的出口与大容器相连时，由于 $A_2 \gg A_1$，即 $\frac{A_1}{A_2} \approx 0$，这时，$\xi_1 = 1$，因此，$h_{j扩} = \frac{v_1^2}{2g}$。

二、局部水头损失的通用计算公式

局部装置虽然形式是多种多样的，但产生局部阻力的原因及液体流经局部装置时的运动情况基本相同，确定各种局部装置的局部水头损失计算公式的形式也应该基本一样。因此，通过数理分析得出的断面突然扩大的局部水头损失的计算公式，也可以作为计算其他局部管件局部水头损失的通用公式，只是对于不同的局部装置，其局部阻力系数不同。因此局部水头损失的计算通式就是速度水头与局部阻力系数 ξ 的乘积，即

$$h_j = \xi \frac{v^2}{2g} \tag{4-44}$$

式中 ξ——局部装置的局部阻力系数，通常由实验测得；

v——液流通过局部装置后的断面平均流速，m/s。

工程中常见局部装置在紊流状态下的局部阻力系数见表 4-4。

表 4-4 常见局部装置的局部阻力系数 ξ 值

名称	示意图	局部阻力系数 ξ 值						
进口		0.5（不加修圆的直角进口）						
进口		0.1（完全修圆，$r/D \geq 0.15$） 0.20~0.25（稍微修圆）						
进口		0.05（圆形喇叭口）						
进口		$0.5\left(1 - \dfrac{A_2}{A_1}\right)$						
出口		1.0						
90°弯头		R/D	0.5	1.0	1.5	2.0	3.0	4.0	5.0
90°弯头		$\xi_{90°}$	1.20	0.80	0.60	0.48	0.36	0.30	0.29
缓弯管		α	30	50	60	90	100	120	160	180
缓弯管		K	0.57	0.75	0.82	1.00	1.05	1.16	1.33	1.41
缓弯管		$\xi = K\xi_{90°}$								

续表

名称	示意图	局部阻力系数 ξ 值							
闸阀		当全开时 （即 $a/D=1$）							
		$\dfrac{D}{mm}$	15	20 50	80	100	150	200 250	300 450	500 800	900 1000
		$\xi_{90°}$	1.5	0.5	0.4	0.2	0.1	0.08	0.07	0.06	0.05
		当各种开启度时							
		a/D	7/8	6/8	5/8	4/8	3/8	2/8	1/8
		$A_{开启}/A_{总}$	0.948	0.856	0.740	0.609	0.466	0.315	0.159
		ξ	0.15	0.26	0.81	2.06	5.52	17.0	97.8
吸水阀		无底阀	2~3							
		有底阀	$\dfrac{D}{mm}$	40	50	75	100	150	200	250	300	350 450	500 600
			ξ	12	10	8.5	7.0	6.0	5.2	4.4	3.7	3.6	3.5

注：K 为修正系数。

局部阻力系数 ξ 并不是一个常量，它会随着雷诺数的变化而变化，如图 4-21 所示。

三、局部阻力的相当长度

在工程中，为了便于计算，常常把局部水头损失折算为沿程水头损失计算。若局部水头损失与一段管路的沿程水头损失相等，或局部阻力相当于一段管路的沿程阻力，则该管路的长度称为局部阻力的相当长度，用符号 $L_{当}$ 表示，即

$$h_j = \xi \frac{v^2}{2g} = \lambda \frac{L_{当}}{D} \frac{v^2}{2g}$$

即

$$L_{当} = \frac{\xi}{\lambda} D \tag{4-45}$$

图 4-21 局部阻力系数与雷诺数的关系

可见，如果已知局部阻力系数 ξ 和沿程阻力系数 λ，则可以确定局部阻力的相当长度 $L_{当}$。若管路的直径和沿程阻力系数各处均相等，则在整个管路上，局部阻力的相当长度为

$$\sum L_{当} = \frac{\sum \xi}{\lambda} D \tag{4-46}$$

于是，整个管路的总水头损失为

$$h_L = h_f + h_j = \lambda \frac{\sum L}{D} \frac{v^2}{2g} + \lambda \frac{\sum L_{当}}{D} \frac{v^2}{2g}$$

整理得

$$h_L = \lambda \frac{\sum L + \sum L_{当}}{D} \frac{v^2}{2g} \tag{4-47}$$

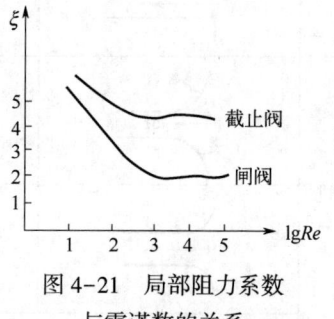

石油工业中一些常见管件的局部阻力数据见表 4-5。

表 4-5　石油工业常用的局部阻力数据

局部阻力名称		示意图	$L_当/D$	ξ_0
油罐出口	无保险活门		23	0.50
	有保险活门		40	0.90
	带起落管		100	2.20
弯管弯头	$R=D$		20	0.44
	$R=(2\sim8)D$		10	0.22
闸阀			18	0.40
逆止阀	带滤网		160	3.50
	常规		75	1.65
过滤器	透明油品		77	1.70
	不透明油品		100	2.20

表 4-5 中 ξ_0 是在 $\lambda=0.022$ 的紊流条件下确定的。若紊流时实际管路的沿程阻力系数为 λ，则需要根据下式将 ξ_0 换算成相应的 ξ 值：

$$\xi=\xi_0\frac{\lambda}{0.022} \tag{4-48}$$

层流时，局部阻力系数 ξ 随着雷诺数不同而不同。一般可根据以下关系确定：

$$\xi_层=\psi\xi_0 \tag{4-49}$$

式中　ψ——与雷诺数 Re 有关的系数，其值参见表 4-6。

表 4-6　系数 ψ 与雷诺数的关系

Re	ψ	Re	ψ
200	4.40	1200	3.10
400	4.00	1400	3.04
600	3.53	1600	2.95
800	3.35	1800	2.88
1000	3.21	2000	2.83

【例 4-8】　管路与储水罐连接，如图 4-22 所示。已知：$D_1=150\text{mm}$，$L_1=25\text{m}$，$\lambda_1=$

0.037，$D_2 = 125\text{mm}$，$L_2 = 10\text{m}$，$\lambda_2 = 0.039$，闸阀的开启度 $\dfrac{a}{D_2} = 0.5$，流量 $Q = 25\text{L/s}$，试确定：

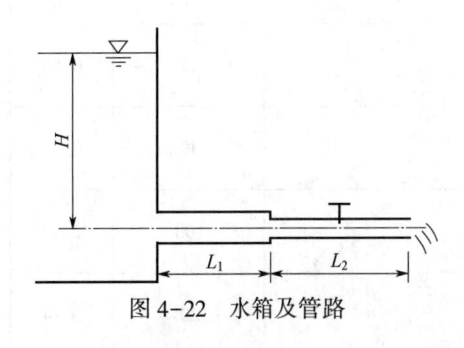

(1) 沿程水头损失 h_f；
(2) 局部水头损失 h_j；
(3) 储水罐中的液面高度 H。

解：(1) 求沿程水头损失 h_f。

① 首先分别计算两段管路的流速：

$$v_1 = \frac{Q}{A} = \frac{4Q}{\pi D_1^2} = \frac{4 \times 25 \times 10^{-3}}{\pi \times 0.15^2} = 1.42(\text{m/s})$$

$$v_2 = \frac{Q}{A} = \frac{4Q}{\pi D_2^2} = \frac{4 \times 25 \times 10^{-3}}{\pi \times 0.125^2} = 2.04(\text{m/s})$$

图 4-22 水箱及管路

② 计算第 1 段管路沿程水头损失 h_{f1}：

$$h_{f1} = \lambda_1 \frac{L_1}{D_1} \frac{v_1^2}{2g} = 0.037 \times \frac{25}{0.15} \times \frac{1.42^2}{2 \times 9.8} = 0.63(\text{m})$$

③ 计算第 2 段管路沿程水头损失 h_{f2}：

$$h_{f2} = \lambda_2 \frac{L_2}{D_2} \frac{v_2^2}{2g} = 0.039 \times \frac{10}{0.125} \times \frac{2.04^2}{2 \times 9.8} = 0.66(\text{m})$$

总沿程水头损失：

$$\sum h_f = h_{f1} + h_{f2} = 0.63 + 0.66 = 1.29(\text{m})$$

(2) 求局部水头损失 h_j。

① 管路进口的局部水头损失，对于未修圆的直角进口，查表 4-4 得 $\xi_{进} = 0.5$，则

$$h_{j进} = \xi_{进} \frac{v_1^2}{2g} = 0.5 \times \frac{1.42^2}{2 \times 9.8} = 0.051(\text{m})$$

② 断面缩小的局部水头损失：$\dfrac{A_2}{A_1} = \left(\dfrac{D_2}{D_1}\right)^2 = \left(\dfrac{125}{150}\right)^2 = 0.694$，查表 4-4，得

$$\xi_{缩} = 0.5\left(1 - \frac{A_2}{A_1}\right) = 0.5 \times (1 - 0.694) = 0.15$$

则

$$h_{j缩} = \xi_{缩} \frac{v_2^2}{2g} = 0.15 \times \frac{2.04^2}{2 \times 9.8} = 0.032(\text{m})$$

③ 闸阀的局部水头损失：已知闸阀的开启度 $\dfrac{a}{D_2} = 0.5$，查表 4-4，得 $\xi_{阀} = 2.06$，则

$$h_{j阀} = \xi_{阀} \frac{v_2^2}{2g} = 2.06 \times \frac{2.04^2}{2 \times 9.8} = 0.437(\text{m})$$

总局部水头损失为

$$\sum h_j = h_{j进} + h_{j缩} + h_{j阀} = 0.051 + 0.032 + 0.437 = 0.52(\text{m})$$

(3) 计算流量 $Q = 25\text{L/s}$ 时，储水罐中液面高度 H。

以储水罐液面和管路出口为计算断面，以管轴线所在的水平面为基准面，建立伯努利方

程式：

$$H+0+0=0+0+\frac{v_2^2}{2g}+\Sigma h_{\mathrm{f}}+\Sigma h_{\mathrm{j}}$$

整理得

$$H=\frac{v_2^2}{2g}+\Sigma h_{\mathrm{f}}+\Sigma h_{\mathrm{j}}=\frac{2.04^2}{2\times9.8}+1.29+0.52=2.02(\mathrm{m})$$

知识扩展

量纲分析与相似原理

理论流体力学是流体力学重要的组成部分，研究思路是通过对物理模型的分析和简化，建立流体运动的基本方程及边界条件，然后再通过数学方法求解这些方程，便可得出流动规律。但是，由于流体运动方程及边界条件的复杂性，求解这些方程时常常会在数学上遇到难以克服的困难，因此很多问题不得不依靠实验方法寻求答案。此外，许多理论分析结果也需要通过实验来验证。考虑到流动实验的经济性，通常将研究对象按照一定的比例缩小成实验模型，然后在模型上进行实验研究。这样就会引出以下两个问题：如何设计制造模型以及如何制定实验方案？如何从复杂的实验数据中总结出流动规律？实践证明，相似原理可用于指导模型设计和实验方案的制定，实现模型流动与实际流动之间的相似，进而找出相关规律。量纲分析则可以帮助我们寻求各物理量之间的关系，建立关系式的结构。

一、量纲分析

在物理学中，将相互独立的长度单位 m、质量单位 kg 和时间单位 s 作为基本单位，其他物理量的单位可由这三个基本单位导出，称为导出单位。单位制变化时，同一个物理量不同单位制下可能有着不同的大小，但不变的是这些物理量的性质和种类。

流体力学中，量纲（或称为因次）是指物理量的性质和种类。量纲可用量纲符号加方括号来表示，如长度、时间和质量的量纲依次可表示为 [L]、[T] 和 [M]，这三种物理量的量纲是相互独立的，可以作为基本量纲。其他物理量纲可按照其定义或者物理定律由这些基本量纲推导出来，称为导出量纲。导出量纲都可用这三个基本量纲的指数函数的乘积表示出来，比如某一物理量 x 的量纲可表示为

$$[x]=[L^\alpha T^\beta M^\gamma] \tag{4-50}$$

式(4-50)称为量纲公式。物理量 x 的性质和种类可由量纲式中的指数 α、β、γ 反映出来。依据 α、β、γ 的不同情形，流体力学中量纲可划分为以下几种：

(1) 若 $\alpha=\beta=\gamma=0$，则 $[x]=1$，为无量纲量；
(2) 若 $\alpha\neq0$，$\beta=\gamma=0$，则 $[x]=[L^\alpha]$，为几何学量；
(3) 若 $\alpha\neq0$，$\beta\neq0$，$\gamma=0$，则 $[x]=[L^\alpha T^\beta]$，为运动学量；
(4) 若 $\alpha\neq0$，$\beta\neq0$，$\gamma\neq0$，则 $[x]=[L^\alpha T^\beta M^\gamma]$，为动力学量。

若某物理量的量纲表示为 $[x]=[L^0T^0M^0]=[1]$，则称 x 为无量纲数（无因次量），也称纯数。无量纲数可以是一个纯粹的数值，如自由落体运动 $h=kgt^2$ 中的 $k=0.5$，也可以由

几个物理量组合而成，如雷诺数 $Re=vD/\nu$，其量纲式为 $[Re]=[LT^{-1}][L]/[L^2T^{-1}]=[L^0T^0M^0]=[1]$ 为无量纲数。无量纲数具有如下的特点：

（1）无量纲数没有单位，它的数值与所选用的单位无关，如 $h=kgt^2$ 中的 k。

（2）在两个相似的流动之间，同名的无量纲数相等。如可用无量纲数 Re 作为判断两个黏性流动是否相似的判据。

（3）在对数、指数、三角函数等超越函数运算中，都必须是对无量纲来说的，而对有量纲的某物理量取对数是无意义的。

例如，由前面的讨论知道，管路中能量消耗反映为比能损失（或水头损失），形成管路内的压降 Δp。根据理论和实验分析，影响压降的因素有 D、ρ、μ、v、Δ 等。

用数学"量纲分析"的方法综合影响水力摩阻的各项因素，得到函数式

$$\frac{\Delta p}{\rho v^2}=f\left(\frac{\mu}{\rho vD},\frac{L}{D},\frac{\Delta}{D}\right) \tag{4-51}$$

式中 $\dfrac{\Delta p}{\rho v^2}=Eu$ 为欧拉数，$\dfrac{\rho vD}{\mu}=Re$ 为雷诺数，$\dfrac{L}{D}$ 为长径比，$\dfrac{\Delta}{D}$ 为相对粗糙度。

注意到 $\rho=\dfrac{\gamma}{g}$ 及 $h_f=\dfrac{\Delta p}{\gamma}$（非水平管时取 $\dfrac{\Delta p^*}{\gamma}$），则

$$h_f=f\left(Re,\frac{L}{D},\frac{\Delta}{D}\right)\frac{v^2}{g}$$

实验证明：沿程水头损失 h_f 与管长 L/D 成正比，因而可把 L/D 提出，并把流速写为速度水头形式，则

$$h_f=f\left(Re,\frac{\Delta}{D}\right)\frac{L}{D}\frac{v^2}{g}=2f\left(Re,\frac{\Delta}{D}\right)\frac{L}{D}\frac{v^2}{2g} \tag{4-52}$$

令 $\lambda=2f\left(Re,\dfrac{\Delta}{D}\right)$，则

$$h_f=\lambda\frac{L}{D}\frac{v^2}{g}$$

显然，上式即为管路沿程水头损失的达西公式。对不同流态，λ 值有不同规律。

二、相似原理

由于工程实际流动的复杂性，很多问题很难单纯依靠理论解析求得答案，必须依靠实验研究来解决，因此需要知道如何进行实验以及如何把实验结果应用到实际问题中去。相似原理是指导实验的理论基础，同时也是对流动现象进行理论分析的一个重要手段。

1. 流动相似

如果两个流动的相应点上，所有表征流动状况的各物理量都保持各自的固定比例关系，则称这两个流动是相似的。在前面的讨论中已经将流体力学中的物理量按照不同的种类和性质划分为几何学量、运动学量和动力学量三种。因此，两个相似的流动也应包含几何相似、运动相似和动力相似。

1）几何相似

几何相似是指两个流动对应的线段成比例，对应角度相等，对应的边界性质（指固体

边界的粗糙度或者自由液面)相同。例如,两个流动的长度比例尺可表示为

$$\lambda_l = \frac{l_p}{l_m} \tag{4-53}$$

式中,下标 p、m 分别代表原型和模型。

几何相似是流动相似的必要条件,只有实现了几何相似才能在原型和模型间找到对应点。

2) 运动相似

运动相似是指两个流动对应点处的同名运动学量成比例,主要是指速度矢量 v 和加速度矢量 a 相似。两个运动相似的流动,对应流体质点的运动轨迹也应满足几何相似,且流过对应轨迹线上对应线段的时间也应成比例。所以,时间比例尺、速度比例尺可表示为

$$\lambda_t = \frac{t_p}{t_m} \tag{4-54}$$

$$\lambda_v = \frac{v_p}{v_m} = \frac{l_p/t_p}{l_m/t_m} = \frac{\lambda_l}{\lambda_t} \tag{4-55}$$

$$\lambda_a = \frac{a_p}{a_m} = \frac{v_p/t_p}{v_m/t_m} = \frac{l_p/t_p^2}{l_m/t_m^2} = \frac{\lambda_v}{\lambda_t} = \frac{\lambda_l}{\lambda_t^2} \tag{4-56}$$

3) 动力相似

动力相似是指两个流动对应点上的同名动力学量成比例,主要是指作用在流体上的力,包括重力 G、黏性力 T、压力 p、弹性力 E 等相似,所以力的比例尺可表示为

$$\lambda_F = \frac{F_p}{F_m} = \frac{G_p}{G_m} = \frac{T_p}{T_m} = \frac{p_p}{p_m} = \frac{E_p}{E_m} \tag{4-57}$$

几何相似和运动相似都只是流动相似的必要条件,只有在两个几何相似和运动相似的流动之间,实现了动力相似才真正实现了流动相似。因此,动力相似才是流动相似的充分条件。

设作用在流体上的合外力为 F,流体的加速度为 a,流体的质量为 m。由牛顿第二定律可知,力的比例尺可表示为

$$\lambda_F = \frac{F_p}{F_m} = \frac{m_p a_p}{m_m a_m} = \frac{\rho_p V_p a_p}{\rho_m V_m a_m} = \lambda_\rho \lambda_l^3 \lambda_l \lambda_t^{-2} = \lambda_\rho \lambda_l^2 \lambda_v^2$$

或

$$\lambda_F = \frac{F_p}{F_m} = \frac{\rho_p l_p^2 v_p^2}{\rho_m l_m^2 v_m^2} \tag{4-58}$$

也可以写成

$$\frac{F_p}{\rho_p l_p^2 v_p^2} = \frac{F_m}{\rho_m l_m^2 v_m^2} \tag{4-59}$$

式中 $\frac{F}{\rho l^2 v^2} = \frac{F}{ma} = \frac{合外力}{质量力}$ 为无量纲数,表示作用在流体上的合外力与惯性力之比,称为牛顿数,以 Ne 表示,即

$$Ne = \frac{F}{\rho l^2 v^2} \tag{4-60}$$

则式(4-59) 可以写为

$$Ne_p = Ne_m \tag{4-61}$$

由此可知，动力相似的判断依据是牛顿数相等，这也称为牛顿相似准则。

2. 相似准则

在两个动力相似的流动中的无量纲数称为相似准数，如牛顿数。作为判断流动是否动力相似的条件称为相似准则，如牛顿相似准则。

牛顿数中的力泛指流动所受外力的总和，其中可能包括重力、摩擦力、压力、弹性力等。如果这些力都满足牛顿数相等，称为完全的动力相似。但由于实际条件的限制，达到完全的动力相似几乎是不可能的。因此，在设计实验时，常常只考虑起主导作用的力，而忽略其他的力，做到近似的（或局部的）动力相似，这种相似称为部分动力相似。下面分别介绍几种力的相似准则。

1) 重力相似准则——弗劳德数相等

当作用在流体上的合外力中重力起主导作用时，则有 $F = G = \rho g V$，牛顿数可表示为

$$Ne = \frac{G}{\rho l^2 v^2} = \frac{\rho g V}{\rho l^2 v^2} = \frac{\rho g l^3}{\rho l^2 v^2} = \frac{gl}{v^2} \tag{4-62}$$

引入弗劳德数 $Fr = \dfrac{v^2}{gl}$，则牛顿数相等这一相似准则就转化为

$$Fr_p = Fr_m \tag{4-63}$$

由此可见，重力相似的准数就是弗劳德数，重力相似准则就是原型与模型的弗劳德数相等。显然，弗劳德数的物理意义是惯性力与重力的比值。

2) 黏性力相似准则——雷诺数相等

当作用在流体上的合外力中黏性力起主导作用时，则有 $F = T = \mu A \dfrac{du}{dy}$，牛顿数可表示为

$$Ne = \frac{T}{\rho l^2 v^2} = \frac{\mu A \dfrac{du}{dy}}{\rho l^2 v^2} = \frac{\mu l^2 \dfrac{v}{l}}{\rho l^2 v^2} = \frac{\mu}{\rho l v} \tag{4-64}$$

引入雷诺数 $Re = \dfrac{\rho l v}{\mu}$，则牛顿数相等这一相似准则就转化为

$$Re_p = Re_m \tag{4-65}$$

由此可见，黏性力相似的准数就是雷诺数，黏性力相似准则就是原型与模型的雷诺数相等。对于圆管内的流动，可取管径 D 作为特征尺度，这时的雷诺数可表示为

$$Re = \frac{\rho v D}{\mu} = \frac{v D}{\nu} \tag{4-66}$$

雷诺数的物理意义是惯性力与黏性力的比值。

3) 压力相似准则——欧拉数相等

当作用在流体上的合外力中压力起主导作用时，则有 $F = P = pA$，牛顿数可表示为

$$Ne = \frac{P}{\rho l^2 v^2} = \frac{p l^2}{\rho l^2 v^2} = \frac{p}{\rho v^2} \tag{4-67}$$

引入欧拉数 $Eu = \dfrac{p}{\rho v^2}$，则牛顿数相等这一相似准则就转化为

$$Eu_p = Eu_m \qquad (4\text{-}68)$$

由此可见，压力相似的准数就是欧拉数，压力相似准则就是原型与模型的欧拉数相等。显然，欧拉数的物理意义是压力与惯性力的比值。

思考题

4-1 液流产生水头损失的原因有哪些？什么是沿程水头损失和局部水头损失？

4-2 什么是雷诺数 Re？有何物理意义？如何计算？

4-3 液体有哪两种运动状态？如何判断？

4-4 什么是水力半径？水力半径如何反映过流断面对液流阻力的影响？

4-5 试绘图说明圆管中层流和紊流两种状态下断面上切应力及流速的分布规律。

4-6 紊流时液流内部由哪几部分组成？

4-7 说明在层流、紊流两种状态下，液流沿程水头损失与流速之间的关系有何不同。

4-8 液流为什么会产生近壁层流层？近壁层流层的厚度 δ 受哪些因素的影响？

4-9 沿程阻力系数 λ 有什么样的变化规律？如何确定 λ 值？

4-10 绝对粗糙度一定的管路，为什么可能是水力光滑管，也可能是水力粗糙管？

4-11 两条管路的直径、长度和绝对粗糙度均相同，一条输水（运动黏度 ν 较小），另一条输油（运动黏度 ν 较大），那么，当两管路中液体的流速相等时，其沿程水头损失 h_f 是否相等？当两管路中液体的雷诺数 Re 相等时，其沿程水头损失 h_f 是否相等？

4-12 非圆管中液流的沿程水头损失 h_f 如何计算？

4-13 管路如思考题 4-13 图所示，若阀门的开启度减小，则阀门前后两个测压管中的液面将如何变化？为什么？

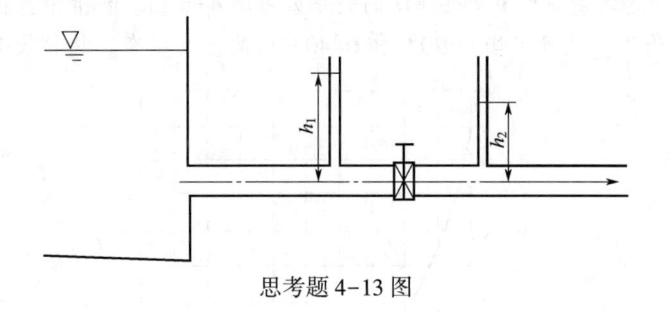

思考题 4-13 图

4-14 输水管如思考题 4-14 图所示，（a）表示直径一定，流量逐渐增大，（b）表示流量一定，管径逐渐增大，试问：图（a）管中液流的雷诺数随时间如何变化？图（b）管中液流的雷诺数沿长度如何变化？

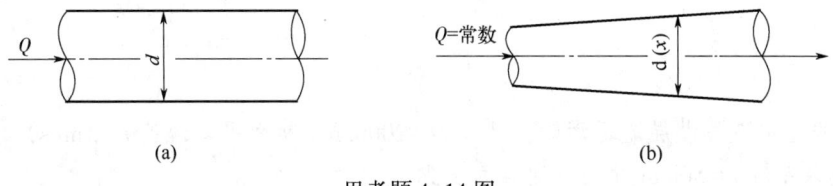

思考题 4-14 图

4-15 在不同直径的管路中流动着不同黏滞性的液体，它们的临界雷诺数是否相同？

习题

4-1 过流断面如习题 4-1 图所示，试分别确定其水力半径 R 和当量直径 $D_当$。

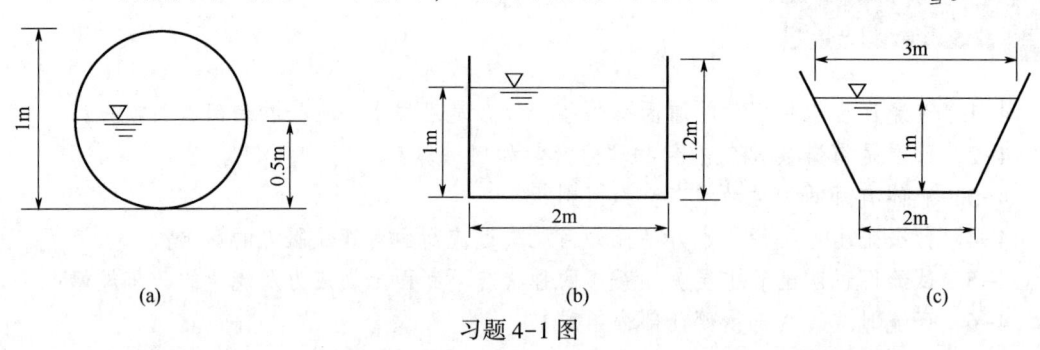

习题 4-1 图

4-2 已知输水管的内径 $D=100$mm，水的平均流速 $v=1.0$m/s，水的运动黏度 $\nu=1.31\times10^{-6}$m²/s，管中的水流处于哪种流态？

4-3 用直径 100mm 的管路输送相对密度为 0.85 的柴油，在温度 20℃ 时，其运动黏度为 6.7×10^{-6}m²/s，欲保持层流，平均流速不能超过多少？最大输送量为多少 t/h？

4-4 某直径 $D=0.25$m 的管路用于输送运动黏度 $\nu=0.4\times10^{-4}$m²/s 的液体，欲保持层流状态，管中液体的最大流量不能超过多少？

4-5 某管路直径 $D=300$mm，试判别以下两种情况的流动状态：15℃ 的水以 1.07m/s 的速度流动和 15℃ 的重油以相同的流速流动。已知 15℃ 水的运动黏度 $\nu_水=1.14\times10^{-6}$m²/s，重油的运动黏度为 $\nu_{重油}=2.03\times10^{-4}$m²/s。

4-6 已知机油的运动黏度 ν 和温度 t 的关系如习题 4-6 图。机油沿直径 $D=40$mm 的管路以流量 $Q=4$L/s 被吸出。试确定当 $t=20$℃ 和 $t=40$℃ 时的流动状态。临界状态下的温度为多少？

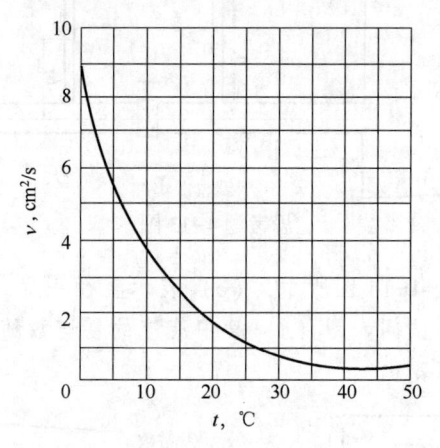

习题 4-6 图

4-7 当管中液体做层流运动时，已知 $D=200$mm，断面平均流速 $v=1$m/s，求断面中心处最大流速及半径 $r=50$mm 处的流速各为多少。

4-8 管径 400mm，测得层流状态下管轴心处最大流速为 4m/s，试确定断面平均流速。此平均流速相当于半径为多少处的实际流速？

4-9 当水在直径为 305mm 的水平管路中作层流运动时，300m 长度上测得的压力损失为 15m，试求管壁上的切应力和距离管轴线 51mm 处的切应力。

4-10 在直径 $D=20\text{mm}$、长 $L=1000\text{m}$ 的圆管中，以流速 $v=0.08\text{m/s}$，输送黏度 $\nu=1.01\times10^{-6}\text{m}^2/\text{s}$ 的水，求水在管路中的沿程损失是多少？

4-11 用长度 5km、直径 300mm 的钢管，输送相对密度为 0.9 的重油，质量流量为 200t/h，求油温从 $t_1=10℃$（$\nu_1=25\text{St}$）变到 $t_2=40℃$（$\nu_2=1.5\text{St}$）时，水头损失降低的百分数。

4-12 某输水管道，其管壁粗糙度 $\Delta=0.15\text{mm}$，水温为 20℃ 时的运动黏度 $\nu=1.007\times10^{-6}\text{m}^2/\text{s}$，若管长为 5m，管径为 1.0cm，通过流量为 0.05L/s，问：
(1) 沿程水头损失为多少；
(2) 若管径改为 7.5cm，其他条件同上，问沿程水头损失为多少；
(3) 若管径仍为 7.5cm，但流量增为 20L/s，其他条件不变，问沿程水头损失又为多少；
(4) 比较上述三种情况的 λ 值及沿程水头损失的大小，并分析其影响因素。

4-13 某油品以 $Q=6.95\times10^{-3}\text{m}^3/\text{s}$ 的流量流过内径 $D=80\text{mm}$ 的管道，管路中有一个 90°弯头，其局部阻力系数 $\xi=0.13$，确定此弯头的局部水头损失。

4-14 90°圆弧弯管接头局部阻力系数测定装置如习题 4-14 图所示，已知直径 $D=16\text{cm}$，当流量 $Q=0.24\text{L/s}$ 时的空气差压计上读数 $\Delta h=100\text{mm}$，水温 10℃，运动黏度 $\nu=0.0131\text{cm}^2/\text{s}$，计算弯头处的局部阻力系数及雷诺数。

4-15 如习题 4-15 图所示，为管道断面突然缩小的局部阻力系数测定装置，管径 $D_1=50\text{mm}$，$D_2=25\text{mm}$，水温 $t=10℃$，当水银差压计上读数为 $\Delta h=86\text{mm}$ 时测得流量为 $Q=1.963\text{L/s}$，计算此变径接头局部阻力系数和雷诺数。

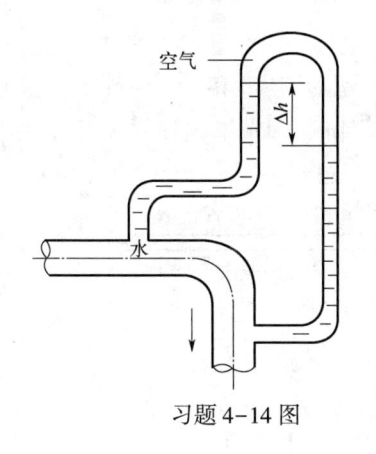

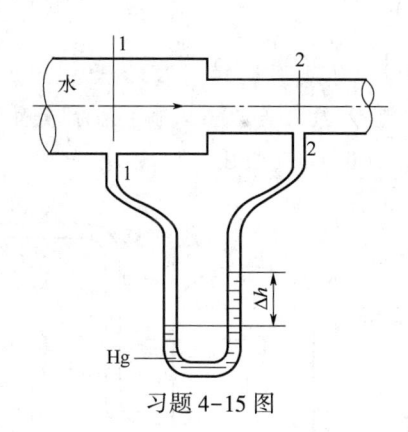

习题 4-14 图

习题 4-15 图

4-16 某供水系统如习题 4-16 图所示，管径 $D=50\text{mm}$，长 $L=800\text{m}$，提水高度 $H=40\text{m}$，流量 $Q=10\text{m}^3/\text{h}$，管道水力摩阻系数 $\lambda=0.03$，$\Sigma\xi=12.5$，离心泵效率 $\eta=0.8$，试计算该水泵的扬程和功率。

4-17 如习题 4-17 图所示，两水箱由一根钢管连通，管长 100m，管径 0.1m。管路上有全开闸阀一个，$R/D=4.0$ 的 90°弯头两个，水温 10℃，当液面稳定时，流量为 6.5L/s。求此时的液面高差 H 为多少。（管壁粗糙度 $\Delta=0.15\text{mm}$）

4-18 运动黏滞系数 $0.7\times10^{-4}\text{m}^2/\text{s}$ 的石油在油套管环形空间中流动。套管的内径 $D_1=15\text{cm}$，油管的外径 $D_2=6\text{cm}$，石油的流量为 8L/s。试确定长度为 $L=800\text{m}$ 的沿程水头损失 h_f，并将其与具有相同面积的圆管中的沿程水头损失相比较。

习题 4-16 图

习题 4-17 图

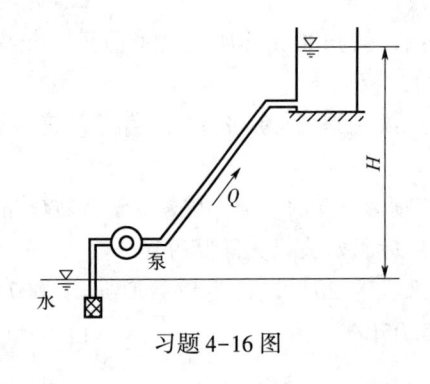

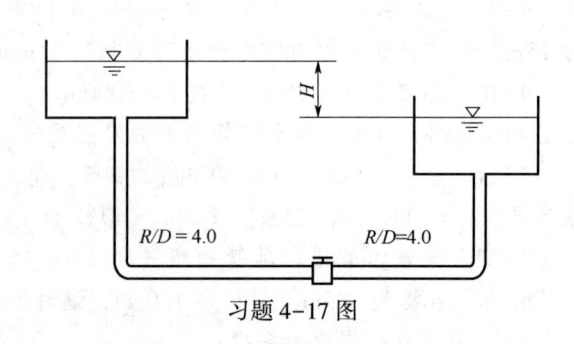

4-19　输水管路如习题 4-19 图所示，管径 $D_1=0.2\text{m}$，$D_2=0.1\text{m}$，全开闸阀一个，流量 $Q=10\text{L/s}$，水的运动黏度 $\nu=1.011\times10^{-6}\text{m}^2/\text{s}$。设 A 为 90°弯头，$R=0.4\text{m}$；B、C、D 也为 90°弯头，$R=0.2\text{m}$；管壁绝对粗糙度 $\Delta=0.15\text{mm}$。试求水箱中的水深 H。

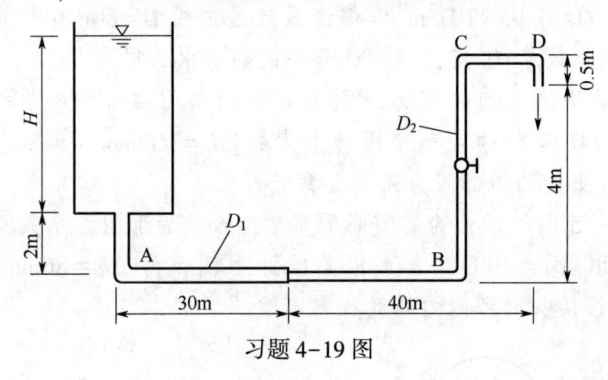

习题 4-19 图

4-20　自地下油罐用离心泵向油库输油，其流程如习题 4-20 图所示。管线直径 200mm，吸入段总长 20m，地下油罐液面至泵中心高差 4m，油品相对密度 0.75，运动黏度 4cSt，p_0 为 0.1at（表压）。

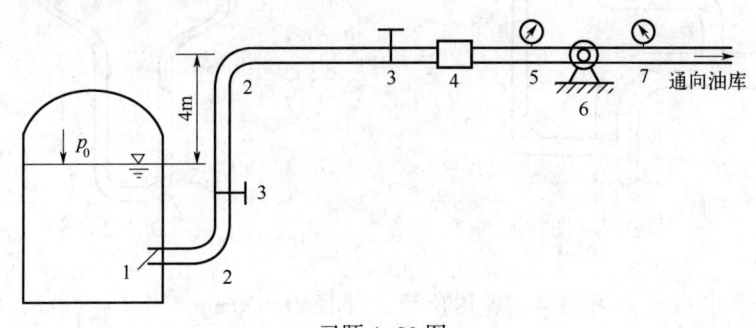

习题 4-20 图
1—带内部关闭阀的出口；2—弯头（$R=3D$）；3—闸阀；4—透明油品过滤器；
5—真空表；6—泵；7—压力表

（1）若设计输送量为 108t/h，那么吸入段的总水头损失应为多少米油柱？（包括沿程水头损失和局部水头损失，已知管壁粗糙度 $\Delta=0.15\text{mm}$）

（2）泵前真空表读数应为多少？

（3）如果泵出口压强为 7.25at（表压），泵的效率为 80%，则泵的额定功率（轴功率）应为多少？

第五章 压力管路水力计算

引言

世界上最长的海底管道是挪威到英国的Langeled管道，全长约1200km，横跨北海。该管道的直径很大，其北部、南部管线的管径分别为1016mm（外径42in）和1066mm（外径44in），钢管壁厚为23.3～34.1mm。为了确保管道在海底复杂环境下的稳定性和安全性，采用了高强度、耐腐蚀的钢材，并按照《海底管线系统规范》（DNV-OS-F101）进行设计。在深海环境下，压力管道不仅要承受内部流体压力，还要承受外部海水的压力，因此，必须进行精确的水力计算，才能确保管道在深海高压环境中正常运行。

同样，在设计地面输油管道、输气管道、给排水管网时，也必须进行管路水力计算，设计管道最经济管径、最大输送量、起点压力等运行参数，以确保管道能够安全、经济、高效运行。

前面已经讨论了流体运动的基本规律和水头损失的计算方法，本章将着重讨论运用这些规律和方法对实际工程管路进行水力计算与设计。

为了研究方便，将液体（或气体）充满整个过流断面并在一定压差下流动的管路，称为**压力管路**，其管内压力可以高于大气压力（如泵的排出管路），也可以低于大气压力（如泵的吸入管路），一般来说，工程中的大多数输油、输气或输水管路均为压力管路。若管路没有被液体所充满而存在自由液面，且液面上为大气压力，这样的管道被称为**无压管路**，如明渠流、排水管道。

在压力管路的水力计算中，根据管路内液流的沿程水头损失和局部水头损失在总水头损失中所占的比例，可以将管路分为长管和短管两大类。

在工程上，由于长输管道输送距离较远，局部管件较少，两端压差较大，沿程水头损失在总水头损失中占比很大，而局部水头损失所占比例较小，因此，在水力计算时，为了简便，可以忽略局部水头损失和速度水头，或者将局部水头损失折算为5%～10%的沿程水头损失，这种管路被称为长管。反之，泵站、油库内的管路输送距离较短，分支较多，压差较小，并有大量管子连接部件，这种管路在水力计算时不能忽略局部水头损失，为了区别于长管，称为短管。显然，长管与短管不是简单地根据管路的长短划分的。

根据管路的布置情况，又可将压力管路分为**简单管路**和**复杂管路**两类。简单管路是指等径且无分支的管路；复杂管路是指由简单管路组合而成的串联管路、并联管路、分支管路及环状管路，如图 5-1 所示。

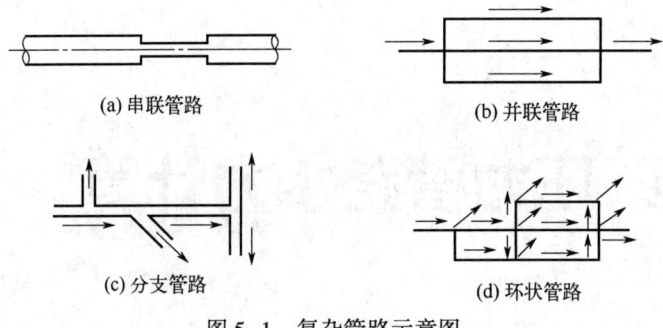

(a) 串联管路

(b) 并联管路

(c) 分支管路

(d) 环状管路

图 5-1 复杂管路示意图

第一节 简单长管水力计算

简单长管是工程中常见的一种管路。短途无中继泵站的输油管道，长途两泵站间管线及油库内从泵站间到库区的管道都属于简单长管。

一、简单长管的能量方程

某简单长管如图 5-2 所示。对于长管，可以忽略局部水头损失和速度水头，因此，简单长管的能量方程为

$$z_1+\frac{p_1}{\rho g}=z_2+\frac{p_2}{\rho g}+h_{f1-2} \tag{5-1}$$

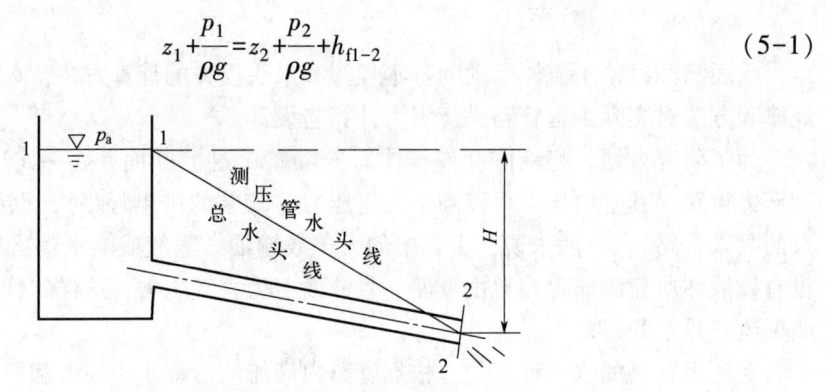

图 5-2 简单长管示意图

或写成

$$\left(z_1+\frac{p_1}{\rho g}\right)-\left(z_2+\frac{p_2}{\rho g}\right)=h_{f1-2}$$

上式左端表示能量供给，用 H_0 表示，称为作用水头，右端表示能量消耗，于是

$$H_0=\left(z_1+\frac{p_1}{\rho g}\right)-\left(z_2+\frac{p_2}{\rho g}\right)=h_{f1-2} \tag{5-2}$$

即

$$H_0 = h_{f1-2} \tag{5-3}$$

因此，长管提供的能量主要用于克服沿程水头损失 h_f。

对于长管来说，由于速度水头忽略不计，所以长管的总水头线是一条沿流程倾斜向下的直线，且与测压管水头线重合。

二、计算沿程水头损失的综合式

若长管的直径为 D，管长为 L，管路中液体的流量为 Q，流速为 $v = \dfrac{4Q}{\pi D^2}$，为了便于应用，可将确定液流沿程水头损失的达西公式作如下变化：

$$h_f = \lambda \frac{L}{D} \frac{v^2}{2g} = \lambda \frac{L}{D} \frac{1}{2g} \left(\frac{4Q}{\pi D^2}\right)^2 = \frac{8\lambda}{\pi^2 g} \frac{L}{D^5} Q^2$$

将式中的 π、g 代入具体数值，并整理得

$$h_f = 0.0826 \lambda \frac{L}{D^5} Q^2 \tag{5-4}$$

在已知流量时，用式(5-4)计算沿程水头损失更为方便。

层流和紊流水力光滑区的沿程阻力系数 λ 仅与雷诺数 Re 有关。如果把雷诺数计算公式中的流速也用流量表示，则有

$$Re = \frac{vD}{\nu} = \frac{4Q}{\pi D \nu}$$

对于层流，$\lambda = \dfrac{64}{Re}$，则

$$\lambda = \frac{64}{Re} = \frac{64\pi D \nu}{4Q} = \frac{16\pi D \nu}{Q} \tag{5-5}$$

将式(5-5)代入式(5-4)整理得

$$h_f = 4.15 \frac{Q\nu L}{D^4} \tag{5-6}$$

对于紊流水力光滑区，$\lambda = \dfrac{0.3164}{Re^{0.25}}$，则

$$\lambda = \frac{0.3164}{Re^{0.25}} = 0.3164 \left(\frac{\pi D \nu}{4Q}\right)^{0.25}$$

将上式代入式(5-4)整理可得

$$h_f = 0.0246 \frac{Q^{1.75} \nu^{0.25} L}{D^{4.75}} \tag{5-7}$$

由式(5-4)、式(5-6)和式(5-7)可见，对于流动状态不同的液流，其沿程水头损失的计算公式可以归纳为一个综合式：

$$h_f = \beta \frac{Q^{2-m} \nu^m L}{D^{5-m}} \tag{5-8}$$

式(5-8)称为达西公式的综合式，也称列宾宗公式。

因此，水力坡度为

$$i=\beta\frac{Q^{2-m}\nu^m}{D^{5-m}} \tag{5-9}$$

流量可以表示为

$$Q=\sqrt[2-m]{\frac{h_f D^{5-m}}{\beta \nu^m L}} \tag{5-10}$$

式中，系数 β 和指数 m 可根据不同流态由表 5-1 确定。

表 5-1 系数 β 和指数 m 取值

流态		β	m
层流		4.15	1
紊流	水力光滑区	0.0246	0.25
	混合摩擦区	0.0802A	0.123
	完全粗糙区	0.0826λ	0

对于紊流混合摩擦区，可按大庆油田设计院推荐的公式计算：

$$h_f = 0.0802A\frac{Q^{1.877}\nu^{0.123}L}{D^{4.877}} \tag{5-11}$$

其中

$$A = 10^{(0.127\lg\varepsilon - 0.627)}, \quad \varepsilon = \frac{\Delta}{r} = \frac{2\Delta}{D}$$

式中　ε——管路的相对粗糙度。

由式(5-11) 计算出的结果为近似结果，误差约为 5%，但使用比较方便。

三、管路特性曲线

由于管路的基本水力特性是能量供给和消耗的平衡，当液体从高向低自由泄流时，能量的供给主要靠位差（即位置水头差），能量消耗是水头损失。一般情况下，管线两端液面均开敞于大气中，压差为零。个别情况在高罐加压以增大流量，此时压差也属于能量供给。当把液体通过泵由低处输送到高处时，能量供给主要靠泵的扬程，此能量消耗在位差和管路的水头损失上。对管路本身来说，不同流量通过时，流速不同，水头损失也不同。

根据达西公式(4-16)，当有局部水头损失时可折算为当量长度并入沿程水头损失中，则有

$$h_L = 0.0826\lambda\frac{L}{D^5}Q^2 = \alpha Q^2$$

对于管长 L 和管径 D 一定的管路，系数 α 将随 λ 值变化而变化。给定不同的流量 Q，即可对应计算出不同的水头损失 h_L，然后在直角坐标系中绘制出 Q—h_f 关系曲线，该曲线称为管路特性曲线，理论上由层流到紊流应有折点，实际应用时可不予考虑，而绘成光滑曲线，如图 5-3 所示。

当有泵输送液体时，因泵的扬程 E_m 要克服位差和水头损失，因此绘制管路特性曲线时，纵坐标要以泵的扬程为基准，故管路特性曲线相应地要向上平移一个位差高度，如图 5-4 所示。

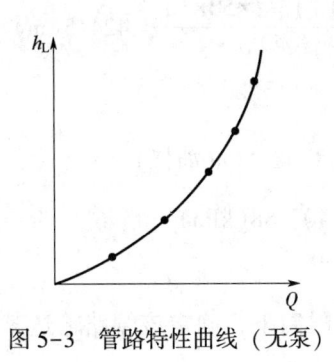

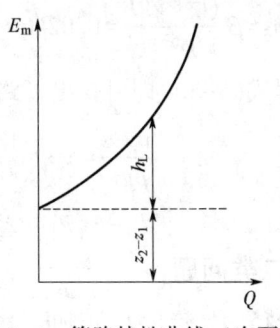

图 5-3　管路特性曲线（无泵）　　　　图 5-4　管路特性曲线（有泵）

管路特性曲线对于确定泵的工况和自流泄油工况有重要作用，在工程设计中经常使用。

四、简单长管水力计算的三类问题

简单长管的各类问题，原则上都可由能量方程式(5-1)、达西公式的综合式(5-8)和管路特性曲线联立解决。在管路设计和计算中经常遇到以下三类问题。

1. 第一类问题

已知管径 D、管长 L 和地形 Z（即管线起点和终点的地面标高），根据给定的输送量 Q，确定管路中的压力降 Δp 或起点压头，或者水头损失 h_f。

在管路设计中会经常遇到这类问题。一般情况下，需要计算不同油品、不同输送量时的压降 Δp 或水头损失 h_f，绘出管路特性曲线，为下一步选泵做准备。

解决这类问题的思路如下：

(1) 根据给定的流量 Q、管径 D、液体运动黏度 ν，计算出雷诺数 Re，确定流动状态。

(2) 根据流动状态，由表 5-1 确定 β 及 m 值，由式(5-8) 算出沿程水头损失 h_f。

(3) 由能量方程式(5-1) 计算压降 Δp 或作用水头 H_0。

【例 5-1】 某长输油管的直径为 260mm，长度为 50km，起点高度 45m，终点高度 84m。油的相对密度为 0.88，运动黏度系数为 $27.6 \times 10^{-6} \mathrm{m}^2/\mathrm{s}$，设计输油量 $Q_m = 200 \mathrm{t/h}$，试确定管路的压降。（管壁绝对粗糙度 $\Delta = 0.15\mathrm{mm}$）

解：由质量流量 $Q_m = d\rho_w Q$ 计算体积流量：

$$Q = \frac{Q_m}{d\rho_w} = \frac{200 \times 10^3}{3600 \times 0.88 \times 10^3} = 0.063\,(\mathrm{m}^3/\mathrm{s})$$

计算 Re 判别流态：

$$Re = \frac{4Q}{\pi D \nu} = \frac{4 \times 0.063}{3.14 \times 0.26 \times 27.6 \times 10^{-6}} = 1.12 \times 10^4 > 2000\,(紊流)$$

水力光滑区上限雷诺数：

$$Re_1 = \frac{59.7}{\varepsilon^{8/7}} = \frac{59.7}{\left(\frac{2\Delta}{D}\right)^{8/7}} = \frac{59.7}{\left(\frac{2 \times 0.15}{260}\right)^{8/7}} = 1.36 \times 10^5 > Re$$

所以，管路中油流为紊流水力光滑区：$\beta = 0.0246$，$m = 0.25$，根据达西公式综合式(5-8) 得

$$h_f = \beta \frac{Q^{2-m}\nu^m L}{D^{5-m}} = 0.0246 \times \frac{0.063^{1.75} \times (27.6 \times 10^{-6})^{0.25} \times 50 \times 10^3}{(260 \times 10^{-3})^{4.75}} = 424.5(\text{m})$$

由能量方程式(5-1)即可得出管路的压降：

$$\frac{p_1 - p_2}{\rho g} = h_f - (z_1 - z_2) = 424.5 - 45 + 84 = 463.5(\text{m 油柱})$$

$$\Delta p = p_1 - p_2 = 0.88 \times 10^3 \times 463.5 = 407.88(\text{kPa})$$

2. 第二类问题

已知管径 D、管长 L 和地形 Z，在一定压降 Δp 的限制下，确定该管路输送某种液体的最大输送量 Q_m。

由于这类问题中的流量 Q 是未知数，无法先确定流态，所以只能采用试算法。计算步骤如下：

（1）根据给定的压降，由能量方程式(5-1)求出沿程水头损失 h_f。

（2）假设流动状态或流区（输油管多属于水力光滑区），选择相应的 β 及 m 值，并由式(5-8)求出流量 Q。

（3）利用求得的流量 Q，计算雷诺数，判断流态，若流态与假设相符，则流量 Q 即为最大输送量 Q_m；如果不相符，则需重新假设，重复步骤（2）和（3）。

当然，解决这类问题也可以先假设几种不同的流量 Q，按第一类问题的解法计算出各流量相应的 h_f，绘制管路特性曲线，即 Q—h_f 关系曲线，再根据已知的压降由能量方程式(5-2)计算出 h_f，在管路特性曲线上查得与 h_f 相应的流量 Q 值。

【例5-2】 利用直径为203mm的管路输送相对密度为0.95的重油，其运动黏度为 $1.3 \times 10^{-4} \text{m}^2/\text{s}$，管长24km，泵出口压力为10.5at，终点压力为1at。管路起点低于终点15m。试求管道每小时能输送多少吨重油。

解： 因为流量 Q 未知，故无法确定流态，只能采用试算法，注意：1at=98000Pa。

先由式(5-2)计算出沿程水头损失：

$$h_f = \left(z_1 + \frac{p_1}{\rho g}\right) - \left(z_2 + \frac{p_2}{\rho g}\right) = -15 + \frac{(10.5-1) \times 9.8 \times 10^4}{0.95 \times 10^3 \times 9.8} = 85(\text{m})$$

先假设流态为水力光滑区，$\beta = 0.0246$，$m = 0.25$，由式(5-10)可得

$$Q = \sqrt[1.75]{\frac{h_f D^{4.75}}{\beta \nu^{0.25} L}} = \sqrt[1.75]{\frac{85 \times 0.203^{4.75}}{0.0246 \times (1.3 \times 10^{-4})^{0.25} \times 24 \times 10^3}} = 0.01585(\text{m}^3/\text{s})$$

校核流态：

$$Re = \frac{vD}{\nu} = \frac{4Q}{\pi D \nu} = \frac{4 \times 0.01585}{3.14 \times 0.203 \times 1.3 \times 10^{-4}} = 765 < 2000(\text{层流})$$

显然，与假设水力光滑区不一致，故需重新假设。

若假设为层流，$\beta = 4.15$，$m = 1$，则

$$Q = \frac{h_f D^4}{\beta \nu L} = \frac{85 \times 0.203^4}{4.15 \times 1.3 \times 10^{-4} \times 24 \times 10^3} = 0.0111(\text{m}^3/\text{s})$$

雷诺数为

$$Re = \frac{4Q}{\pi D \nu} = \frac{4 \times 0.0111}{3.14 \times 0.203 \times 1.3 \times 10^{-4}} = 536 < 2000(\text{层流})$$

与假设一致，所以，输送量为 $Q=0.0111\text{m}^3/\text{s}$，因此，管道每小时的输送量为
$$Q_\text{m}=\rho Q=0.95\times0.0111\times3600=37.96(\text{t/h})$$

3. 第三类问题

已知管长 L、地形 Z 及输送液体的运动黏度 ν 及流量 Q，要求设计最经济管径 D。

在这类问题中，管径 D 和压降 Δp 都是未知的。在流量一定的情况下，管径大小直接影响流速大小和流态的变化，从而也影响到水头损失 h_f（或压降 Δp）的大小。

若选择较小的管径，虽然可节省管材，易于运输和安装，降低造价，但由于管径小，管路中的液体流速较大，从而水头损失也较大，因而管路起点需要较大的压头，即需要较大的作用水头或大功率的输液泵，这样就会使设备的动力费用及维修保养费用增加。反之，若选择较大的管径，管中液体流速较小，水头损失也较小，管路起点所需要压头较小，可节省动力费用，但大直径管路所用的管材较多，造价较高。

另外，如果管路中流速过小，液体中的杂质容易在管路中沉淀，输油管还容易结蜡，从而使管路内的液流阻力增加。如果管中液体流速过大，不仅管壁易磨损，而且在迅速关闭阀门时，易产生较大的水击压力，有时甚至会引起管子破裂，站库内管线还可能由于流速过高引起静电发生爆炸事故。

由此可见，设计经济管径，必须全面考虑各方面的利弊，既要保证一定的流速，满足工程需要，又要符合经济要求，尽可能降低成本。根据经验，一般油田内部管线或库内管线液体流速以 1~2m/s 为宜。对于外输管线流速可取 1~3m/s。在初步设计时，可参考表 5-2 推荐的经济流速。

表 5-2 管路的经济流速

油品运动黏度 $10^{-6}\text{m}^2/\text{s}$	吸入管流速 m/s	排出管流速 m/s	油品运动黏度 $10^{-6}\text{m}^2/\text{s}$	吸入管流速 m/s	排出管流速 m/s
1.0~11.4	1.5	2.5	72.5~145.4	1.1	1.2
11.5~27.4	1.3	2.0	145.5~438.4	1.0	1.1
27.5~72.4	1.2	1.5	438.5~877.2	0.8	1

经济管径的设计步骤如下：

（1）根据设计流量，在经济流速范围内选择几种不同的管径，并求出对应的实际流速。

（2）根据实际流速、管径及油品黏度，求出雷诺数 Re，判别流动状态，计算出水头损失。

（3）由总水头损失及压力降确定泵的扬程和轴功率，并进一步算出年动力消耗费用。

（4）计算全部设备投资、管线投资及年平均折旧费。

（5）计算与不同管径相对应的全部年费用。

（6）以管径为横坐标、年费用为纵坐标，绘成曲线，如图 5-5 所示。图 5-5 中曲线①表示管径 D 与动力费用的关系；曲线②表示管径 D 与设备投资、管理、保养等费用的关系；曲线③表示两种费用总和与管径 D 的关系。取曲线③最低点对应的管径 D_m 即为最经济管径。由于在实际工程中管路的尺寸均已系列化。因此，选择的管径

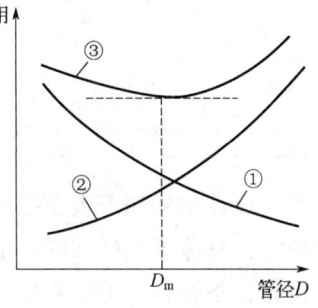

图 5-5 管径与年费用关系曲线

还必须符合系列标准。

【例 5-4】 库内管线，输送距离 1km，局部水头损失按 10%计。输送相对密度 0.75、黏度 $1.5\times10^{-6}\text{m}^2/\text{s}$ 的轻质油。设计输量 50t/h，终点高于起点 15m，终点保持 1at 的压力，要求水力坡降小于 5‰。则起点泵压应为多少？管径应选多大？其流动属于何种状态？（已知管壁绝对粗糙度 $\Delta=0.15\text{mm}$）

解： 要求水力坡降小于 5‰，因此最大沿程水头损失为

$$h_\text{f}=iL=0.005\times1000=5(\text{m})$$

局部水头损失按 10%计，总水头损失为

$$h_\text{L}=1.1\times5=5.5(\text{m})$$

由长管能量方程式(5-1)，计算起点泵压：

$$\begin{aligned}p_1&=p_2+\rho g[h_\text{f}-(z_1-z_2)]\\&=9.8\times10^4+0.75\times1000\times9.8\times(5.5+15)\\&=24.9\times10^4(\text{Pa})\end{aligned}$$

体积流量为

$$Q=\frac{Q_\text{m}}{\rho}=\frac{50\times10^3}{3600\times0.75\times10^3}=0.0185(\text{m}^3/\text{s})$$

所以

$$v=\frac{Q}{A}=\frac{4Q}{\pi D^2}=\frac{4\times0.0185}{3.14D^2}=\frac{0.02357}{D^2}$$

又知

$$Re=\frac{vD}{\nu}$$

$$i=\frac{h_\text{f}}{L}=\frac{\lambda v^2}{2gD}=\frac{1}{19.6}\frac{\lambda v^2}{D}$$

由于管径 D、流速 v 未知，故需假设 D，从而求出流速 v、确定流态及沿程阻力系数 λ，再验证水力坡降或水头损失，计算过程及结果见表 5-3。

表 5-3 计算过程及结果

D, m	v, m/s	Re	$\frac{\Delta}{D}$	流态	λ	λv^2	i
0.100	2.357	157133	0.0015	混合摩擦	0.0229	0.1272	0.0649
0.150	1.048	104755	0.0010	混合摩擦	0.0218	0.0239	0.0082
0.160	0.921	98240	0.0009375	混合摩擦	0.02175	0.01696	0.00588
0.166	0.855	91237	0.0009036	混合摩擦	0.02178	0.01592	0.00489（符合要求）

将计算结果列于表 5-3 中，因为设计要求水力坡降小于 5‰，因此 $D=166\text{mm}$ 的管道满足要求，具体可选择 $\phi180\text{mm}\times7\text{mm}$（管道外径 180mm，壁厚 7mm）的管子。若计算出的最经济管径不符合工程上管径的标准系列，可选直径大一些的管径，以保证有足够的流量通过，所以，计算出管径后，一定要选择国家标准的系列化管径进行校核。

第二节　复杂长管水力计算

由两条或两条以上的简单管路连接而成的管路称为复杂管路，根据连接形式的不同可分为串联管路、并联管路、分支管路及环状管路，其中串联管路、并联管路是计算复杂管网的基础。

一、串联、并联管路水力计算

1. 串联管路水力计算

由不同直径的简单长管依序连接而成的管路，称为**串联管路**，如输水干线、集油干线、库区的某些分支管的干线。输送过程中一部分液流通过支线分出，干线流量降低，而管径逐渐变小。这样，对干线来说，就是不同长度、不同直径串联的管路。

1) 串联管路水力特点

图 5-6 是由三种不同直径管段组成的串联管路，已知各段的流量 Q、管径 D、管长 L，图中阴影线表示水头损失状况。对于串联管路来说，根据管路中的流量是否发生变化，分为两种情况：一是在各连接点处液体无分流，全管路任一过流断面上的流量均相等；二是在各连接点处有部分液流经支线流出，这时各管段中流体的流量不同。然而，在这两种情况下，管中的液流具有以下共同的特点：

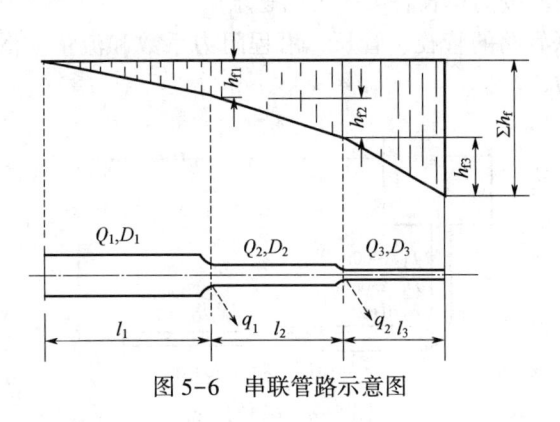

图 5-6　串联管路示意图

虚线箭头表示在该点接有支线分出一部分流量。干线上各段流量用 Q 表示，从干线分出的流量用 q 表示。若支线阀门关闭，则全干线上流量相同。

串联管路的水力特点如下：

（1）根据质量守恒定律，在管路的各连接点（也称节点）处，液体流入与流出的流量相等，若流入连接点的流量为"+"，流出连接点的流量为"-"，则

$$\sum Q_i = 0 \tag{5-12}$$

若沿程无分流，则各串联管段流量相等，记为

$$Q_1 = Q_2 = Q_3 = \cdots = Q_i = Q \tag{5-13}$$

（2）根据能量守恒与转换定律，液流在整个串联管路中的总水头损失等于各段管路的

水头损失之和，即

$$h_f = h_{f1} + h_{f2} + h_{f3} + \cdots + h_{fn} = \sum h_{fi} \tag{5-14}$$

2) 串联管路特性曲线

根据串联管路的水力特点可以绘制出无分流时的管路特性曲线。

对于串联管路 ABC，可以先绘制出两段简单管路 AB 和 BC 的管路特性曲线，然后再按同一流量下水头损失相加的方法绘制出串联管路 AC 的管路特性曲线，最后根据实际作用水头，即 h_{fAC}，在曲线 AC 上即可查得相应的流量 Q_{AC}，如图 5-7 所示。

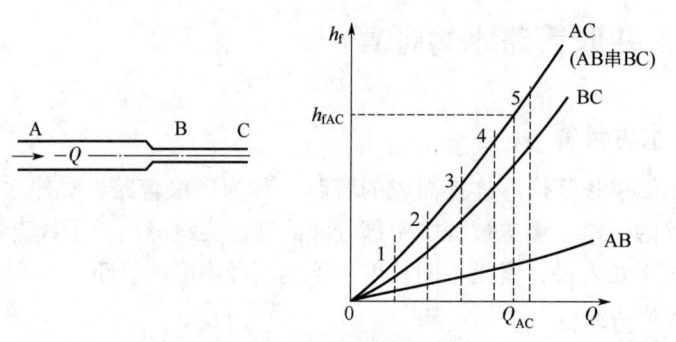

图 5-7 串联管路特性曲线

3) 串联管路水力计算方法

串联管路是由简单长管组成的，其水力计算方法与简单长管的水力计算方法基本相同，只是需要考虑到串联管路的水力特点。一般情况，串联管路是在给定流量条件下，根据合理流速选定管径，然后分段按简单长管第一类问题求解。

【例 5-5】 某串联管路的管径、管长、沿程阻力系数和流量如图 5-8 所示，试按长管计算所需的作用水头 H_0。

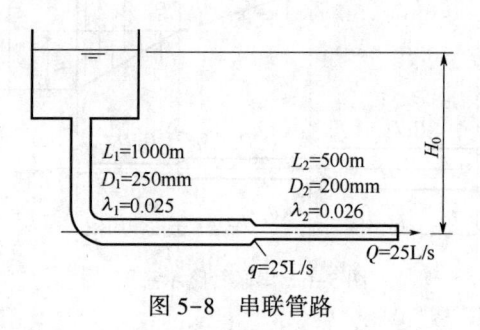

图 5-8 串联管路

解：如图 5-8 所示，此串联管路的节点处，有分流量 q，因此 $Q_1 = Q + q = 50 \text{L/s} = 0.05 \text{m}^3/\text{s}$，$Q_2 = 25 \text{L/s} = 0.025 \text{m}^3/\text{s}$。

根据串联管路的水力特点 $h_f = h_{f1} + h_{f2}$，有

$$h_f = 0.0826\lambda_1 \frac{Q_1^2 L_1}{D_1^5} + 0.0826\lambda_2 \frac{Q_2^2 L_2}{D_2^5}$$

$$= 0.0826 \times 0.025 \times \frac{0.05^2 \times 1000}{0.25^5} + 0.0826 \times 0.026 \times \frac{0.025^2 \times 500}{0.2^5}$$

$$= 7.38 \text{(m)}$$

因此长管的作用水头 $H_0 = h_f = 7.38(\text{m})$

2. 并联管路水力计算

自一点分支而又汇合于另一点处的两条或两条以上的管路称为并联管路，如给水管网系统经常是由若干闭合环路组成配水管网，其中每个环路都属于并联管路。装卸油鹤管虽由若干分支组成，但每个鹤管出口处的位置水头和压力水头都相同，也相当于汇合到一点，因此，装卸油鹤管也属于并联管路。

由三条长管组成的并联管路 AB，已知各段流量 Q、管径 D、管长 L，如图 5-9 所示。A、B 两节点处可以有分流，也可以无分流。

1) 并联管路水力特点

(1) 由分支点 A 流入各管的总流量或从汇合点 B 流出的总流量等于各并联管段内液体流量的总和，即

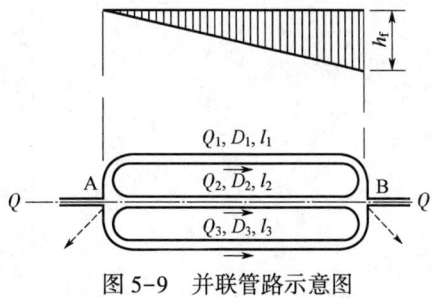

图 5-9 并联管路示意图

$$Q = Q_1 + Q_2 + Q_3 + \cdots + Q_n = \sum Q_i \tag{5-15}$$

(2) 不同并联管段中的水头损失均相等，即

$$h_{f1} = h_{f2} = h_{f3} = \cdots = h_{fi} \tag{5-16}$$

虽然各管段的长度和直径不尽相同，但并联管段会通过流量的自动调节使各段的能量达到平衡。若在 A、B 两点分别安装测压管，则可得到 A、B 两断面间的水头损失。由于在同一点上只能有一个确定的测压管液面高度，因此可以得出液流通过 A、B 间任何一条管路的水头损失都是相等的。

2) 并联管路特性曲线

并联管路的管路特性曲线也可以根据其水力特性来绘制。对如图 5-10 所示的并联管路，可以先绘制出两段简单管路 a 和 b 的管路特性曲线，然后再按同一水头损失下流量相加的方法绘制出并联管路 AB 的总管路特性曲线。根据实际作用水头即 h_{fAB}，在曲线 AC 上即可查得相应的流量 Q_{AB}，还可以根据 $h_{fAB} = h_{fa} = h_{fb}$ 和 $Q_{AB} = Q_a + Q_b$ 确定两支管中的流量，如图 5-10 中虚线所示。

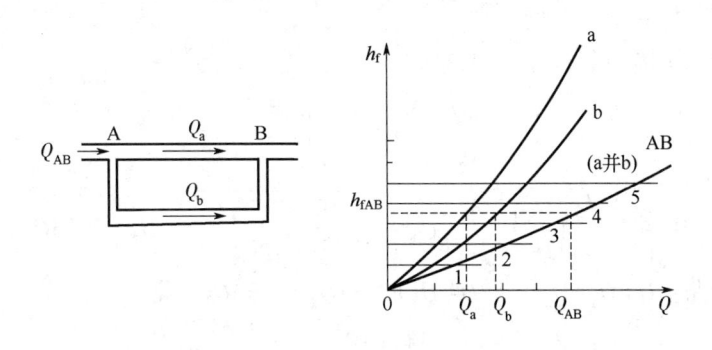

图 5-10 并联管路特性曲线

3) 并联管路水力计算方法

并联管路涉及各条并联管的流量分配问题。虽然并联管路的总流量一般是已知的，但各

并联管段的流量都是未知数,同时,水头损失也未知。如果有 n 条管线并联,就要有 $n+1$ 个未知数,需列出 $n+1$ 个方程求解。

以三条并联管为例,根据并联管路的水力特性,可列出以下 4 个等式,联立解方程组,即可分别求得三条并联管段的流量和并联管段的水头损失。

$$\begin{cases} h_{f1} = \beta_1 \dfrac{Q_1^{2-m_1} \nu^{m_1} L_1}{D_1^{5-m_1}} & \text{(a)} \\[2mm] h_{f2} = \beta_2 \dfrac{Q_2^{2-m_2} \nu^{m_2} L_2}{D_2^{5-m_2}} & \text{(b)} \\[2mm] h_{f3} = \beta_3 \dfrac{Q_3^{2-m_3} \nu^{m_3} L_3}{D_3^{5-m_3}} & \text{(c)} \\[2mm] Q = Q_1 + Q_2 + Q_3 & \text{(d)} \end{cases}$$

与简单长管的第二类问题一样,因流量是未知数,则流态无法判定,故需要用试算法。一般做法是先设定流态(一般设各管流态相同),确定 β 和 m 值。然后以某管线为准,求出某管线与其他管线的流量比,再代入流量方程(d)即可求出各管流量,然后再对各并联管进行流态校核。最后,利用式(a)、式(b)、式(c)中任一式即可求出 h_f 值。

【例 5-6】 某输油管路由两条并联管路组成,已知总输量为 182t/h,原油的相对密度为 0.895,运动黏度 $0.42 \times 10^{-4} \text{m}^2/\text{s}$,管径和管长分别为 $D_1 = 156\text{mm}$,$D_2 = 203\text{mm}$,$L_1 = 10\text{km}$,$L_2 = 8\text{km}$,绝对粗糙度均为 0.15mm,试确定流量 Q_1、Q_2 及其并联段水头损失 h_f。

分析:由于 Q_1 和 Q_2 都是未知数,故流动状态无法确定,因此采用试算法,首先假设液体的流动状态,待求出流动状态之后再进行校核。

解:(1)假设流动状态都为紊流水力光滑区,因流态相同,由式(5-7)得沿程水头损失:

$$h_{f1} = 0.0246 \dfrac{Q_1^{1.75} \nu^{0.25} L_1}{D_1^{4.75}}$$

$$h_{f2} = 0.0246 \dfrac{Q_2^{1.75} \nu^{0.25} L_2}{D_2^{4.75}}$$

根据并联管路的水力特点 $h_{f1} = h_{f2}$,整理得

$$\left(\dfrac{Q_2}{Q_1}\right)^{1.75} = \left(\dfrac{D_2}{D_1}\right)^{4.75} \dfrac{L_1}{L_2}$$

$$Q_2 = \sqrt[1.75]{\dfrac{L_1}{L_2}\left(\dfrac{D_2}{D_1}\right)^{4.75}} \cdot Q_1 = \sqrt[1.75]{\dfrac{10}{8} \times \left(\dfrac{203}{156}\right)^{4.75}} \cdot Q_1 = 2.33 Q_1$$

因为并联管路:$Q = Q_1 + Q_2$,即 $Q = Q_1 + 2.33 Q_1 = 3.33 Q_1$,则

$$Q_1 = \dfrac{Q}{3.33} = \dfrac{182 \times 10^3}{3.33 \times 0.895 \times 10^3 \times 3600} = 0.017 (\text{m}^3/\text{s})$$

$$Q_2 = 2.33 Q_1 = 2.33 \times 0.017 = 0.0396 (\text{m}^3/\text{s})$$

(2)校核流动状态。

对管路 1:

$$Re_1 = \frac{4Q_1}{\pi D_1 \nu} = \frac{4 \times 0.017}{3.14 \times 156 \times 10^{-3} \times 0.42 \times 10^{-4}} = 3300 > 2000$$

对管路2：

$$Re_2 = \frac{4Q_2}{\pi D_2 \nu} = \frac{4 \times 0.0396}{3.14 \times 203 \times 10^{-3} \times 0.42 \times 10^{-4}} = 5816 > 2000$$

紊流水力光滑区的上限雷诺数：

$$\frac{59.7}{\varepsilon_1^{\frac{8}{7}}} = \frac{59.7}{\left(\frac{2\Delta}{D_1}\right)^{\frac{8}{7}}} = \frac{59.7}{\left(\frac{2 \times 0.15}{156}\right)^{\frac{8}{7}}} = 7.60 \times 10^4 > Re_1$$

$$\frac{59.7}{\varepsilon_2^{\frac{8}{7}}} = \frac{59.7}{\left(\frac{2\Delta}{D_2}\right)^{\frac{8}{7}}} = \frac{59.7}{\left(\frac{2 \times 0.15}{203}\right)^{\frac{8}{7}}} = 1.02 \times 10^5 > Re_2$$

可见，两条并联管路中的油流均属于紊流水力光滑区，与假设相符。因此流量均可用。

（3）求沿程水头损失：

$$h_f = h_{f_1} = 0.0246 \frac{Q_1^{1.75} \nu^{0.25} L_1}{D_1^{4.75}}$$

$$= 0.0246 \times \frac{0.017^{1.75} \times (0.42 \times 10^{-4})^{0.25} \times 10^4}{0.156^{4.75}}$$

$$= 108 (\text{m 油柱})$$

二、串联、并联管路在长输管线上的应用

为了提高长输管线的输送能力或延长输送距离，可以在已建成的长输管线上并联一段副管或串联一段变径管，副管直径常与主管相同，变径管直径必须大于主管。无论是副管或变径管都是为了增大流通面积，减低流速，从而降低水头损失或减小水力坡降，达到用剩余能量来提高输量或延长输送距离的目的。另外，有时为了使液流能顺利地爬过翻越点（管线纵断面图上的高程突出点），也可在翻越点之前增设一段副管或变径管以减小水力坡降，避免在翻越点处形成负压而阻碍流动。

下面分析加变径管或副管后，水力坡降的变化情况。图5-11（a）表示增设变径管的管路，图5-11（b）表示增设副管的管路。设主管的水力坡降为i，变径管水力坡降为i_1，副管水力坡降为i_2。显然，$i>i_1$，$i>i_2$，说明增设副管或变径管，都可以减小水力坡降。

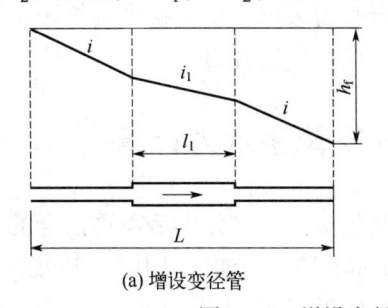

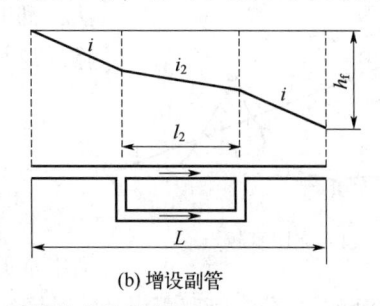

(a) 增设变径管　　　　　　　　(b) 增设副管

图5-11　增设变径管和副管的水头线变化

1. 提高输送量

图 5-12 表示站间的一段管路。原来用单管输送时，总水头线为图中实线 1，当管路中液体的流量增大时，其水头损失也随之增大，总水头线变为图中虚线 2。在这种情况下，若不增加起点的作用水头，则只能将液体输送至 C 点。若增设一段并联管路，由于其分流作用，并联管段的液体流量减小，水力坡降减小，并联管段的总水头线变为图 5-12 中的虚线 3。这样就可实现在不增加起点作用水头的情况下，仍然能将液体输送至 B 点。同理，采取串联变径管的方法，也可减小水力坡降，从而达到提高输送量的目的。

2. 延长输送距离

如图 5-13 所示的某输液管路，若采用等直径的单一管路，由其总水头线 1 可知，只能将液体输送至 B 点。但是，若从 D 点开始串联一段直径较大的管路，由于管径增大，流速减小，水力坡降减小，串联粗管段的总水头线变为图 5-13 中的虚线 2。由总水头线 2 可知，在同样的作用水头下，因液流的水力坡度减小，则可将液体输送到较远的 C 点。同理，采取增设并联副管的方法，也可以减小水力坡降，实现延长输送距离目的。

图 5-12 串联、并联管路提高输送量

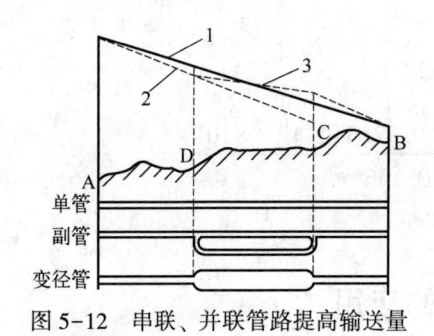

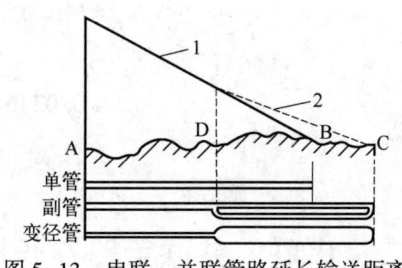

图 5-13 串联、并联管路延长输送距离

3. 克服翻越点

在地形复杂地区布置泵站时，常会遇到两站间存在地形高峰（翻越点）的情况。因为总水头线是根据管线两端的位差和站间水头损失计算的，若总水头线与地形高峰（翻越点）相交，如图 5-14 中实线 1 所示，这时需要把总水头线向上平移到与高峰相切的 P 点，如图中虚线 2 所示，液流才能顺利通过。这时需要将出站压头从 A 提高至 A′，才能使液流顺利越过翻越点。若所增加压头不太大，一般不必换泵来提高压头，而采取在翻越点前增设一段副管（或变径管）来降低水力坡度，增加剩余压头，如图中虚线 3 所示，从而实现克服翻越点的目的。

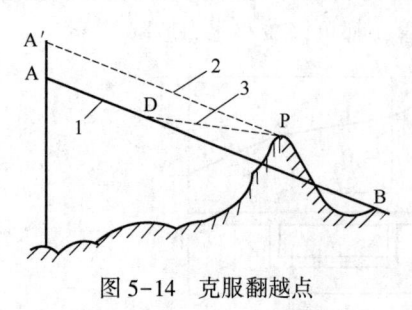

因此，在长输管线上采用变径管或增设副线的方法，都能降低水力坡度，从而达到延长输送距离、增大输送量和克服翻越点的目的。

图 5-14 克服翻越点

三、分支管路水力计算

分支管路是指自一点分支后不再汇合的管路，如生活中常见的供水管路、石油工业中用于连接各油、水井或油、水罐的管路等。分支管路可以从一处送往多处，也可以是多处汇集一处。分支管路的水力特点相当于串联管路的复杂情况,所以,它具有串联管路的两个水力特点:(1)各节点处,出、入流量平衡;(2)一条管线上的总水头损失为组成该管线的各段水头损失的总和。

分支管路的计算内容一般包括:(1)选择管径;(2)确定流量和水头损失,并根据管路系统所需的最大作用水头确定起点作用水头或泵压。

分支管路的水力计算常采用以下两种方法。

1. 方法一:适用于分支较少(干线数目 $n<3$)的管路

(1)将整个分支管路系统从起点到末端分成若干条串联管路(称为干线),有几个末端就有几条干线。

(2)分别对每一条干线进行水力计算,求出每条干线所需的作用水头或泵压。

(3)将其中最大的作用水头或泵压作为整个分支管路系统的作用水头或泵压。

图 5-15 为水塔供水分支管路,已知用户 C 和 D 所需的流量 Q_C 和 Q_D,各管段直径、长度,各点位置高度 z_A、z_B、z_C、z_D,各用户所需剩余压头[1] H_C 和 H_D,试确定起点 A 的水塔液位高度 H。

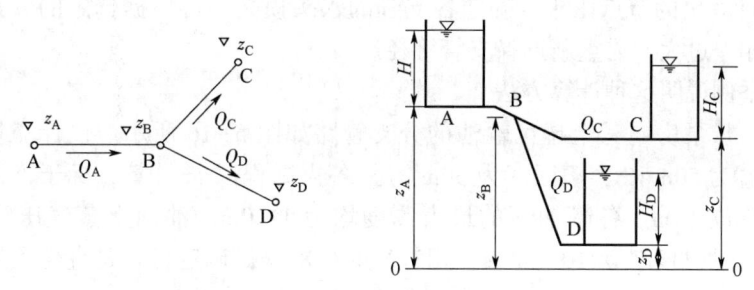

图 5-15 水塔供水分支管路

其解法为:

(1)由末端用户所需的流量计算管路中各管段的流量:$Q_A = Q_C + Q_D$。

(2)从起点 A 到末端用户 C 和 D 分成两条干线,即干线 ABC 和干线 ABD。

(3)每条干线都是一条串联管路,可分别列出伯努利方程。设干线 ABC 所需水塔 A 的液位高度为 H_1;干线 ABD 所需水塔 A 的液位高度为 H_2。以 0—0 为基准面。对干线 ABC 有

$$H_1 + Z_A = Z_C + H_C + h_{fAB} + h_{fBC}$$

即

$$H_1 = (Z_C - Z_A) + H_C + h_{fAB} + h_{fBC}$$

对干线 ABD 有

$$H_2 + z_A = z_D + H_D + h_{fAB} + h_{fBD}$$

---

[1] 图 5-15 中的 H_C 和 H_D 表示终点的压力水头。对于长输水管,它是用来保证自管路末端至用户内各用水处所有支管中的水头消耗,称为剩余压头,也称为自由压头。根据一般经验规定:
　一层平房住宅区:取 10m;
　二层楼房住宅区:取 12m;
　三层及三层以上楼房住宅区:每增加一层楼,剩余压头加 4m。
　对于工业用水,剩余压头根据实际需要决定。
　对长输油管,剩余压头是用来克服油料由管道进入储罐处的局部阻力和油罐内油料的静压力水头,据一般经验工程计算中取 10m。

即
$$H_2 = (z_D - z_A) + H_D + h_{fAB} + h_{fBD}$$

（4）根据水头损失计算公式求出 h_{fAB}、h_{fBC}、h_{fBD}，然后计算 H_1 和 H_2。H_1 和 H_2 中的最大值即为起点 A 的水塔液位高度 H。

此外，若末端 C 和 D 两点的测压管水头相等，即 $z_C + \dfrac{p_C}{\rho g} = z_D + \dfrac{p_D}{\rho g}$，也可以看成管段 BC 和管段 BD 并联，从而采用并联管路的方法来处理。

2. 方法二：适用于分支较多（干线数目 n>3）的管路

（1）根据管线布置选定主干线，一般选输送距离最远的一条干线为主干线。

（2）按各终点流量要求，根据节点处 $\sum Q_i = 0$，从末端向前推，确定各管段流量。

（3）根据流量及合理流速，选定各段管径。

（4）计算主干线各段水头损失，确定主干线上各节点处的压头，进而推算起点压头，以确定泵压或罐塔高度。

（5）根据计算出的节点压头，确定各支管的水头损失，再根据选定的管径校核水头损失。如对比后相差过大，需重新选择支管管径。

下面通过举例说明这种计算方法。

【例 5-7】 从泵房向三个罐区输油的分支管路如图 5-16 所示。设计流量：罐区①为 60m³/h，罐区②为 50m³/h，罐区③为 50m³/h。各点高程以 m 计算，标于 △ 内。各管段长度标于图中，单位为 m。各罐油面的最大高度均为 11.0m。油面上蒸气压为 0.25m 油柱（表压）。油品运动黏度 7.0×10^{-6} m²/s，相对密度 0.83。试确定各管路直径及泵出口压头。

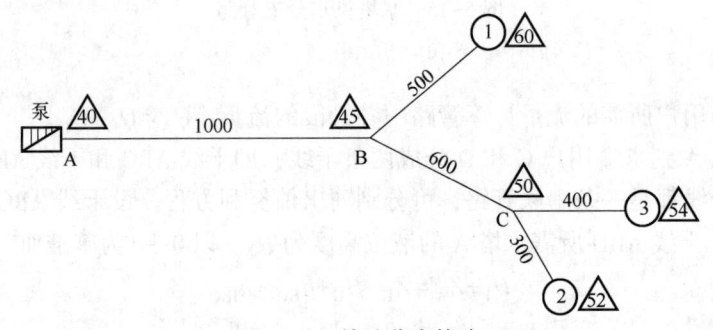

图 5-16 输油分支管路

解：（1）根据管线布置选起点至最远点 ABC③ 为主干线。

（2）按设计要求分配流量，见表 5-4。

表 5-4 流量分配

管段		AB	BC	B①	C②	C③
流量	m³/h	160	100	60	50	50
	m³/s	0.0445	0.0278	0.0167	0.0139	0.0139

（3）选管径。

因为 $v = \dfrac{Q}{A} = \dfrac{4Q}{\pi D^2}$，若取经济流速为 2m/s，则

$$D = \sqrt{\frac{4Q}{\pi v}} = \sqrt{0.637Q}$$

各段管径选择结果见表 5-5。

表 5-5　各段管径选择结果

管段	AB	BC	B①	C②	C③
计算管径 D, m	0.168	0.133	0.103	0.094	0.094
选用直径 D, mm	φ168×6 156	φ140×5 130	φ108×4 100	φ108×4 100	φ108×4 100

（4）计算干线的水头损失。

根据选用的管径，计算实际流速 $v = \frac{4Q}{\pi D^2}$，雷诺数 $Re = \frac{vD}{\nu}$，判别流动状态，计算各管段的水头损失 $h_f = \beta \frac{Q^{2-m} v^m L}{D^{5-m}}$，计算结果见表 5-6。

表 5-6　各管段水头损失计算结果

段别	v, m/s	Re	β	m	Q^{2-m}	ν^m	L, m	D^{5-m}	h_f, m
AB	2.33	51900			0.004310		1000	1.47×10^{-4}	37.1
BC	2.09	38800	0.0246	0.25	0.001895	0.0514	600	0.618×10^{-4}	23.2
C③	1.77	25300			0.000541		400	0.178×10^{-4}	16.0

（5）根据伯努利方程式，确定各点压头，计算结果见表 5-7。

表 5-7　各点压头计算结果

各点	z, m	$\left(z + \frac{p}{\rho g}\right)$, m	h_f, m	$\frac{p}{\rho g}$, m
③	54	54+11+0.25=65.25	16.0 23.2 37.1	11+0.25=11.25
C	50	65.25+16.0=81.25		81.25−50=31.25
B	45	81.25+23.2=104.45		104.45−45=59.45
A	40	104.45+37.1=141.55		141.55−40=101.55

通过计算求得泵出口处的压头 $\frac{p}{\rho g} = 101.55$ m 油柱，即

$$p = 101.55 \times 0.83 \times 10^3 \times 9.81 = 826.01 (\text{kPa})$$

（6）计算各支线管路的水头损失，校核管径。计算结果见表 5-8、表 5-9。

表 5-8　各支线管路的水头损失（1）

管段	Q, m^3/s	可选直径 D, m	实际流速 v, m/s	雷诺数 Re	β	m
B①	0.0167	0.100	2.13	30400，水力光滑区	0.0246	0.25
C②	0.0139	0.100	1.77	25300，水力光滑区	0.0246	0.25

表 5-9　各支线管路的水头损失（2）

管段	Q^{2-m}	ν^m	D^{5-m}	L, m	h_f, m	$h_f = \left(z_1 + \dfrac{p_1}{\rho g}\right) - \left(z_2 + \dfrac{p_2}{\rho g}\right)$
B①	7.75×10⁻⁴	0.0514	0.1778×10⁻⁴	500	27.60	104.45−(60+11+0.25)=33.2
C②	5.41×10⁻⁴	0.0514	0.1778×10⁻⁴	300	11.55	81.25−(52+11+0.25)=18.0

从以上计算结果看出：根据主干线确定的压头计算的支线水头损失，两条线都超过按所选管径计算出的水头损失，这说明支线的管径可以选再小一些，但若差值不太大，一般不再重选，因为管径变小，液体实际流速可能会超过合理流速的范围。

反之，若按所选管径计算出的水头损失过大，则不能满足设计流量，就需要加大管径或采用加变径管的办法，使水头损失降低以符合实际要求。然而，管径不统一，将给安装和维护带来许多不便，故多数情况仍以选大一些的同一管径为宜，只有在管线很长的情况下，从经济上考虑，才选择不同管径串联。

第三节　短管水力计算

一般室内管路、井场上的管路及自流发油管线，如局部管件较多，沿程直径也有所变化，就属于短管。短管系统通常可以直接由能量方程求解，但短管不能忽略局部水头损失和速度水头，计算起来比较麻烦。为使计算简化，常采用短管的实用计算公式或绘制管路特性曲线来解决。

一、短管的综合阻力系数

如图 5-17 所示，计算管段由两种不同直径的直管和各种管件组成。

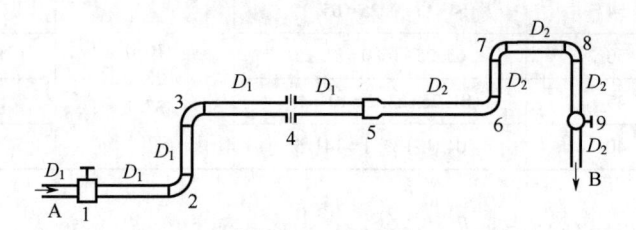

图 5-17　短管管路
1—大阀门；2，3—大弯头；4—孔板流量计；5—大小头；6，7，8—小弯头；
9—小阀门；D_1—粗管内径；D_2—细管内径

对图中 A 到 B 段列能量方程：

$$z_1 + \frac{p_1}{\rho g} + \frac{v_1^2}{2g} = z_2 + \frac{p_2}{\rho g} + \frac{v_2^2}{2g} + h_L \tag{5-17}$$

作用水头 H_0 为

$$H_0 = \left(z_1 + \frac{p_1}{\rho g} + \frac{v_1^2}{2g}\right) - \left(z_2 + \frac{p_2}{\rho g}\right) \tag{5-18}$$

可见
$$H_0 = \frac{v_2^2}{2g} + h_L \tag{5-19}$$

式中，h_L 是全管段的总水头损失，应为所有沿程水头损失和所有局部水头损失的总和。显然，对于短管，其作用水头不仅要用于克服总水头损失，还要为终端用户提供动能。

图 5-17 中短管管路总水头损失为

$$h_L = \sum h_f + \sum h_j$$
$$= \lambda_1 \frac{L_1}{D_1} \frac{v_1^2}{2g} + \lambda_2 \frac{L_2}{D_2} \frac{v_2^2}{2g} + (\xi_1 + \xi_2 + \xi_3) \frac{v_1^2}{2g} + \xi_4 \frac{v_{孔}^2}{2g} + (\xi_5 + \xi_6 + \xi_7 + \xi_8 + \xi_9) \frac{v_2^2}{2g} \tag{5-20}$$

式中 v_1 ——粗管内流速，m/s；
  v_2 ——细管内流速，m/s；
  $\xi_1, \xi_2, \cdots, \xi_9$ ——各管件局部阻力系数；
  $v_{孔}$ ——孔板处流速，m/s；
  λ_1, λ_2 ——两管段的沿程阻力系数；
  L_1, L_2 ——直径 D_1 和 D_2 的管段长度，m。

由连续性方程 $v_1 A_1 = v_2 A_2$，可得

$$v_1^2 = \left(\frac{D_2}{D_1}\right)^4 v_2^2, \quad v_{孔}^2 = \left(\frac{D_2}{D_{孔}}\right)^4 v_2^2$$

式中 $D_{孔}$——孔板的孔径，mm。

将上式代入式（5-20），整理可得

$$h_L = \left[\left(\lambda_1 \frac{L_1}{D_1} + \xi_1 + \xi_2 + \xi_3\right)\left(\frac{D_2}{D_1}\right)^4 + \xi_4 \left(\frac{D_2}{D_{孔}}\right)^4 + \left(\lambda_2 \frac{L_2}{D_2} + \xi_5 + \xi_6 + \xi_7 + \xi_8 + \xi_9\right)\right] \frac{v_2^2}{2g} \tag{5-21}$$

令方括号内所有系数的总和为 $\xi_{管系}$，称为短管综合阻力系数。则式（5-21）可写成

$$h_L = \xi_{管系} \frac{v^2}{2g} \tag{5-22}$$

式中，$v = v_2$，表示出口流速。

二、短管的实用计算公式

由上面推导过程可知，当各管段的直径不同时，$\xi_{管系}$ 并不是 $\lambda \frac{L}{D}$ 和各局部装置的局部阻力系数 ξ 之和，而需要考虑管径变化，相对于管路出口断面速度水头 $\frac{v_2^2}{2g}$ 进行换算。

将式（5-22）代入式（5-19）得

$$H_0 = (1 + \xi_{管系}) \frac{v_2^2}{2g} \tag{5-23}$$

在实用计算中，一般直接用流量 Q 代替流速 v，可写成

$$H_0 = (1 + \xi_{管系}) \frac{Q^2}{2gA^2} = \alpha Q^2 \tag{5-24}$$

其中
$$\alpha = \frac{1 + \xi_{管系}}{2gA^2}$$

式(5-24)还可写成

$$Q = \frac{1}{\sqrt{1+\xi_{管系}}} A\sqrt{2gH_0} = \mu A\sqrt{2gH_0} \tag{5-25}$$

式中，$\mu = \dfrac{1}{\sqrt{1+\xi_{管系}}}$，称为流量系数。

式(5-24)和式(5-25)称为短管的实用计算公式，用它可以解决短管水力计算的三类问题：

第一类问题，因流量已知，故很容易求出流速，进而可确定流态，求出综合阻力系数，然后就可直接由式(5-24)求出 H_0，从而确定起点压头。

第二类问题，在作用水头已知的情况下，用式(5-25)计算流量 Q。或用式(5-24)作出管路特性曲线，由曲线来确定在给定 H_0 的情况下的流量 Q。但要注意 α 是随 $\xi_{管系}$ 及流态而变化的，一般取 5~8 个点绘制管路特性曲线。

第三类问题，在作用水头 H_0、流量 Q、管长 L、综合阻力系数已知的情况下，确定最经济管径。

三、短管的管路特性曲线

若以流量 Q 为横坐标，以作用水头 H_0 为纵坐标，则根据式(5-24)可以绘制出短管的管路特性曲线。在实际工程中，当选泵、设计短管或确定自流泄油工况时，经常用到该曲线。

下面以泄油管路为例，说明管路特性曲线的用法。油品自油罐经泄油管路流出，其流量大小可由阀门控制，如图 5-18 所示。

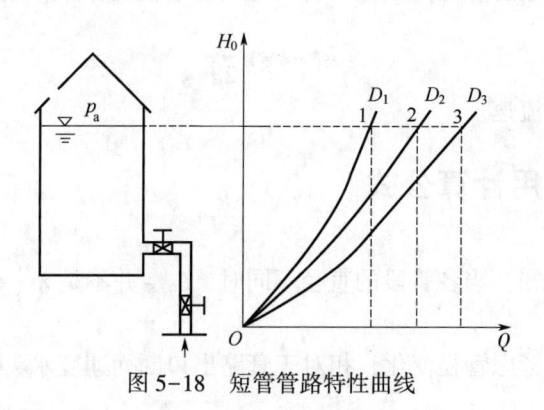

图 5-18　短管管路特性曲线

首先计算出不同直径的管路在不同液面高度下的流量，然后将计算结果绘制成管路特性曲线。绘制曲线时，将坐标原点放在管路出口的水平面上。图 5-18 中有几种不同管径的管路特性曲线，以供设计时选用。从油罐某液面引出水平线与管路特性曲线交于不同的点 1，2，3，…，再向下作垂线，即可得出该液面下相应的流量。同理也可求得任意作用水头下的流量。

当流量较小时，液体以层流状态运动，H_0 与 Q 呈直线关系变化。当流量较大时，流动状态变为紊流，H_0 与 Q 呈曲线关系变化。因此，管路特性曲线与流态或流量有关。

对于分支管路，可以先分段绘出各管路的特性曲线，然后根据串联管路和并联管路的水力特点，将曲线叠加，从而得出综合管路特性曲线。

【例 5-8】 两水箱用两段不同直径的水管相连接，如图 5-19 所示。管长均为 10m，粗管直径 200mm，沿程阻力系数 $\lambda_1 = 0.019$；细管直径 100mm，沿程阻力系数 $\lambda_2 = 0.018$。$\xi_1 = 0.5$，$\xi_2 = \xi_5 = 0.6$，$\xi_3 = 0.1$，$\xi_4 = 0.12$，$\xi_6 = 1.0$，两水箱液面高差 1.24m，求管路中的流量。

解：因水箱较大，液面速度 $v_1 = v_2 = 0$，上、下游液面均与大气相通，故 $H_0 = H$，根据式（5-26）可得 $Q = \mu A \sqrt{2gH}$，其中 $\mu = \dfrac{1}{\sqrt{1+\xi_{管系}}}$。

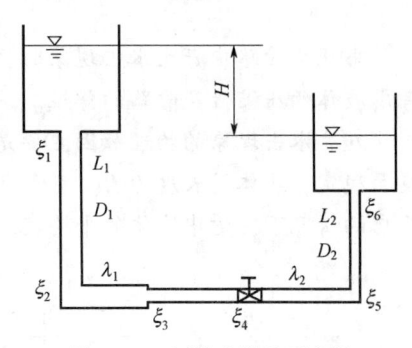

图 5-19　短管连接的两水箱

先求出短管的综合阻力系数：

$$\xi_{管系} = \left(\lambda_1 \frac{L_1}{D_1} + \xi_1 + \xi_2\right)\left(\frac{D_2}{D_1}\right)^4 + \left(\lambda_2 \frac{L_2}{D_2} + \xi_3 + \xi_4 + \xi_5 + \xi_6\right)$$

$$= \left(0.019 \times \frac{10}{0.2} + 0.5 + 0.6\right) \times \left(\frac{0.1}{0.2}\right)^4 + 0.018 \times \frac{10}{0.1} + 0.1 + 0.12 + 0.6 + 1.0$$

$$= 3.748$$

计算短管流量系数：

$$\mu = \frac{1}{\sqrt{1+\xi_{管系}}} = \frac{1}{\sqrt{1+3.748}} = 0.459$$

将其代入 $Q = \mu A \sqrt{2gH}$，则管路中的流量为

$$Q = \mu A \sqrt{2gH} = 0.459 \times \frac{3.14 \times 0.1^2}{4} \times \sqrt{2 \times 9.8 \times 1.24} = 0.018 \, (\text{m}^3/\text{s})$$

当然，此题也可利用能量方程和连续方程求解。

知识扩展

压力管路中的水击及预防

当由于某种原因引起管路中流速突然变化时（如迅速开关阀门、突然停泵等），管内压力相应地发生突然变化，这种现象称为管路中的水击现象。突然变化的压力称为水击压力。当急剧升降的压力波通过管路时，产生一种声音，犹如用锤子敲击管路时发出的噪声，故水击也称水锤（视频 5-1）。

视频 5-1
水击

水击的产生将影响管路的正常工作及设备的安全。水击压力数值很大，有时甚至会引起管子的爆裂，必须给予足够的重视。

下面着重分析简单管路中水击产生的基本规律，重点讨论当阀门突然关闭时水击的产生原因、分类，水击压力的计算，以及水击的预防和利用。

一、水击现象产生的原因

当压力管路中产生水击现象时,管中的液流属于不稳定流。研究压力波的传播规律必须考虑液体的压缩性及管路的弹性。

发生水击现象的物理原因主要是由于液体具有惯性和压缩性。如图 5-20 所示,容器内液面稳定,液体沿长度为 L、直径为 D 的管路流入大气中,管路出口装有阀门。当阀门正常开启的情况下,管中液体的平均流速为 v_0,出口阀门前压力为 p_0。

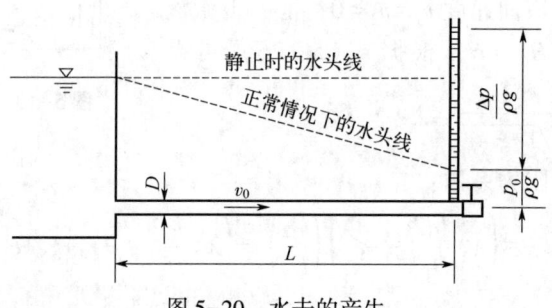

图 5-20 水击的产生

当阀门突然关闭,邻近阀门的一层液体首先停止流动,其速度由 v_0 突然变为 0。惯性冲击作用使这部分液体突然增加 Δp(水击压力)。在 Δp 的作用下,液体被压缩,密度增加,同时,此处的管壁也因受力而膨胀产生变形;紧接着与其相邻的第二层液体又停下来,出现同样的情况,随后第三层、第四层……液体依次停下来。由于液体依序停止,压力增加而形成的高低压分界面,它以速度 C 从阀门处向液罐方向传播。速度 C 称为水击波的传播速度,此传播速度接近液体中的声速,如图 5-21(a) 所示。

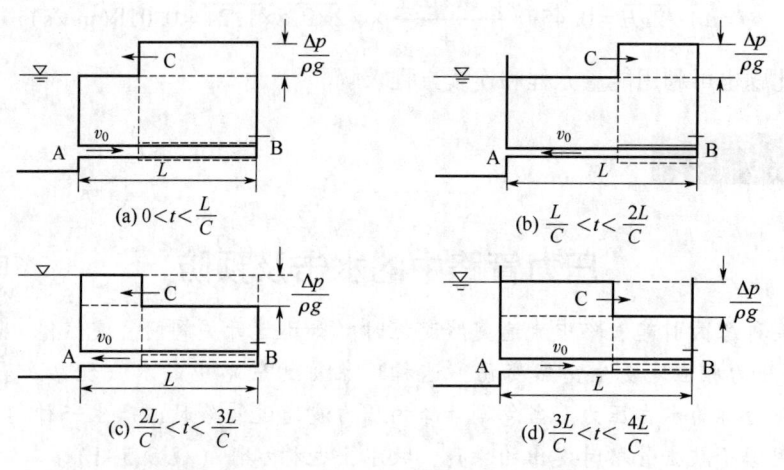

图 5-21 理想情况水击波传播过程

当阀门关闭后,$t = \dfrac{L}{C}$ 时刻,压力波传至管路入口处。这时,全管内液体都处于静止被压缩状态,管壁则处于膨胀变形状态。而此刻管内压力高于液罐内的压力,管入口邻近液罐的一层液体将首先以速度 v_0 向液罐方向倒流,于是该部分液体压力恢复正常,管壁也恢复原状。随后，一层层液体也相继发生同样的情况。管中液体高低压区分界面又将以速度C向阀门方向移动，如图 5-21(b) 所示。

当阀门关闭后，$t=\dfrac{2L}{C}$时，全管内压力都已恢复正常。但是，就在此瞬间，紧邻阀门的一层液体，由于惯性作用，仍以速度v_0向液罐方向继续流动，而此刻后面不再有液体补充，于是阀门处液体压力降低Δp，液体产生膨胀，密度减小，该处压力降低，管壁收缩，液体被迫停止流动。同样，第二层、第三层依次出现相同情况，其压力相继降低Δp。这样就形成一个减压波面以速度C向液罐方向传播，如图 5-21(c) 所示。

当阀门关闭后，$t=\dfrac{3L}{C}$时，减压波传到管子进口处，全管内液体处于低压的静止状态，管壁收缩。在管路进口处，管内压力低于液罐内压力，又失掉平衡，在压差作用下，液体又以速度v_0冲向管路中，使紧邻管入口的一层液体压力恢复到正常压力，管壁也恢复原状。管中液体逐层产生这种情况，水击压力波面又以速度C自管路进口向阀门处传播，如图 5-21(d) 所示。直到$t=\dfrac{4L}{C}$时刻，压力波传到阀门处。此时，整个管路中液体以v_0由液罐向阀门流动，其状态与阀门关闭前（即$t=0$时）的状态相同。

此后，将继续重复上述循环过程。每经过$t=\dfrac{4L}{C}$时间，便重复一次。

在理想情况下，水击压力随时间的变化关系如图 5-22 所示。

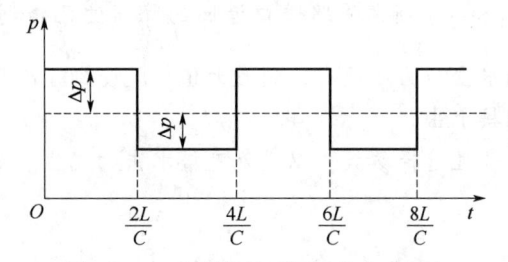

图 5-22　理想情况下阀门处水击压力

实际上，在水击压力波传播过程中，由于液流的阻力及液体和管壁的变形会消耗能量，因此水击压力Δp的大小随时间的延续将逐渐衰减，以致完全消失，如图 5-23 所示。

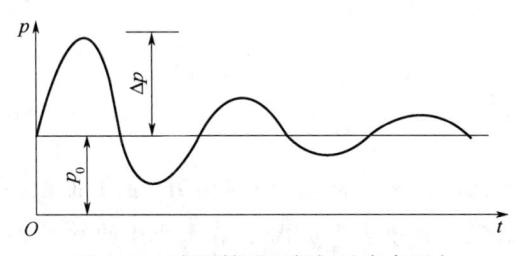

图 5-23　实际情况下阀门处水击压力

必须指出，所有上述分析都是假定减压波不会使管道中任何一点压力降至液体汽化压力之下。如果压力降低到液体的汽化压力，将因液体汽化而使液柱失去连续性，当两段液柱弥合的时候，可能会有更高的压力出现。

二、水击的分类

1. 直接水击和间接水击

压力管路中的液体流速突然变化是产生水击的根本原因。实际上,瞬间完全关闭管路的阀门一般是不可能的。这就是说,关闭阀门需要一定的时间。若把整个关闭过程看成是一系列微小瞬时关闭过程的叠加,每一微小瞬时关闭都会产生一个相应的水击压力波,不同时刻产生的每个水击压力波都按上述四个阶段进行循环。管道中任意断面在任意时刻的水击压力波是一系列水击波在各自不同发展阶段的叠加结果。

从阀门关闭产生增压波到上游反射回来的降压波又回到阀门处为止,所需的时间恰好为 $\frac{2L}{C}$,此时间称为水击的相或相长,用 T 表示:

$$T = \frac{2L}{C} \tag{5-26}$$

若关闭阀门的时间 $T_M < \frac{2L}{C}$,则由管路进口返回的降压波尚未到达阀门处而阀门已经完全关闭。在这种情况下,阀门处的水击压力不会受到降压波的影响,从而可能会产生最大的水击压力,称为直接水击。

若关闭阀门的时间 $T_M > \frac{2L}{C}$,则由管路进口返回的降压波已传到阀门处而阀门仍未完全关闭,也就是说阀门处的水击压力还没有达到最大值,就受到了降压波的影响,使得水击压力降低。这种水击称为间接水击。

工程设计中,应尽量合理选择参数,以避免直接水击的发生。如在可能的条件下,尽量延缓阀门调节时间。

2. 正水击和负水击

管路上的阀门突然关闭或由于其他原因造成管路中的液体的流速突然减小、压力突然增大的水击称为正水击。

管路上的阀门突然开启或由于其他原因造成管路中的液体的流速突然增大、压力突然减小的水击称为负水击。

三、水击压力计算

图 5-24 表示阀门附近的一段水平管路。直径为 D,断面面积为 A,液体密度为 ρ。当阀门突然关闭时,停下来 ΔS 段液体质量为 $\rho A \Delta S$,在无限小的时间 Δt 内,近阀门处液层的流速由 v_0 变为 0。根据动量定理可以写成

$$p_0 A - (p_0 + \Delta p) A = \rho A \frac{\Delta S}{\Delta t}(0 - v_0)$$

由于 $\frac{\Delta S}{\Delta t} = C$ 为压力传播速度,则

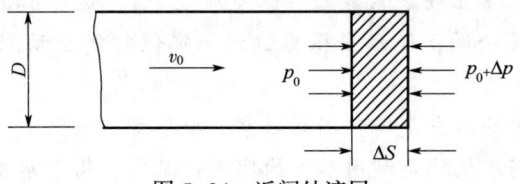

图 5-24 近阀处液层

$$\Delta p = \rho C v_0 \tag{5-27}$$

式(5-27)就是直接水击压力的计算公式。

由此可知,要计算水击压力,就需要确定水击压力波传播速度 C 的大小。设 E_0 为管材的弹性系数,E 为液体的弹性系数,e 为管壁厚度。根据材料力学理论,水击波的传播速度为

$$C = \frac{\sqrt{\dfrac{E}{\rho}}}{\sqrt{1 + \dfrac{DE}{eE_0}}} \tag{5-28}$$

令 $\sqrt{\dfrac{E}{\rho}} = C_0$,$C_0$ 示液体内的声速,则

$$C = \frac{C_0}{\sqrt{1 + \dfrac{DE}{eE_0}}} \tag{5-29}$$

当关阀的时间 $T_M > T = \dfrac{2L}{C}$ 时,间接水击压力的计算公式可应用下面的经验公式:

$$\Delta p = \rho C v_0 \frac{T}{T_M} \tag{5-30}$$

常用液体及管材的弹性系数值见表 5-10。

表 5-10 液体及管材的弹性系数

液体弹性系数 E,Pa		钢材弹性系数 E_0,Pa	
水	2.06×10^9	钢管	2.06×10^{11}
石油	1.32×10^9	铸铁管	9.80×10^{10}

四、水击的预防和利用

为了减小水击的不利影响,根据水击产生的原因,一般可采用以下措施:

(1) 高压输液管道应尽量缓开、缓关阀门,避免 $T_M < T = \dfrac{2L}{C}$,避免直接水击。

(2) 在设计管路时,尽可能缩短管路的长度,使 $T = \dfrac{2L}{C}$ 减小,由式(5-31) 可知,T 越小,Δp 也越小。

（3）在管路的适当位置上安装蓄能器（如空气室等），缓冲水击压力的作用。

（4）在管路上安装安全阀，使水击压力达到一定值时能自动泄压，从而保护管路不受损坏。

一般情况下，管路中的水击是一种不利因素，应尽可能预防。但在一定条件下，也可以化弊为利。例如，水击扬水机就是利用水击原理进行工作，借助水击的压能将水由较低的地方压到较高的地方，而不需要消耗动力。

【例5-9】 用 $\phi 108\times 4$ 的钢管输水时，水击压力传播速度为多少？若管内流速 $v_0 = 1\text{m/s}$，可能产生的最大水击压力为多少？若输水管总长2km，试确定避免直接水击的关阀时间。

解： 先计算水击传播速度。由表5-10可知：

$$E = 2.06\times 10^9 \text{Pa}$$
$$E_0 = 2.06\times 10^{11} \text{Pa}$$

又由题意可知管径 $D = 100\text{mm}$，壁厚 $e = 4\text{mm}$，则

$$C_0 = \sqrt{\frac{E}{\rho}} = \sqrt{\frac{2.06\times 10^9}{1000}} = 1435(\text{m/s})$$

水击波传播速度为

$$C = \frac{C_0}{\sqrt{1+\dfrac{DE}{eE_0}}} = \frac{1435}{\sqrt{1+\dfrac{100}{4}\times\dfrac{2.06\times 10^9}{2.06\times 10^{11}}}} = 1280(\text{m/s})$$

当流速 $v_0 = 1\text{m/s}$，则最大水击压力为

$$\Delta p = \rho C v_0 = 1000\times 1280\times 1 = 1.28\times 10^6 (\text{Pa}) = 13.05(\text{atm})$$

管长 $L = 2\text{km}$，则

$$T = \frac{2L}{C} = \frac{2\times 2000}{1280} = 3.125(\text{s})$$

故为避免产生直接水击，关阀时间必须大于3.125s。

由此可见，水击压力是一个相当可观的数值，这样大的水击压力很容易引起管路的爆裂。

思考题

5-1 长管和短管如何划分？为什么要引入这两个概念？

5-2 何谓管路特性曲线？有何用途？

5-3 长管的水力计算通常有哪几类问题？计算方法和步骤各如何？

5-4 选择管径应该注意哪些问题？为什么在新设计管路时，管径选得过小或过大都不经济？

5-5 串联管路和并联管路各有何特点？在输油管上有哪些用途？

5-6 并联管路如图所示，在支管2上装有阀门T，已知阀门全开时的总流量为 Q_v，两支管的流量分别为 Q_{v1} 和 Q_{v2}。当阀门的开启度减小，而其他条件不变时，试分析：总流量和两支管中的流量是否变化？变大还是变小？为什么？

思考题 5-6 图

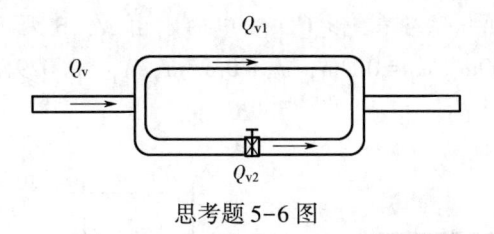

5-7 如何确定分支管路起点处的作用水头？

5-8 何谓作用水头？长管和短管的作用水头有何不同？

5-9 管路中的水击现象产生的原因是什么？直接水击和间接水击有什么区别？

习题

5-1 直径 257mm 的长输管线，总长 50km，起点高程 45m，终点高程 84m，输送相对密度 $d=0.88$ 的原油，运动黏度 $\nu=0.276\times10^{-4}\mathrm{m^2/s}$，设计输量为 $Q=200\mathrm{t/h}$，求水力坡降和总压降。（按长管计算，已知普通输油钢管的粗糙度 $\Delta=0.15\mathrm{mm}$。）

5-2 相对密度为 0.8 的石油以流量 50L/s 沿直径为 150mm 的管线流动，石油的运动黏度为 10cSt，试求每千米管线上的压降（设地形平坦，不计高程差）。若管线全程长 10km，终点比起点高 20m，终点压强为 1at（表压），则起点压头应为多少？

5-3 在直径 257mm 管线中输送相对密度 0.8 的煤油，其运动黏度为 1.2cSt，管长 50km，地形平缓，不计高差，设计水力坡降为 5‰，终点压强 1.5at，管线绝对粗糙度为 0.15mm。试确定起点泵压及排量（t/d）。

5-4 长输管线，设计水力坡降 9.5‰，输送相对密 0.9、运动黏度 1.125St 的油品，设计输送量为 40t/h。应用多大管径？

5-5 设在 1000m 长的水平管路中，以 0.022m³/s 的流量输送相对密度为 0.912、运动黏度 $\nu=2.1\times10^{-4}\mathrm{m^2/s}$ 的重质柴油，若水头损失为 22.0m，试求需要多大直径的管路。

5-6 某串联管路如习题 5-6 图所示，$D_1=150\mathrm{mm}$，$D_2=125\mathrm{mm}$，出口 $D_3=100\mathrm{mm}$，$L_1=25\mathrm{m}$，$L_2=10\mathrm{m}$；沿程阻力系数 $\lambda_1=0.030$，$\lambda_2=0.032$；局部阻力系数 $\xi_1=0.10$，$\xi_2=0.15$，$\xi_3=0.10$，$\xi_4=2.0$。试求：（1）当流量 $Q=25\mathrm{L/s}$ 时，所需的作用水头 H 为多少；（2）若作用水头 H 不变，但不计水头损失，则流量将变为多少。

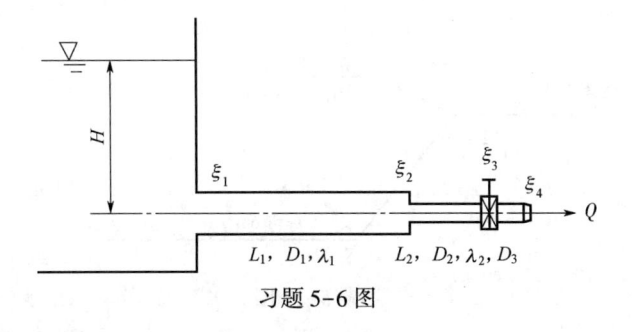

习题 5-6 图

5-7 习题 5-7 图为一输水管路，总流量为 100L/s，各段管径、长度及沿程阻力系数分别标于图中。试确定流量 Q_1、Q_2 及 AB 间的水头损失为多少。

5-8 习题 5-8 图为一管路系统，CD 管中的水由 A、B 两水池联合供应。已知 $L_1 = 500\text{m}$，$L_0 = 500\text{m}$，$L_2 = 300\text{m}$，$d_1 = 0.2\text{m}$，$d_0 = 0.25\text{m}$，$\lambda_1 = 0.029$，$\lambda_2 = 0.026$，$\lambda_0 = 0.025$，$Q_0 = 100\text{L/s}$，求 Q_1、Q_2 及 d_2。

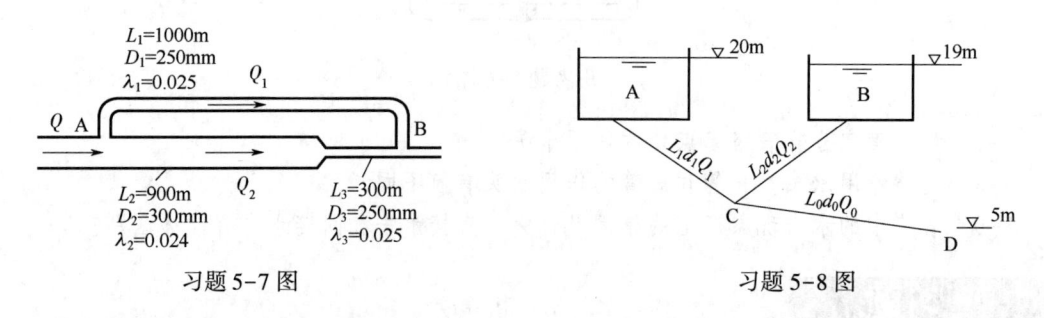

习题 5-7 图

习题 5-8 图

5-9 用直径 257mm 的管子输送相对密度 0.86、黏度为 6cSt 的原油，管线全长 50km，起点高于终点 30m，起点压强 50at，终点压强 2at。求输送量及水力坡降。若将其中 10km 管线换成直径 305mm 的管子，则输量能提高多少？

5-10 水平输液系统如习题 5-10 图所示，输送相对密度为 0.9、运动黏度为 $5 \times 10^{-5}\text{m}^2/\text{s}$ 的液体，输送量为 60L/s。从泵到分支管路的长度 $L_1 = 1000\text{m}$，管径 $D_1 = 203\text{mm}$。支管直径 $D_2 = D_3 = 156\text{mm}$，其长度为 $L_2 = L_3 = 4\text{km}$。在大气压力为 1at 时，泵前真空表的压头为 8.33m。泵的扬程为多少？若泵的效率为 0.6，那么泵的轴功率为多少？

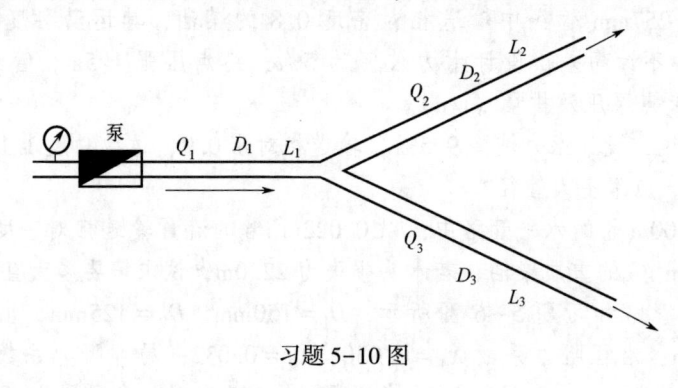

习题 5-10 图

5-11 水塔供水分支管路如习题 5-11 图所示，管线各节点的高度，用户流量及各管段水头损失均在图中标出。设用户要求剩余水头为 12m，试计算各管段通过的流量和水塔液面高度。

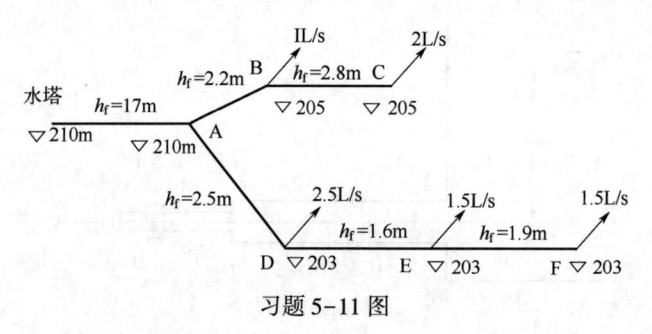

习题 5-11 图

5-12 如习题 5-12 图所示，由水塔供水的输水管路，具有沿途每米连续泄流量 0.10L/s 的 AB 段。水管末端通过流量为 10L/s。各段长度及直径如下：$l_1 = 300\text{m}$，$l_2 = 200\text{m}$，

$l_3=100\text{m}$，$D_1=200\text{mm}$，$D_2=150\text{mm}$，$D_3=100\text{mm}$，试求水塔的水头 H。（取 $\lambda=0.03$）

5-13 如习题 5-13 图所示，两台 50m^3 的槽车，同时用一台泵卸油。油品的相对密度 0.75，运动黏度 0.01St，管子绝对粗糙度 $\Delta=0.15\text{mm}$，输油管长 $l_1=18\text{m}$，$l_2=100\text{m}$，管径 $D_1=100\text{mm}$，$D_2=156\text{mm}$。每条支线上有弯头 4 个（$R=3D$），闸阀 1 个。支管与干管由三通连接。干管上有闸阀 1 个，轻油过滤器 1 个。设必须在 1h 内将油卸完，求吸油管线的水头损失。

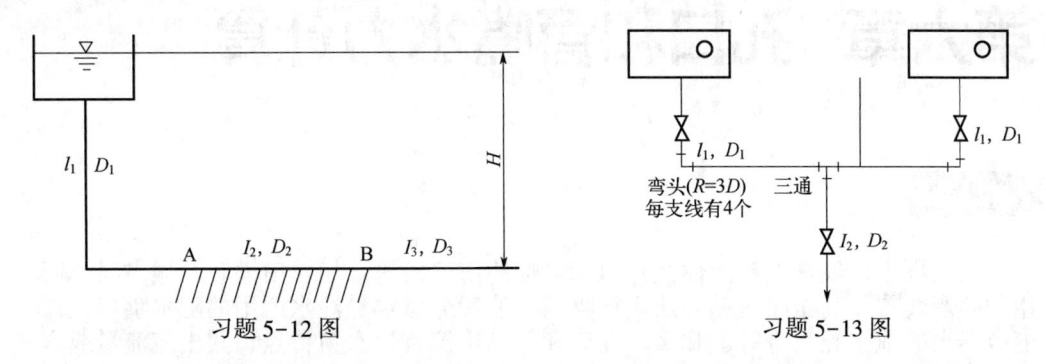

习题 5-12 图　　　　习题 5-13 图

5-14 汽油罐泄油管路如习题 5-14 图所示。$D=75\text{mm}$，$L=8.3\text{m}$，$\lambda=0.03$，$\xi_1=\xi_2=0.5$，$\xi_3=3.0$，$\xi_4=1.0$。当 $H=1.3\text{m}$ 时，$p_1=1.47\times10^5\text{Pa}$（表压），$p_2=9.81\times10^3\text{Pa}$（表压）。试计算此时的流量 Q（汽油的相对密度为 0.75）。

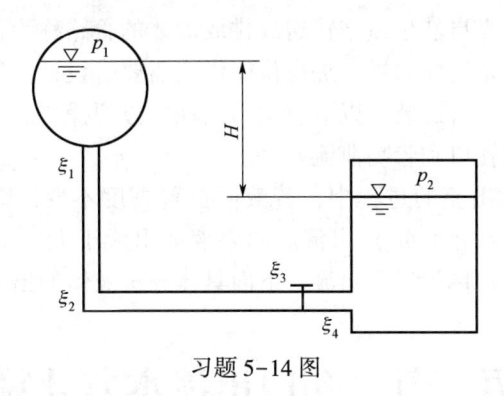

习题 5-14 图

5-15※ 相对密度为 0.856 的原油，沿内径 305mm、壁厚 10mm 的钢管输送。输量 300t/h，钢管弹性系数 $2.06\times10^{11}\text{Pa}$，原油弹性系数 $1.32\times10^9\text{Pa}$。试计算原油中的音速和最大水击压力。

5-16※ 上题中在其他条件不变的情况下（即管材、流量相同），输油管和输水管哪一种水击压力更大？相差多少？

5-17※ 输油干线直径 $D=500\text{mm}$，钢管壁厚 $e=12\text{mm}$，长 $L=1500\text{m}$，油品相对密度 $d=0.9$，流量 $Q=850\text{m}^3/\text{h}$。试分别计算关闭阀门时间为 $t_1=2\text{s}$、$t_2=4\text{s}$ 两种情况下管道的水击压力（已知 $E=1.32\times10^9\text{Pa}$，$E_0=2.058\times10^{11}\text{Pa}$）。

第六章　孔口和管嘴水力计算

> **引言**
>
> 在工程中，经常遇到液体经孔口和管嘴的出流问题，如农田灌溉、城市绿化所用的喷灌装置，高压喷射钻井所用的喷嘴，油田分层定量注水所用的配水嘴以及储液容器上的泄水孔，等等。那么，孔口和管嘴出流有何水力特点，其出流流量或容器排空时间如何计算，这就是本章所要解决的问题。

不加外来能量，完全靠自然位差来输送或排放液体的管路称为自流管路。油库、泵站生活用水和洗涤作业用水，常建储水塔，提高位能供应需要。设计油库时，也可利用地形或架设高架罐达到自流发油、自流罐装，以节省动力消耗，方便操作。为了较全面地理解自流泄油原理，可以从最简单的孔口和管嘴泄流入手。

在液体经孔口、管嘴出流的过程中，若液面位置高度不变，则称为定水头（或稳定）出流，否则称为变水头（或不稳定）出流。如果液体出流于大气中，称为自由出流；如果出流于充满液体的空间，则称为淹没出流。下面具体分析液体的出流情况。

第一节　孔口出流水力计算

液体自容器侧壁或底部的孔洞流出，称为孔口出流，容器上所开的孔洞称为孔口。若孔口具有锐利的边缘，则液体流经孔口时，液流与孔口为线接触，这样的孔口称为薄壁孔口，此时只考虑局部阻力。若孔口为非锐缘，则液体流经孔口时，液流与孔口为面接触，这样的孔口称为厚壁孔口，显然，厚壁孔口的阻力比薄壁孔口的阻力更大一些。可见，在流体力学中，"薄壁"与"厚壁"并不是指容器壁的厚度。若以孔口断面上流速分布的均匀性为衡量标准，当孔口断面上各点的流速是均匀分布的称为小孔口。反之，如果孔口断面上各点的流速相差较大，不能按均匀分布计算，则称为大孔口。一般规定，孔口直径 D 小于作用水头的 1/10 时，称为小孔口。孔口直径 D 大于作用水头的 1/10 时，称为大孔口。

一、定水头薄壁圆形小孔口的自由出流

定水头作用下薄壁圆形小孔口的自由出流如图 6-1、视频 6-1 所示。

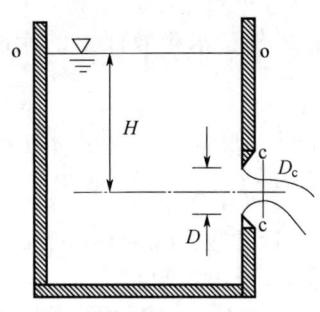

图 6-1　薄壁小孔口自由出流

视频 6-1　孔口出流

由于惯性力的作用，液流经薄壁孔口流出时，流线不能突然转折，因此过流断面发生收缩形成收缩断面 c—c（约在距出口 $D/2$ 处），其断面直径 D_c 小于孔口直径 D，收缩断面面积与孔口断面面积的比值为断面收缩系数 ε，即

$$\varepsilon = \frac{A_c}{A} = \left(\frac{D_c}{D}\right)^2 \tag{6-1}$$

或
$$A_c = \varepsilon A$$

式中　ε——断面收缩系数，其值小于 1；
A——孔口处过流断面面积，m^2；
A_c——孔口外液流流线收缩到最窄处断面面积，m^2。

在收缩断面处符合缓变流条件，可以建立伯努利方程。取水箱液面 o—o 及收缩断面 c—c 为计算断面，选择收缩断面形心所在水平面为基准面，列能量方程，得

$$H + \frac{p_o}{\rho g} + \frac{v_o^2}{2g} = \frac{p_c}{\rho g} + \frac{v_c^2}{2g} + \xi_{孔} \frac{v_c^2}{2g} \tag{6-2}$$

其作用水头 H_0 为

$$H_0 = \left(H + \frac{p_o}{\rho g} + \frac{v_o^2}{2g}\right) - \frac{p_c}{\rho g} = (1 + \xi_{孔}) \frac{v_c^2}{2g} \tag{6-3}$$

式中，$\xi_{孔}$ 称为孔口阻力系数。

显然，由式(6-3) 可得

$$v_c = \frac{1}{\sqrt{1+\xi_{孔}}} \sqrt{2gH_0}$$

令 $\varphi = \frac{1}{\sqrt{1+\xi_{孔}}}$，称为流速系数，则

$$v_c = \varphi \sqrt{2gH_0} \tag{6-4}$$

孔口的流量为

$$Q = v_c A_c = \varepsilon A \varphi \sqrt{2gH_0} = \mu A \sqrt{2gH_0} \tag{6-5}$$

孔口的流速为

$$v = \frac{Q}{A} = \varepsilon\varphi\sqrt{2gH_0} \tag{6-6}$$

其中，$\mu = \varepsilon\varphi$，称为流量系数。这就是短管泄流的计算公式。只不过此时 ξ_c 仅为 $\xi_孔$ 而已（ξ_c 为短管泄流计算公式的综合阻力系数）。

如果水箱液面敞开，按表压计算 $p_o = p_a = 0$；另外，水箱液面上的流速 v_o 可忽略不计，即 $v_o = 0$，则 $H_0 = H$，故

$$v = \varepsilon\varphi\sqrt{2gH}$$

$$Q = \mu A\sqrt{2gH} \tag{6-7}$$

经验表明，对圆形薄壁小孔口，这些系数都接近常数，$\xi_孔 \approx 0.06$，$\varphi = \frac{1}{\sqrt{1+0.06}} \approx 0.97$，$\varepsilon = 0.62 \sim 0.64$。对理想流体，则 $\xi_孔 \approx 0$，$\varphi = 1$，$\varepsilon = 1$，$\mu = 1$，而流量 $Q = A\sqrt{2gH_0}$，$v = \sqrt{2gH_0}$。所以，μ 的物理意义为实际流量与理想流量之比，φ 为实际流速与理想流速之比。

【例 6-1】 如图 6-1 所示，某水箱液面保持不变，侧壁上薄壁小孔口直径 $D = 2\text{cm}$，其流量系数 μ 为 0.62，$H = 2\text{m}$，试确定孔口出流量 Q。

解：根据题意，孔口面积为

$$A = \frac{\pi D^2}{4} = \frac{3.14 \times 0.02^2}{4} = 3.14 \times 10^{-4} (\text{m}^2)$$

$$Q = \mu A\sqrt{2gH} = 0.62 \times 3.14 \times 10^{-4} \times \sqrt{2 \times 9.8 \times 2} = 1.2 \times 10^{-3} (\text{m}^3/\text{s})$$

二、定水头薄壁圆形小孔口的淹没出流

如果孔口位于下游液面以下，即流体经孔口流入液体而非空气中，因孔口淹没在下游液面之下，因此称为淹没出流。对于淹没出流的孔口断面上的各点来说，由于孔口上、下游液面差是相同的，所以无大、小孔口之分。

同自由出流一样，水流经孔口，由于惯性作用，在孔口后形成收缩断面，然后扩散。如图 6-2 所示，取 0—0 为基准面，以上、下游液面 1—1 和 2—2 为计算断面列能量方程，可得

$$H_1 + \frac{p_1}{\rho g} + \frac{v_1^2}{2g} = H_2 + \frac{p_2}{\rho g} + \frac{v_2^2}{2g} + h_{L1-2}$$

因为 $p_1 = p_2 = p_a$，$H_1 - H_2 = H$，其作用水头 H_0 为

$$H_0 = H + \frac{v_1^2}{2g} = \frac{v_2^2}{2g} + h_{L1-2}$$

考虑到大容器液面上的速度水头可忽略不计，即 $\frac{v_1^2}{2g} = \frac{v_2^2}{2g} \approx 0$，则 $H_0 = H = h_{L1-2}$。

式中的水头损失 h_{L1-2} 由两部分组成，一部分是液流流经孔口时的局部水头损失，其大小与自由出流相同；另一部分是液流流经收缩断面后突然扩大的局水头损失，即

$$h_{L1-2} = \xi_孔 \frac{v_c^2}{2g} + \xi_扩 \frac{v_c^2}{2g} = (\xi_孔 + \xi_扩)\frac{v_c^2}{2g}$$

式中 $\xi_{孔}$——液流流经孔口的局部阻力系数；

$\xi_{扩}$——液流由孔口流出后突然扩大的局部阻力系数。

因为 $\xi_{扩}=1$，故

$$h_{L1-2}=(1+\xi_{孔})\frac{v_c^2}{2g}$$

因此

$$v_c=\frac{1}{\sqrt{1+\xi_{孔}}}\sqrt{2gH_0}=\varphi\sqrt{2gH_0}$$

孔口淹没出流的流量为

$$Q=v_c A_c=\varepsilon A\varphi\sqrt{2gH_0}=\mu A\sqrt{2gH_0}$$

又因为 $H_0=H$，所以

$$v_c=\frac{1}{\sqrt{1+\xi_{孔}}}\sqrt{2gH}=\varphi\sqrt{2gH}$$

$$Q=v_c A_c=\varepsilon A\varphi\sqrt{2gH}=\mu A\sqrt{2gH} \tag{6-8}$$

式中 μ——孔口淹没出流的流量系数，可取自由出流时的流量系数，即 $\mu=0.62$。

可见，自由出流与淹没出流的水力计算公式虽然在形式上是相同的，但两者是有区别的，淹没出流的作用水头 H 是孔口上、下游液面之间的高差，自由出流的作用水头 H 是液面到孔口中心的深度。

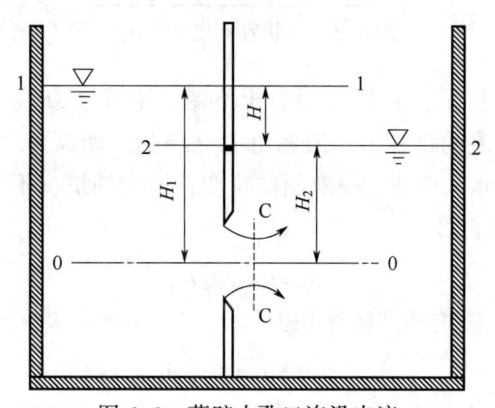

图 6-2 薄壁小孔口淹没出流

【例 6-2】 淹没出流如图 6-2 所示。孔口的直径 $D=0.1\text{m}$，其流量系数 $\mu=0.62$。孔口上、下游的液面差 $H=2\text{m}$，试确定液体流经孔口的流量 Q。

解： 由式（6-8）得孔口流量为

$$\begin{aligned}Q&=\mu A\sqrt{2gH}\\&=0.62\times\frac{\pi}{4}\times0.1^2\times\sqrt{2\times9.8\times2}\\&=3.05\times10^{-2}(\text{m}^3/\text{s})=30.5(\text{L/s})\end{aligned}$$

*三、变水头薄壁圆形小孔口出流

当自流管路的高架罐或塔无液体补充时，则泄流过程中，液面逐渐下降，即作用水头随时间降低，泄流流量也将随时间的延长而变小，形成不稳定流。如果从高罐向低罐自流灌油，则高罐液面下降，低罐液面升高，罐间液面差随时间的延长而变小，也相当于作用水头变小，而流量也是逐渐减小的。

在变水头作用下，由于作用水头随时间发生变化，属于不稳定流，因而不能直接应用在稳定流条件下得出的流量计算公式。但是，当孔口过流断面的面积远小于容器的横截面积时，容器内液面的变化缓慢，因此，在很短的 dt 时间内，可以近似地认为孔口形心处的作用水头是不变的。也就是说，在 dt 时间内，可以将变水头的孔口出流问题当成定水头的稳定出流问题处理。

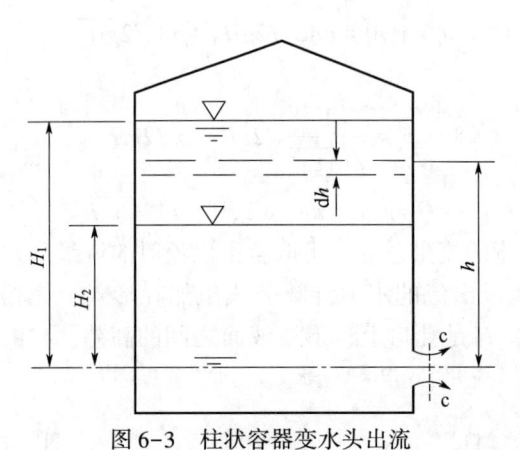

图 6-3 柱状容器变水头出流

某柱状容器如图 6-3 所示，其横截面面积不变，用符号 Ω 表示，液体经薄壁小孔口自由出流，那么，在液体出流的过程中，液面由 H_1 变到 H_2 所需要多长时间呢？

设某瞬时孔口的作用水头为 h，在液面位置变化不大的情况下，液体在该瞬时流经孔口的流量可由式(6-7) 确定，即

$$Q = \mu A \sqrt{2gh}$$

在 dt 时间内，由孔口流出的液体体积为

$$Q\mathrm{d}t = \mu A \sqrt{2gh}\,\mathrm{d}t$$

设在 dt 时间内，容器内液面的位置下降了 dh，则容器内液体减少的体积为

$$\mathrm{d}V = -\Omega \mathrm{d}h$$

式中的负号表示作用水头 h 随着时间的增加而减小。

根据质量守恒定律可知，在相同的 dt 时间内，液体经孔口流出的体积 $Q\mathrm{d}t$ 等于容器内液体减少的体积 dV，即

$$\mu A \sqrt{2gh}\,\mathrm{d}t = -\Omega \mathrm{d}h$$

分离变量，得

$$\mathrm{d}t = -\frac{\Omega}{\mu A \sqrt{2gh}}\mathrm{d}h \tag{6-9}$$

上式积分可得容器内的液面（即孔口形心处的作用水头）从 H_1 变到 H_2 所需要的时间为

$$t = \int_0^t \mathrm{d}t = -\int_{H_1}^{H_2} \frac{\Omega}{\mu A \sqrt{2gh}}\mathrm{d}h$$

$$t = \frac{2\Omega}{\mu A \sqrt{2g}}(\sqrt{H_1} - \sqrt{H_2}) \tag{6-10}$$

当 $H_2 = 0$ 时，即容器排空（液面由初始位置 H_1 降到孔口中心线）的时间为

$$t_0 = \frac{2\Omega\sqrt{H_1}}{\mu A \sqrt{2g}} \tag{6-11}$$

将上式分子、分母同乘以 $\sqrt{H_1}$，则有

$$t_0 = \frac{2\Omega H_1}{\mu A \sqrt{2gH_1}} = \frac{2V}{Q_1} \tag{6-12}$$

式中，$V = \Omega H_1$，即当容器排空时，从容器中流出的液体总体积；$Q_1 = \mu A\sqrt{2gH_1}$ 是在定水头即初始水头 H_1 作用下，液体流经孔口的流量。可见，在变水头作用下，等截面的柱形容器排空液体所需的时间是在定水头作用下排出相同的液体所需时间的 2 倍。

若不是排空问题，而是储液容器在变水头作用下的充满问题，其计算公式与排空相同；对于变水头作用下孔口的淹没出流，计算公式与自由出流相同，只是淹没出流的作用水头 h 为孔口上下游的液面差，其值随时间的增加而不断减小。

若容器横截面是变化的，例如卧式圆柱形油罐、锥形或球形容器等，需要首先确定容器横截面 Ω 随作用水头 h 而变化的函数关系 $\Omega = f(h)$，将该关系式代入式（6-9），然后积分即可得到变截面容器排空时间。

【例 6-3】 卧式圆柱形容器如图 6-4 所示，直径 $D = 2.4\text{m}$，长 $L = 6\text{m}$，罐底部小孔面积 $A = 0.01\text{m}^2$，孔口流量系数 $\mu = 0.62$，求容器的排空时间 T_0。

解： 由于容器的横截面积 Ω 随液面位置 h 的不同而变化，下面先确定的 $\Omega = f(h)$ 函数关系。

设某时刻，容器内的液面高度为 h，则容器的横截面积为

$$\Omega = Lx$$

由图中所示的几何关系可得

$$x = 2\sqrt{R^2 - (h-R)^2} = 2\sqrt{h(2R-h)} = 2\sqrt{h(D-h)}$$

则

$$\Omega = 2L\sqrt{h(D-h)}$$

由式（6-9）得

$$dt = -\frac{\Omega}{Q}dh = -\frac{2L\sqrt{h(D-h)}}{\mu A\sqrt{2gh}}dh$$

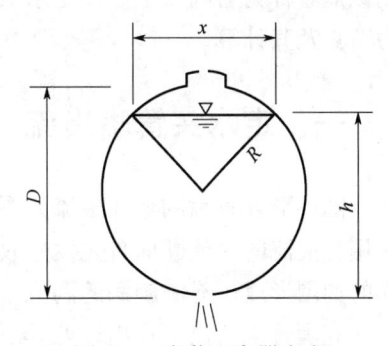

图 6-4 变截面容器出流

在满罐的情况下，液罐的排空时间就是罐内液面由初始位置 $H_1 = D$ 变到 $H_2 = 0$，另外，根据数据微分知识，$dh = -d(D-h)$，则排空时间为

$$t = \frac{2L}{\mu A\sqrt{2g}}\int_D^0 (D-h)^{\frac{1}{2}}d(D-h)$$

排空油罐所需时间 T_0 为

$$T_0 = -\frac{2L}{\mu A\sqrt{2g}}\int_D^0 [D-h]^{\frac{1}{2}}dh$$

$$= \frac{2L}{\mu A\sqrt{2g}}\frac{2}{3}[(D-h)^{\frac{3}{2}}]_D^0$$

$$= \frac{4LD\sqrt{D}}{3\mu A\sqrt{2g}}$$

将已知数据代入上式，得

$$T_0 = \frac{4\times6\times2.4\times\sqrt{2.4}}{3\times0.62\times0.01\times\sqrt{2\times9.8}} = 1.08\times10^3(\text{s}) = 18.0(\text{min})$$

第二节 管嘴出流水力计算

若在直径为 D 的薄壁小孔口上，外接一个圆柱形短管，其长度为孔口直径 D 的 3~4 倍，则该短管称为管嘴。下面以定水头作用下的圆柱形外伸管嘴的出流为例，研究管嘴出流的水力特点及其计算。

一、定水头管嘴出流

圆柱形外管嘴的液体出流如图 6-5、视频 6-2 所示，当液体进入管嘴时，由于惯性力的作用，液流的过流断面首先发生收缩，然后又逐渐扩大至充满管嘴而流出。这样，在收缩断面的周围形成了充满旋涡的涡流区。因为在管嘴内部形成收缩断面，故称为内部收缩。由于液体充满管嘴流出，在出口处其断面收缩系数 $\varepsilon = 1$。显然，管嘴出流与孔口出流是不同的。

视频 6-2 管嘴出流　　图 6-5 管嘴出流

液体流经管嘴的阻力包括孔口的局部阻力，液流经收缩断面后突然扩大的局部阻力及沿程阻力。若以管嘴轴线所在的水平面为基准面，在容器内的液面 1—1 和管嘴出口断面 2—2 上建立伯努利方程式，则

$$H + \frac{p_1}{\rho g} + \frac{v_1^2}{2g} = \frac{p_2}{\rho g} + \frac{v_2^2}{2g} + \xi_{孔}\frac{v_c^2}{2g} + \xi_{扩}\frac{v_2^2}{2g} + \lambda\frac{L}{d}\frac{v_2^2}{2g}$$

式中 $\xi_{孔}$——孔口的局部阻力系数；
    $\xi_{扩}$——液流扩大的局部阻力系数；
    λ——沿程阻力系数。

其作用水头 $H_0 = H + \dfrac{p_1 - p_2}{\rho g} + \dfrac{v_1^2}{2g}$，由连续性方程 $v_c A_c = v_2 A$，可得 $v_c = \dfrac{A}{A_c} v_2 = \dfrac{v_2}{\varepsilon}$，代入上式，则

$$H_0 = \left(1 + \frac{\xi_{孔}}{\varepsilon^2} + \xi_{扩} + \lambda \frac{L}{d}\right)\frac{v_2^2}{2g} = (1 + \Sigma \xi)\frac{v_2^2}{2g} \tag{6-13}$$

其中

$$\Sigma \xi = \frac{\xi_{孔}}{\varepsilon^2} + \xi_{扩} + \lambda \frac{L}{d}$$

于是管嘴出口处的流速为

$$v_2 = \frac{1}{\sqrt{1 + \Sigma \xi}}\sqrt{2gH_0} = \varphi \sqrt{2gH_0} \tag{6-14}$$

其中

$$\varphi = \frac{1}{\sqrt{1 + \Sigma \xi}}$$

式中 φ——管嘴的流速系数。

液体流经管嘴的出流量为

$$Q = Av_2 = A\varphi\sqrt{2gH_0} = \mu A\sqrt{2gH_0} \tag{6-15}$$

式中 A——管嘴出口过流断面的面积。

显然，管嘴的流量系数 $\mu = \varphi$。

如果液面和出口的压力均为当地大气压力，按表压计算，$p_1 = p_2 = 0$；另外，大容器液面上的流速 v_1 可忽略不计，即 $v_1 = 0$，则 $H_0 = H$，故

$$v_2 = \varphi\sqrt{2gH}$$
$$Q = \mu A\sqrt{2gH} \tag{6-16}$$

实验结果表明，管嘴的阻力系数 $\Sigma \xi = 0.5$，即液体从圆柱形外管嘴出流时，其阻力损失类似于管路锐缘进口的阻力损失，则管嘴的流速系数为

$$\varphi = \frac{1}{\sqrt{1 + \Sigma \xi}} = \frac{1}{\sqrt{1 + 0.5}} = 0.82$$

管嘴的流量系数为

$$\mu = \varphi = 0.82$$

显而易见，管嘴出流流量的计算公式与孔口出流流量的计算公式虽然在形式上一样，但两者的流量系数不同 $\mu_{管嘴} = 0.82$，而 $\mu_{孔口} = 0.62$。由此可见，当作用水头 H_0 和出口断面的面积 A 相同时，管嘴的流量比孔口的流量大约 1/3，这一结论已通过实验得到了证明。

二、管嘴流量大于孔口流量的原因分析

已知管嘴的阻力系数（$\Sigma \xi = 0.5$）大于孔口的阻力系数（$\xi_{孔} = 0.06$），那么在相同的水头作用下，若阻力大，则能量损失增加，在位能和压能不变的情况下，动能减少，即

流速减小，流量减少。但是实际上，当液体流经阻力较大的管嘴时，其流量反而大于孔口的流量。为了分析这个问题，在图6-6所示的1—1和c—c断面上应用伯努利方程式，以c—c断面的形心点所在的水平面为基准面，采用表压标准计算，且液面上的压力为大气压力，则

$$H = \frac{p_c}{\rho g} + \frac{v_c^2}{2g} + \xi_{\text{孔}} \frac{v_c^2}{2g}$$

$$\frac{p_c}{\rho g} = H - (1 + \xi_{\text{孔}}) \frac{v_c^2}{2g} \tag{6-17}$$

又知 $v_c = \frac{Q}{A_c} = \frac{\mu A \sqrt{2gH}}{A_c} = \frac{\mu}{\varepsilon} \sqrt{2gH}$，即 $\frac{v_c^2}{2g} = \left(\frac{\mu}{\varepsilon}\right)^2 H$，代入式(6-17)得

$$\frac{p_c}{\rho g} = H - (1 + \xi_{\text{孔}}) \left(\frac{\mu}{\varepsilon}\right)^2 H = \left[1 - (1 + \xi_{\text{孔}}) \left(\frac{\mu}{\varepsilon}\right)^2\right] H$$

将 $\xi_{\text{孔}} = 0.06$，$\mu = 0.82$，$\varepsilon = 0.64$ 代入上式得

$$\frac{p_c}{\rho g} = \left[1 - (1 + 0.06) \times \left(\frac{0.82}{0.64}\right)^2\right] H = -0.74H$$

可见，管嘴内液流收缩断面处的表压为负值，则真空度 $h_{\text{真空}}$ 为

$$h_{\text{真空}} \approx 0.74H \tag{6-18}$$

这说明外管嘴在收缩断面上产生的真空度为 0.74H，该值用测压管即可测得，如图 6-5 所示。由于管嘴内形成真空度，收缩断面处的压力小于大气压力，使管嘴具有从容器内向外抽吸液体的作用（视频 6-3）。这也相当于将管嘴的作用水头增加 74%，并且增加的能量远大于管嘴损失的能量。因此，外管嘴的流量大于孔口的流量。

【例 6-4】 如图 6-5 所示，水从定水头液面的水箱中通过直径为 0.03m 的圆柱形外管嘴流出。已知管嘴内的真空度为 1.5m 水柱，求管嘴的出流量。

解： 由式(6-18) 得

视频 6-3　圆柱形
外管嘴的真空　得

$$h \approx 0.74H$$

$$H = 1.5/0.74 = 2.03 \text{ (m)}$$

已知圆柱形外管嘴 $\mu = 0.82$，则

$$Q = \mu A \sqrt{2gH}$$

$$= 0.82 \times \frac{3.14 \times 0.03^2}{4} \times \sqrt{2 \times 9.8 \times 2.03}$$

$$= 3.7 \times 10^{-3} \text{ (m}^3/\text{s)}$$

一般情况下，管嘴内的真空度大则流量也大，但为了增大出流量，管嘴形成的真空度越大越好呢？也不尽然。若真空度过大，液体可能会发生汽化，形成气阻。同时，管嘴外部的空气可能会在大气压力的作用下进入管嘴，其结果使管嘴内的液流脱离管嘴的内壁面形成不满管流动，这种情况的管嘴出流与孔口出流一样，因而达不到增加流量的目的。对于水来说，为了防止汽化，允许的真空度 $h_{\text{真空}} = 7$m 水柱，则作用水头不能超过 $\frac{7}{0.74} = 9.5$m 水柱，

这是保证外管嘴正常工作的条件之一。

另外，为了使管嘴的流量不受影响，管嘴的长度不能太长或太短。若太长，则沿程阻力增加，流量减小；若太短，则液流尚未充满管嘴就已流出，或因真空区过于靠近管嘴出口，因受到大气的影响而被破坏。因此，一般情况下，管嘴的长度为 $3D \sim 4D$（D 为管嘴直径）为宜，这是保证外管嘴正常工作的另一个条件。

三、不同类型的管嘴及其性能

除上述标准管嘴外，还有内伸管嘴、收缩管嘴、扩张管嘴及流线型管嘴，如图 6-6 所示。

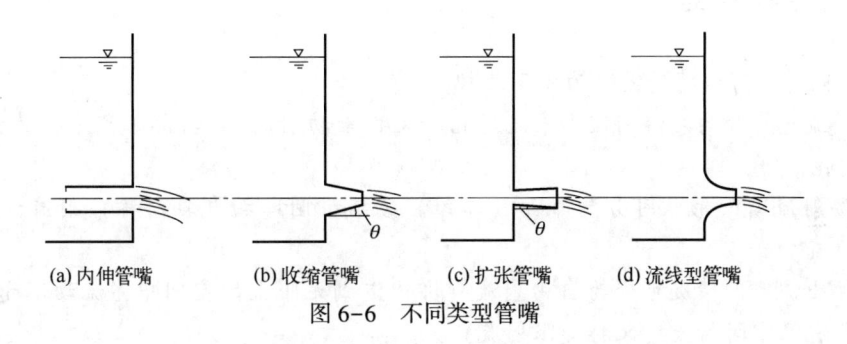

(a) 内伸管嘴　　(b) 收缩管嘴　　(c) 扩张管嘴　　(d) 流线型管嘴

图 6-6　不同类型管嘴

流经孔口和不同类型管嘴的出流系数见表 6-1。需要注意的是该表对应的系数都是对出口断面而言的，对不同断面来说，出流系数是不同的。

表 6-1　孔口和管嘴的出流系数

类别	阻力系数 ξ	收缩系数 ε	流速系数 φ	流量系数 μ
薄壁孔口	0.06	0.64	0.97	0.62
圆柱外伸管嘴	0.50	1.00	0.82	0.82
圆柱内伸管嘴	1.00	1.00	0.71	0.71
收缩管嘴（$\theta = 13° \sim 14°$）	0.09	0.98	0.96	0.95
扩张管嘴（$\theta = 5° \sim 7°$）	4.00	1.00	0.45	0.45
流线型管嘴	0.04	1.00	0.98	0.98

内伸管嘴必须保证 $L > 3D$，收缩管嘴和扩张管嘴必须注意角度 θ 的限制范围，否则会降低效果。收缩管嘴适用于速度及动能大而流量小的情况，如水力清砂枪的出口及水力采煤枪的出口等，采用的就是收缩管嘴；扩张管嘴抽吸能力大，适用于流量大、流速小的情况，如喷射泵、水轮机尾水管；流线型管嘴加工困难，不会出现真空，无抽吸力，流量并不很大，应用较少。

知识扩展

射 流

流体过流断面的周界不与固体壁面相接触的流动，称为射流。射流分为液体射流和气体射流。射流因其流速高、动能大而被广泛地用于工程实际中。例如，喷射钻井就是利用喷射式钻头喷嘴所产生的高速射流的水力作用来清洗井底，辅助破碎岩石，提高机械钻速的；在矿石开采中，也可利用水枪喷出的水流采掘矿石。

一、射流的分类

根据不同特征可以将射流分为以下几种：

(1) 按流态可分为层流射流和紊流射流（又称紊动射流）。实际工程中多为紊动射流，后面将会讨论。

(2) 按射流断面形状可分为平面（二维）射流、圆断面（轴对称）射流和矩形（三维）断面射流。

(3) 按出流空间情况可分为自由射流（即出流到无限大的空间中，流动不受固体边壁的限制）和有限空间射流（又称受限射流）。

(4) 从射流环境的性质不同可分为淹没射流和非淹没射流。淹没射流为射入同种流体中的射流。如气体从孔口、管嘴或缝隙中向外喷射所形成的流动，称为气体淹没射流，简称气体射流。非淹没射流是射入气体中的液体射流，如大气中的水射流。

(5) 按射流的原动力还可以分为动量射流（简称射流）、浮力羽流（简称羽流）和浮力射流（简称浮射流）。动量射流以出流的动量为原动力，一般等密度的射流属于这种类型。浮力羽流则以浮力为原动力，如热源上产生的烟气，形似羽毛飘浮在空中而得此名。浮射流的原动力包括出流动量和浮力两方面，如湖泊中的热水射流和污水排入密度较大的河口、港湾等水体中的射流都属于浮射流。

二、紊动射流的形成

以无限空间中圆断面紊动射流为例，讨论紊动射流的形成过程。流体从一个半径为 r_0 的圆断面的管嘴喷出，出口断面上的速度认为均匀分布，都等于 v_0，且流动为紊流，射入无限空间静止流体中，形成一个轴对称的射流。

具有一定速度 v_0 的射流离开管嘴后，与周围静止的流体之间形成一个速度不连续的间断面，这个间断面是不稳定的，面上的波动发展成为旋涡，产生强烈的紊动，将临近处原来静止的流体卷吸到射流中去，两者掺混在一起共同向前运动，其结果是射流边界不断向外扩展，断面不断扩大，流量沿程逐渐增加，最后形成一个向周围不断扩散的锥体形流动场。

由于射流边界处的流动是一种有间歇性的复杂运动，即时而是紊流，时而是层流，所以射流边界实际上是交错的不规则面。但在实际分析时，常从统计意义上把射流边界看作线性扩展的界面。

三、紊流射流的分区

紊流射流在形成稳定的流动状态后，整个射流可划分成几个区段，如图 6-7 所示。

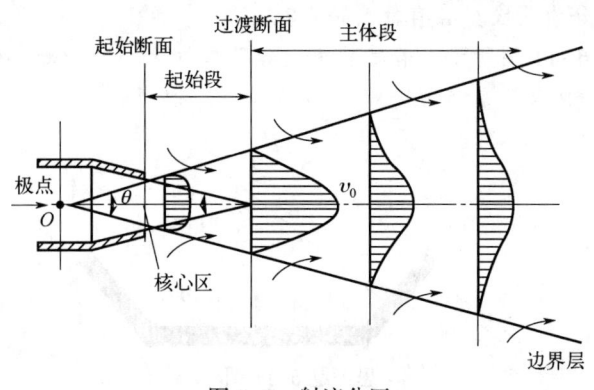

图 6-7 射流分区

1. 根据速度分布划分为核心区和边界层

（1）核心区：射流中心保持原出口速度 v_0 的区域。

（2）边界层：射流中速度小于 v_0 的部分，又称为混合区。

2. 根据紊动发展情况划分为起始段和主体段

（1）起始段：从喷嘴出口至核心区的末端断面（成为过渡断面）之间的区段。

（2）主体段：过渡断面以后的整个射流部分，为紊流充分发展的区段。主体段和起始段之间还有一过渡段，由于过渡段很短，为了方便，一般不予考虑。

射流剖面的外边界是两条直线，射流的外边界面为圆锥面。圆锥的顶点 O（即射流外边界面的交点）称为射流极点，圆锥的顶角 θ（即射流的扩张角）称为射流极角。该角的大小，反映了射流的密集程度。显而易见，射流极角 θ 越小，则射流的密集性超高，其能量越集中，射程也就越远。

实验表明，不同形状的喷嘴喷出的射流，不仅其流量系数不同，而且射流的极角和起始的长度也不同。在实际工程中，一般希望射流具有较长的起始段和较小的极角，以便充分利用射流的能量。

思考题

6-1 孔口和管嘴各有何水力特点？有什么区别？

6-2 孔口分为几种？如何划分？

6-3 孔口的自由出流与淹没出流有何区别？各有什么特点？

6-4 流量系数、流速系数、收缩系数的物理意义是什么？三者之间有怎样的关系？

6-5 在什么条件下，流速系数和流量系数相等？在什么情况下，二者均为1？

6-6　孔口出流和管嘴出流的计算公式形式上是否相同？有何区别？

6-7　在作用水头和出流面积相同的情况下，为什么圆柱形外管嘴的出流量大于孔口的出流量？

6-8　管嘴有哪些类型？各有什么特点？

6-9　射流按流态分为几种？工程中常见的是哪一种？

6-10　紊动射流分为几段？各有什么特点？

6-11　如思考题6-11图所示，若某孔板上各孔口的大小和形状均相同，则液体流经每个孔口的流量是否相同？

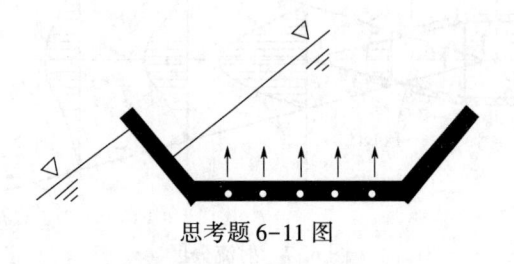

思考题6-11图

6-12　两个水箱如思考题6-12图所示，水箱1侧壁开有直径为d的孔口；水箱2侧壁装有直径为d的管嘴。在作用水头H相同的情况下：

(1) 试比较孔口与管嘴的流速及流量的大小，并说明原因。

(2) 在什么情况下，圆柱形外管嘴的正常出流将遭到破坏？为什么？

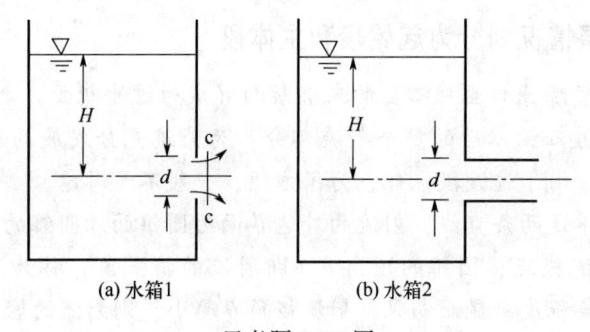

(a) 水箱1　　　　(b) 水箱2

思考题6-12图

习题

6-1　用实验方法测得从直径10mm的圆孔出流时，流出10L的水所需时间为32.8s，作用水头为2m，收缩断面直径为8mm。试确定收缩系数、流速系数、流量系数和局部阻力系数的大小。

6-2　有一直径$D=20$cm的圆形锐缘孔口，其中心在水面下的深度$H=3.0$m，孔口出流为自由出流，求孔口出流量。

6-3　如习题6-3图所示，两水箱用直径$D_1=4$cm的薄壁孔口连接，下游水箱底部又接一直径$D_2=3$cm的圆柱形管嘴，管嘴长$L=10$cm，若上游水深$H_1=3$m保持恒定，流动恒定后，试求：

(1) 下游水深 H_2；

(2) 流出水箱的流量 Q。

6-4 薄壁孔口出流，直径 $D=2$cm，水箱水位恒定为 $H=2$m，如习题 6-4 图所示。试求：孔口出流量。

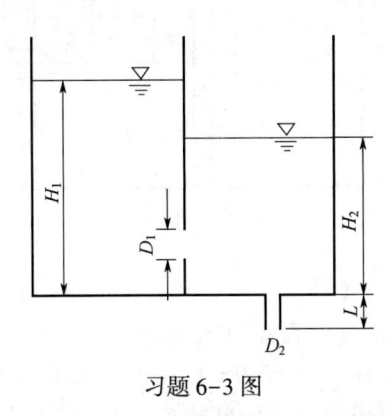

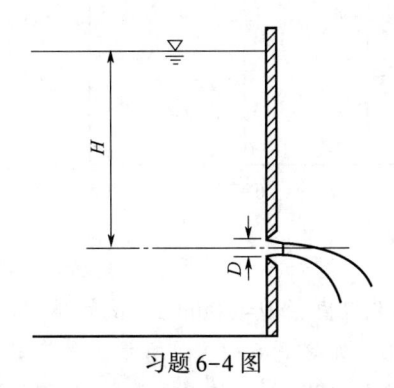

习题 6-3 图

习题 6-4 图

6-5 如习题 6-5 图所示，水沿 T 管流入容器 A，经流线型管嘴流入容器 B，再经圆柱形管嘴流入容器 C，最后经底部圆柱形管嘴流到大气中。已知 $D_1=8$mm，$D_2=10$mm，$D_3=6$mm。当 $H=1.2$m，$h=0.025$m 时，求经过此系统的出流量以及水位差 h_1 与 h_2。

6-6 某储水罐的铅直侧壁上有面积相同的两个圆形小孔 A 和 B 位于距底部不同的高度上，如习题 6-6 图所示。A 和 B 均为薄壁孔口，其水面高度 $H_0=10$m。试问：

(1) A、B 两孔口的流量相同时，H_1 与 H_2 应成什么关系？

(2) 如果由于锈蚀，使罐壁形成一个直径为 0.0015m 的小孔 C，距槽罐底 $H_3=5$m，求一昼夜通过小孔 C 的漏水量为多少？

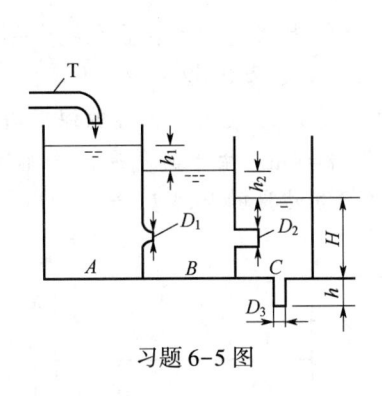

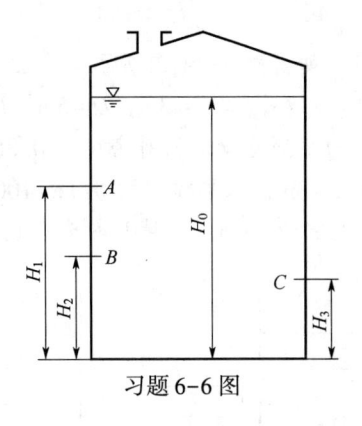

习题 6-5 图

习题 6-6 图

6-7 如习题 6-7 图所示，水位恒定的上下游水箱，箱内水深 $H=3$m，$h=1.5$m，直径相等的两个薄壁孔口均匀位于隔板上不同位置，间隔相等，直径 $D=10$mm，试求两个孔口的流量各为多少？

6-8 如习题 6-8 图所示，某水池的来水量 $Q=30$L/s，池壁上各一个有直径为 60mm 的管嘴，管嘴长均为 20cm，水池中设有隔板，隔板上开有与池壁管嘴直径相同的小孔，池内水位恒定情况下，两个管嘴的流量各为多少？

习题 6-7 图

习题 6-8 图

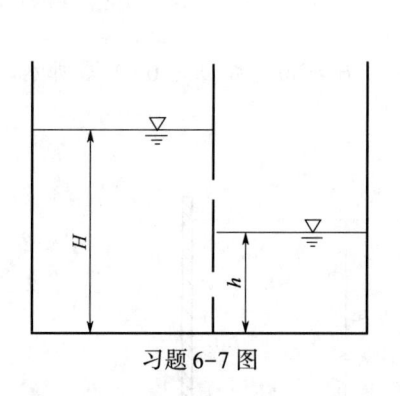

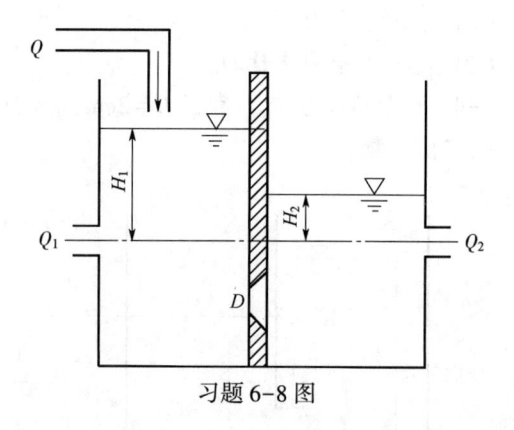

6-9 如习题 6-9 图所示，某储油罐为直径 4m 的圆柱体，孔口形心距离油面的高度 $H=11.5\text{m}$，孔口直径 $D=300\text{mm}$，试问排空所需要的时间（油面降到孔口处）？

6-10 如习题 6-10 图所示，某汽车油罐长 $L=3\text{m}$，直径 $D=1.5\text{m}$，底部设有泄油孔，孔口面积 $A=100\text{cm}^2$，流量系数为 0.62，试确定泄空罐内的油所用时间。

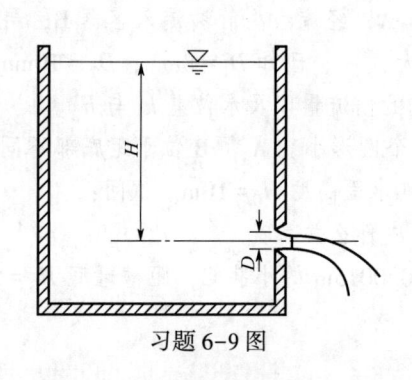

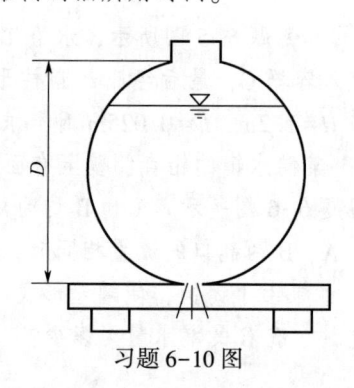

习题 6-9 图

习题 6-10 图

6-11 如习题 6-11 图所示，左面是一个水位恒定的大水池，问右面水池水位上升 2m 需要多少时间？已知 $H=3\text{m}$，$D=5\text{m}$，$D_0=250\text{mm}$，流量系数为 0.62。

6-12 某油轮输送相对密度为 0.86 的石油，如习题 6-12 图所示，油的深度 $H=1.8\text{m}$，船舷高度 $h=3\text{m}$，水平横截面积 $\Omega=100\text{m}^2$，吃水深度 $a=2\text{m}$。由于某种原因，船底出现孔洞，其直径 $d=50\text{mm}$，流量系数为 0.62，试求该油轮开始淹没的时间 T。

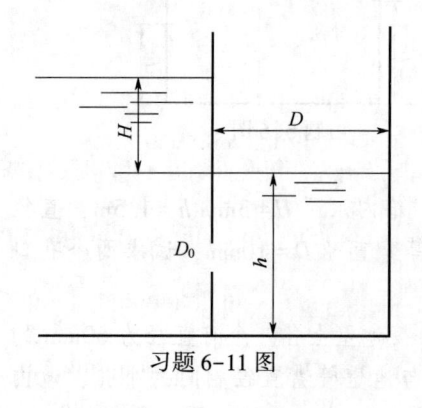

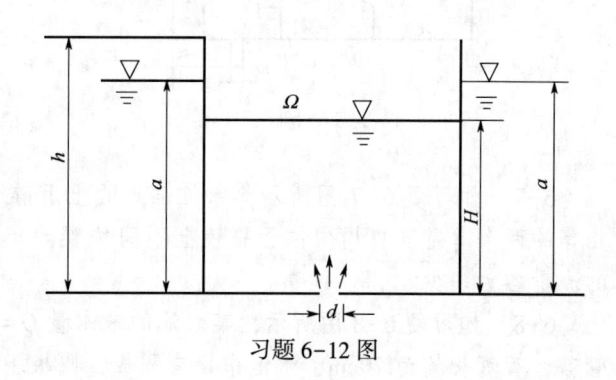

习题 6-11 图

习题 6-12 图

第七章 非牛顿流体的流变性及水力计算

引言

你知道为什么在沼泽中会越挣扎陷得越深吗？你相信口香糖能砸开椰子吗？你相信即使不会轻功，也能轻松实现"水"上漂吗？

这都是因为非牛顿流体的存在。非牛顿流体广泛存在于生活、生产和大自然之中，如血浆、油漆、蜂蜜、果酱、淀粉溶液等。沼泽中的淤泥就是一种非牛顿流体，它会越搅拌越稀，所以就越容易陷进去；口香糖也是一种非牛顿流体，当突然受到较大的压力时，它会变得像固体一样坚硬，利用好这一性质便能把椰子砸开。那么，非牛顿流体到底有哪些不同于牛顿流体的性质和流动特征呢？本章就来了解一下非牛顿流体的特点及运动规律。

前面所讨论的水、油、气等流体，大都具有较低的黏性，在流动时，其切应力与速度梯度成正比，即

$$\tau = \pm \mu \frac{\mathrm{d}u}{\mathrm{d}y} \tag{7-1}$$

称为牛顿流体，式(7-1)称为牛顿内摩擦定律。

而另外工程中一些常见的流体，如钻井液、高含蜡或沥青质的原油、聚合物溶液等它们的剪切变形规律和流动规律不同于牛顿流体，统称为非牛顿流体（视频7-1）。

本章将介绍非牛顿流体的常见类型、剪切规律及流动特征，并重点分析塑性流体和幂律流体的水力计算方法。

视频7-1 神奇的非牛顿流体

第一节 非牛顿流体流变性分析

一、液体的流变性

流变性是指流体流动与变形的特性。流体的流变性可以用流变曲线和流变方程来表示。

流体的切应力与其速度梯度之间的关系曲线称为流变曲线；描述流体的切应力与其速度梯度之间关系的数学表达式称为流变方程或本构方程。

1. 非牛顿流体的分类

大家都知道，固体受力后将产生弹性变形，服从胡克定律，称为弹性体。而流体受力后则主要产生剪切变形，变形程度随黏性大小而不同，称为黏性体，黏性较低的流体一般属于牛顿流体，而黏性较高的流体多属于非牛顿流体。也有些非牛顿流体不但具黏性，而且具有弹性，则称为黏弹性体。

根据流变性的不同，黏性流体可分为流变性与时间无关的非牛顿流体和流变性与时间有关的非牛顿流体。流变性与时间无关的非牛顿流体又分为塑性流体、拟塑性流体和膨胀性流体。流变性与时间有关的非牛顿流体则可分为受切应力后其结构遭破坏的触变性流体和受切应力后形成结构的震凝性流体。

2. 非牛顿流体的流变性

1）流变性与时间无关或基本无关的黏性非牛顿流体

（1）塑性流体。

如钻井液、油漆、稀润滑脂等，其受力后，不能立刻变形，这是由于其结构性较强，受力后不能立即破坏其网状结构，必须所施剪切力足以破坏其结构性，发生剪切变形，才开始流动。流动以后，随剪速增大，流体的塑性黏度随切应力的增大而逐渐降低，最后接近牛顿流体，即切应力与其剪速成正比，如图7-1曲线2所示。

图中，θ为开始发生流动时需要克服的切应力，称为极限静切应力，常用于分析塑性流体由静止状态发展到运动状态的转变过程；τ_0为直线段延长线与横轴的交点处的虚拟切应力，称为极限动切应力；θ_1为曲线段与直线段交点所对应的切应力，称为极限切应力上限值。静切应力的极限值也称屈服值（或屈服应力）。

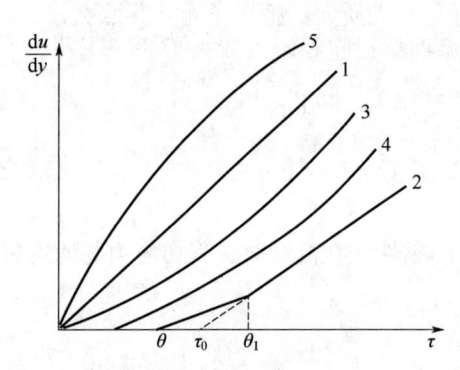

图7-1 流体的流变曲线
1—牛顿流体；2—塑性流体；3—拟塑性流体；
4—屈服—拟塑性流体；5—膨胀性流体

此种类型的非牛顿流体，由于结构性较强，流动后经过短时间静止，其结构将恢复。

（2）拟塑性流体。

如高分子溶液、乳化液等，其结构性较弱，有的受力后会立即流动，有的则不会。前者称为拟塑性流体，后者称为屈服—拟塑性流体。随剪速增大，其视黏度下降，或越搅越稀。这种特性称为剪切稀释性。剪速高时，接近牛顿流体，在中剪速下则表现为拟塑性。其流变曲线如图7-1中曲线3或4所示。

（3）膨胀性流体。

如淀粉糊、石灰浆等，由于所含颗粒形状极不规则，在一定浓度下形成结构。随剪速增大，黏度增大，即越搅越稠，停止剪切后马上恢复。其流变曲线如图7-1中曲线5所示。

2）流变性随时间呈缓慢变化的黏性非牛顿流体

如沥青、高分子聚合物溶液，这些非牛顿流体一般具有如下性质：

（1）触变性。

在一定剪速下，随时间增加而切应力下降，即黏度降低，由稠变稀，达到某时刻 t_0，以后，切应力不再变化，形成动平衡。

图 7-2 表示触变性流体在定剪速下，切应力随时间变化的趋势。在时刻 t_0，切应力变为 τ_0，而称为 $\dfrac{\tau}{\mathrm{d}u/\mathrm{d}y}$ 泵输黏度，故带有塑性性质。

触变性流体，颗粒形状多不规则，表面性质不一致，易成凝胶状，但不易被破坏；破坏后，重新排列要一定时间，故恢复缓慢，从此点看又带有拟塑性性质。

触变性还表现出与温度历史及剪切历史有关，经过预热及高剪速下输送可降低泵输黏度。

（2）震凝性。

与触变性相反，在一定剪速下，随时间增加而切应力上升，即由稀变稠。一般也在一定时间后达到动平衡，如图 7-3 所示。τ_0 值与流体性质有关，一般约 10~200min 达到平衡。

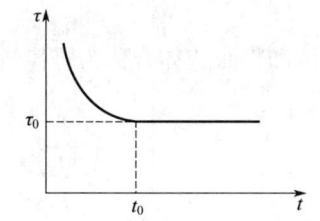

图 7-2　触变性流体切应力随时间的变化 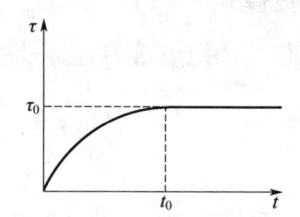　　图 7-3　震凝性流体切应力随时间的变化

3）黏弹性非牛顿流体

如豆荚植物胶、田菁粉、聚丙烯酰胺等属于黏弹性流体。它既具有黏性，又具有弹性。表现为自漏斗流出后，流束变粗，发生膨胀；搅拌时，停止搅动表现有弹性反转，接近膨胀流体。其黏度用一般黏度计无法测定。

综上所述，流变性与时间有关的非牛顿流体，其性质更为特殊，目前尚处于探索阶段，无成熟的结论，其机理深入化工领域，此处不再赘述。

二、非牛顿流体的流变方程

由于非牛顿流体结构上的复杂性，很难获得具有普遍适用性的通用流变模式，因此通常采用实验手段来获得某一类非牛顿流体的流变关系。目前不同的研究者提出了不同的流变方程，这些方程都有其特定的适用条件。下面仅介绍几种常用的流变方程，它们只适用于与时间无关的黏性非牛顿流体。

1. 宾汉模式

它是根据塑性流体的流变曲线写出的方程，其形式为

$$\tau = \tau_0 \pm \eta \dfrac{\mathrm{d}u}{\mathrm{d}y} \tag{7-2}$$

式中　τ_0——极限动切应力，N/m²；
　　　η——塑性黏度或结构黏度，Pa·s；
　　　du/dy——速度梯度，s⁻¹；
　　　τ——切应力，N/m²。

式(7-2) 通称为宾汉定律，塑性流体也称为宾汉流体。低剪速时，η 为变数，高剪速时，η 为常数。

式(7-2) 也可写成如下形式：

$$\tau = \left(\frac{\tau_0}{du/dy} \pm \eta\right)\frac{du}{dy}$$

令 $\eta' = \dfrac{\tau_0}{\dfrac{du}{dy}} \pm \eta$，则可得到与牛顿流体的流变方程具有相同形式的方程

$$\tau = \eta' \frac{du}{dy} \tag{7-3}$$

式中，η' 称为塑性液体的视黏度，也称为表观黏度。显然，视黏度随速度梯度变化而变化。

2. 指数模式

指数模式适用于拟塑性流体及膨胀流体。拟塑性流体和膨胀流体合称为幂律流体，其形式为

$$\tau = k\left(\frac{du}{dy}\right)^n \tag{7-4}$$

式中　k——稠度系数，取决于流体性质，Pa·sⁿ；
　　　n——流性指数。

流性指数 n 反映了流体偏离牛顿流体的程度；当 $n<1$ 时，为拟塑性流体，当 $n>1$ 时，为膨胀性流体；当 $n=1$，则为牛顿流体。其视黏度为

$$\eta' = \frac{\tau}{\dfrac{du}{dy}} = k\left(\frac{du}{dy}\right)^{n-1}$$

当具有屈服应力时，称为屈服—拟塑性流体，则

$$\tau = \tau_0 + k\left(\frac{du}{dy}\right)^n \tag{7-5}$$

式(7-5) 更具有广泛代表性。同样适用于塑性流体，此时 $k=\eta$, $n=1$；若 $\tau_0=0$, $k=\mu$, $n=1$，则变为牛顿流体的流变方程。

3. 卡森模式

最初为油漆、涂料、塑料等工艺所采用，当仅有低、中剪速下的资料可以利用时，它能够较精确地反映出高剪速下的视黏度，近年也为石油矿场所使用。其形式为

$$\tau = \left[\tau_c^{\frac{1}{2}} + \eta_c^{\frac{1}{2}}\left(\frac{du}{dy}\right)^{\frac{1}{2}}\right]^2 = \left[C + \eta_c^{\frac{1}{2}}\left(\frac{du}{dy}\right)^{\frac{1}{2}}\right]^2 \tag{7-6}$$

式中　τ_c——卡森屈服应力，N/m²；
　　　η_c——卡森黏度，Pa·s；

C——卡森 C 值，$N^{1/2}/m$。

在钻井液分析中，卡森屈服应力 τ_c 表示钻井液内可供拆散的网架结构强度，是流体开始流动时的极限动切力，反映钻井液携带与悬浮钻屑的能力。卡森黏度 η_c 表示钻井液体系中内摩擦作用的强弱，可以近似表示钻井液在钻头喷嘴处紊流状态下的流动阻力，可理解为剪切速率为无穷大时的流动阻力。降低 η_c 有利于降低高剪切速率下的压力降，提高钻头水马力，有助于及时地从钻头切削面上清除钻屑，从而提高机械钻速。

第二节　塑性流体水力计算

虽然非牛顿流体和牛顿流体的流变性不同，但在平衡和运动的基本规律方面也存在着某些共同之处，诸如体现质量守恒的连续性方程，体现能量守恒的伯努利方程以及根据雷诺数划分流态的标准等都是相同的，其主要区别在于它们在进行分析计算时所依据的流变规律各有不同。下面主要讨论塑性流体的流变规律、计算方法及应用。

一、静止状态的基本规律

牛顿流体处于平衡状态时，静压力的分布规律用流体静力学基本方程式表示：

$$p = p_0 + \rho g h$$

在一般情况下，对于无极限静切应力的非牛顿流体而言，流体静力学基本方程式仍然适用。但是，对于塑性流体来说，由于极限静切应力的作用，流体静力学基本方程式不能真实地反映塑性流体平衡的基本规律。例如，U 形管中塑性流体的平衡问题，如图 7-4 所示，在直径为 D 的 U 形管内，自其右端缓慢地注入密度为 ρ、极限静切应力为 θ 的塑性流体，当流体处于静止状态时，可以看到 U 形管两端的液面有一定的高差 h，而不像 U 形管中的牛顿流体那样两端液面在同一个水平面上。显然，当塑性流体处于静止状态时，高度为 h 的液柱所受的重力与极限静切应力所产生的切力相平衡。设塑性液体在 U 形管中的长度为 L。若忽略 U 形管弯曲部分的影响，则 U 形管中静止流体的受力平衡关系可表示为

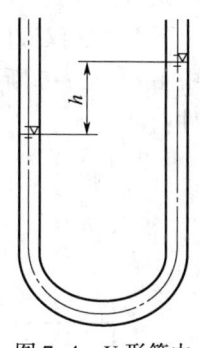

图 7-4　U 形管中塑性流体的平衡

$$\rho g \frac{\pi}{4} D^2 h = \pi D L \theta$$

$$\theta = \frac{\rho g D h}{4L} \tag{7-7}$$

或

$$h = \frac{4L}{D} \cdot \frac{\theta}{\rho g} \tag{7-8}$$

式(7-7)可用于测定塑性流体的极限静切应力。

通过以上分析可见：连通器内两液面的高差与塑性流体的性质、连通器的形状及大小有关。由于塑性流体极限静切应力的作用，在钻井工程中，当开泵循环静止的钻井液时，最初

钻井液不流动，因而泵压较高。只有当钻井液所受的切应力大于其极限静切应力时，钻井液才开始流动，恢复循环。塑性流体的这种现象与牛顿流体是完全不同的。

二、塑性流体基本流动方程

塑性流体在流动过程中与牛顿流体一样遵循质量守恒和能量守恒的普遍规律。因此牛顿流体的流量方程、连续性方程和能量方程同样适用于塑性流体，即

$$Q = vA$$
$$v_1 A_1 = v_2 A_2$$
$$Z_1 + \frac{p_1}{\rho g} + \frac{v_1^2}{2g} = Z_2 + \frac{p_2}{\rho g} + \frac{v_2^2}{2g} + h_{L1-2}$$

三、塑性流体的流动状态及其判别

1. 流动状态

由于塑性流体的流变性不同于牛顿流体，因此其流动状态和阻力变化规律也是与牛顿流体不同的。在上一节已经讲过，塑性流体的流变性可用宾汉方程式表示。宾汉流体在流动过程中，需要经常克服一种与塑性黏度和速度梯度无关的定值切应力——极限动切应力。因此可以认为，在宾汉流体中，当某处的切应力大于极限动切应力时，该处的流体就开始流动。

下面以宾汉液体在圆管中的流动为例，讨论其流动状态。如图7-5所示，选取水平圆管中1—1、2—2断面间的液体为研究对象，设其半径为R，两端压差为p_0，若p_0满足以下条件：

$$p_0 \pi R^2 = \tau_0 (2\pi R L)$$
$$\tau_0 = \frac{p_0 R}{2L} \tag{7-9}$$

则圆管内液体开始流动。

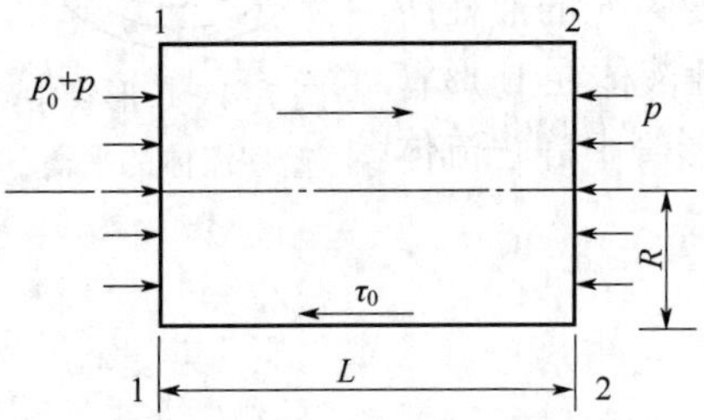

图7-5 塑性流体在圆管中的流动

由式（7-9）可知，在压差一定的情况下，宾汉流体内部所受切应力的大小与半径有关，即液流断面上各点切应力的大小是不同的，管壁附近的液体受到最大的切应力作用。当压差一定时，推力$p_0 \pi R^2$与半径R的平方成正比。而因极限动切应力所产生的阻力$\tau_0(2\pi R L)$与半径的一次方成正比，也就是说，当半径变化时，推力的变化量大于阻力的变化量。所以，宾汉流体最初只在半径为R处，推力大于阻力的管壁附近开始流动，而在半径小于R处，因宾汉流体所受的推力小于阻力，故不产生相对运动，而像一根固体柱那样，随着半径为R的液层向前滑动。这部分类似于固体柱的流体称为流核。在流核内，各质点的运动速度相同，彼此之间的速度梯度为零，即不产生相对运动；在流核外，各液层的速度梯度不为0，即液层间产生相对运动。流核外速度梯度不为0的区域为速梯区。随着两端压差的增大，流核的半径将逐渐减小，速梯区的范围将

逐渐扩大，以致最后流核完全消失。

在宾汉流体流动时，存在流核的流动状态称为结构流，而流核完全消失后的流动状态称为紊流。宾汉流体的流态转变过程如图7-6所示，流体运动的初期，流核很大，几乎占据了整个液流，类似于一个塞子，所以称为塞流；而结构流状态末期的流核很小，又类似于牛顿流体的层流。不过，一般情况下，塑性流体很少以层流状态运动。这是因为当流核将要消失时，液流便很快地由结构流转变为紊流。因此，塑性流体在圆管中的流态为结构流和紊流。

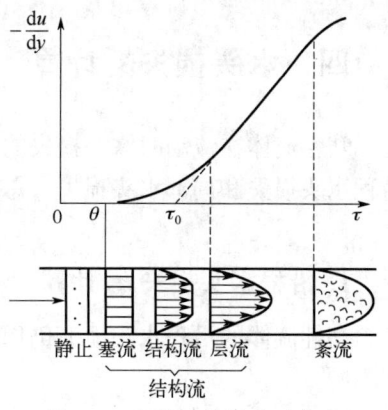

图 7-6 塑性流体的流动状态

2. 流动状态的判别

与牛顿流体的流动状态判别方法类似，塑性流体的流动状态用综合雷诺数大小来判别。考虑塑性流体在流动时，除了受黏滞力、惯性力外还有结构力的作用，因此综合雷诺数的计算公式与牛顿流体不同。

1) 塑性流体在圆管中流动时的综合雷诺数

$$Re_{综} = \frac{\rho v D}{\eta \left(1 + \dfrac{\tau_0 D}{6 \eta v}\right)} \quad (7-10)$$

式中　ρ——液体的密度，kg/m³；
　　　η——塑性黏度，Pa·s；
　　　v——断面平均流速，m/s；
　　　D——圆管直径，m；
　　　τ_0——极限切应力，N/m²；
　　　$Re_{综}$——塑性液体的综合雷诺数。

大量实验表明，塑性流体的临界雷诺数 $Re_k = 2000$。当 $Re \leqslant 2000$ 时，流体的流动状态为结构流；当 $Re > 2000$ 时，流动状态为紊流。

式(7-10)与牛顿流体的雷诺数 $Re = \dfrac{\rho v D}{\mu}$ 相比较，其中多了黏度校正项 $\dfrac{\tau_0 D}{6 \eta v}$，该项的物理意义反映了屈服应力 τ_0 与6倍平均黏性应力 $\eta \dfrac{v}{D}$ 的比值。

2) 塑性液体在环形空间流动时的综合雷诺数

$$Re_{环} = \frac{\rho v D_{当}}{\eta \left(1 + \dfrac{\tau_0 D_{当}}{8 \eta v}\right)} \quad (7-11)$$

式中　$D_{当}$——环形空间的当量直径，m。

其他符号的意义及单位与式(7-10)相同。

实验表明，在环形空间中，液流雷诺数的临界值也是2000左右，使用时可取 $Re = 2000$。当 $Re_{环} \leqslant 2000$ 时，流体的流动状态为结构流；$Re_{环} > 2000$ 时，流体的流动状态为紊流。

四、水头损失的计算

塑性流体在流动时水头损失的计算方法和牛顿流体的计算方法一样,总水头损失仍分为沿程水头损失和局部水头损失。总的水头损失为

$$h_L = \sum h_f + \sum h_j \tag{7-12}$$

1. 沿程水头损失 h_f 计算

塑性流体的沿程水头损失仍用达西公式来进行计算,只不过沿程阻力系数 λ 与牛顿流体不同。

$$h_f = \lambda \frac{L}{D} \frac{v^2}{2g} \tag{7-13}$$

式中 λ——沿程阻力系数。

当流体在圆管中流动时,在结构流状态下,$\lambda = \dfrac{64}{Re_{综}}$;在紊流状态下,$\lambda = \dfrac{0.125}{\sqrt[6]{Re}}$。还可根据 $Re_{综}$ 的值由 λ—Re 的关系曲线查得 λ 值,如图 7-7 所示。

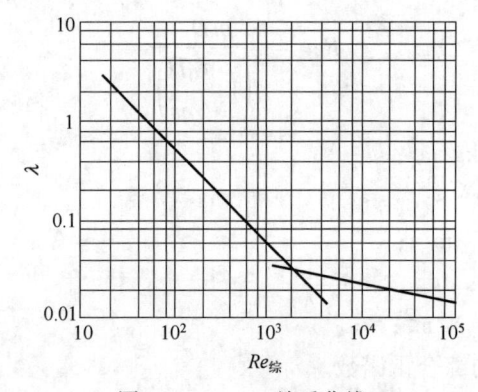

图 7-7 λ—Re 关系曲线

当流体在环形空间流动时,沿程水头损失为

$$h_f = \lambda \frac{L}{D_{当}} \frac{v^2}{2g} \tag{7-14}$$

$$D_{当} = D_{外} - D_{内}$$

式中 v——环空中液体平均流速,m/s;
$D_{当}$——当量直径,m;
λ——沿程阻力系数。

在结构流状态下,沿程阻力系数 $\lambda = \dfrac{96}{Re_{环}}$;在紊流状态下,沿程阻力系数尚无成熟的经验公式,目前可根据 $\lambda = \dfrac{0.125}{\sqrt[6]{Re}}$ 进行近似计算,也可取 $\lambda = 0.015 \sim 0.024$。当雷诺数 $Re_{环}$ 较小时,λ 取较大的值;当 $Re_{环}$ 较大时,λ 取较小的值。

2. 局部水头损失 h_j 计算

牛顿流体在局部装置附近常常产生旋涡区，而塑性液体由于网状结构的作用，在局部装置附近处于静止状态的停滞区。流动的液体与停滞区的液体之间产生滑动现象。塑性液体局部水头损失的计算公式与牛顿流体相同。

$$h_j = \xi \frac{v^2}{2g} = \lambda \frac{L_{当}}{D} \frac{v^2}{2g} \tag{7-15}$$

式中 ξ——局部阻力系数，在紊流状态下近于常数，在结构流状态下则为变化值；

$L_{当}$——局部阻力的相当长度。

ξ 与 $L_{当}$ 可在相关的工程手册中查得。

由以上分析可知，在塑性液体的水力计算中，一般情况下，都涉及反映塑性液体流变性的极限动切应力 τ_0 和塑性黏度 η，这两个重要参数通常是用毛细管黏度计和旋转黏度计测定的，其测定方法可参见相关参考书。

【例 7-1】 在钻井工程中，某钻杆的内径 $D = 94\text{mm}$，井深 $H = 1000\text{m}$，钻井液的相对密度 $d = 1.2$，其流量 $Q = 25\text{L/s}$。该钻井液属于塑性液体，屈服应力 $\tau_0 = 1\text{N/m}^2$，塑性黏度 $\eta = 0.01\text{Pa} \cdot \text{s}$。试判别流动状态，并计算沿程水头损失。

解：由 $Q = vA$ 得平均流速为

$$v = \frac{Q}{A} = \frac{Q}{0.785 D^2} = \frac{0.025}{0.785 \times 0.094^2} = 3.6 \,(\text{m/s})$$

$$Re_{综} = \frac{\rho v D}{\eta \left(1 + \frac{\tau_0 D}{6 \eta v}\right)} = \frac{1200 \times 3.6 \times 0.094}{0.01 \times \left(1 + \frac{1 \times 0.094}{6 \times 0.01 \times 3.6}\right)} = 2.83 \times 10^4 > 2000$$

故流动状态为紊流。

沿程阻力系数为

$$\lambda = \frac{0.125}{Re_{综}^{1/6}} = \frac{0.125}{28300^{1/6}} = 0.0226$$

沿程水头损失为

$$h_f = \lambda \frac{L}{D} \frac{v^2}{2g} = 0.0226 \times \frac{1000}{0.094} \times \frac{3.6^2}{19.6} = 159\,(\text{m 钻井液柱})$$

由此题可知：塑性流体计算沿程水头损失的方法和牛顿流体一样，先求 Re 判别流态，再计算 λ，最后求 h_f。

【例 7-2】 在钻井工程中，钻井深度 1000m，井的直径为 240mm，钻杆的外径为 114mm，钻井液的流量 $Q = 25\text{L/s}$，相对密度 $d = 1.3$，$\tau_0 = 2\text{N/m}^2$，$\eta = 0.015\text{Pa} \cdot \text{s}$。试判别钻井液在环形空间中的流动状态，并计算沿程水头损失。

解：(1) 计算 $Re_{环}$：

$$v = \frac{Q}{A} = \frac{0.025}{0.785 \times (0.24^2 - 0.114^2)} = 0.714\,(\text{m/s})$$

$$\rho = d \rho_{水} = 1.3 \times 1000 = 1300\,(\text{kg/m}^2)$$

$$D_{当} = D_{外} - D_{内} = 0.24 - 0.114 = 0.126\,(\text{m})$$

$$Re_{环} = \frac{\rho v D_{当}}{\eta\left(1+\dfrac{\tau_0 D_{当}}{8\eta v}\right)} = \frac{1300 \times 0.714 \times 0.126}{0.015 \times \left(1+\dfrac{2 \times 0.126}{8 \times 0.015 \times 0.714}\right)} = 1980 < 2000$$

故流动状态为结构流。

（2）沿程阻力系数为

$$\lambda = \frac{96}{Re_{环}} = \frac{96}{1980} = 0.0485$$

（3）沿程水头损失为

$$h_f = \lambda \frac{L}{D_{当}} \frac{v^2}{2g} = 0.0485 \times \frac{1000}{0.126} \times \frac{0.714^2}{19.6} = 10.25 (\text{m 钻井液柱})$$

第三节　幂律流体水力计算

前面已经讲过，拟塑性流体和膨胀流体的流变方程都可以用"幂定律"形式表示，在圆管中

$$\tau = k\left(-\frac{du}{dr}\right)^n \tag{7-16}$$

因此，两者统称为幂律流体。所不同的是拟塑性流体的流性指数 $n<1$，膨胀流体的流性指数 $n>1$。幂律流体在流动过程中与牛顿流体一样，遵循物质守恒和能量守恒的普遍规律。牛顿流体的流量方程、连续性方程式和能量方程式同样适用于幂律流体。

一、流动状态及其判别

由于幂律流体无屈服应力，其流态和牛顿流体一样分为层流和紊流两种，流动状态也同样用雷诺数的大小来判别，但由于拟塑性流体的流变性与牛顿流体的不同，故拟塑性流体判别流动状态的雷诺数的计算公式和牛顿流体不同。

幂律流体在圆管中流动时，雷诺数 Re 的计算公式为

$$Re = \frac{\rho v^{2-n} D^n}{\dfrac{k}{8}\left(\dfrac{6n+2}{n}\right)^n} \tag{7-17}$$

式中　D——管内径，m；

n——流性指数；

ρ——幂律液体的密度，kg/m³；

v——断面平均流速，m/s；

k——稠度系数，Pa·s^n；

Re——幂律流体的雷诺数。

临界雷诺数 $Re_k = 2000$，当 $Re < 2000$ 时，流动状态为层流；$Re > 2000$ 时，流动状态为紊流。

在环形空间中流动时的雷诺数可表示为

$$Re_{环} = \frac{\rho v^{2-n} D_{当}^n}{12^{n-1}\left(\frac{2n+1}{n}\right)^n k} \quad (7-18)$$

式中　$D_{当}$——环管的当量直径，m；

　　　$Re_{环}$——环管的雷诺数。

流动状态的判别方法和流体在圆管中流动一样。当 $Re_{环}$<2000 时，流动状态为层流；$Re_{环}$>2000 时，流动状态为紊流。

二、水头损失计算

由于幂律流体的流变性不同于牛顿流体的，因此，虽然确定水头损失的基本方法类似，但计算公式不同。

1. 沿程水头损失计算

1) 圆管层流状态下的沿程水头损失

当幂律液体在圆管中以层流状态流动时，沿程水头损失的计算公式为

$$h_f = \frac{\Delta p}{\rho g} = \frac{4Lk}{\rho g D}\left(\frac{3n+1}{4n}\right)^n\left(\frac{8v}{D}\right)^n \quad (7-19)$$

式中　Δp——管道两过流断面间的压强，Pa；

　　　v——管内流体的断面平均流速，m/s。

2) 圆管紊流状态下的沿程水头损失

当幂律液体在圆管中以紊流状态运动时，常采用类似于牛顿液体的计算方法：

$$h_f = \lambda \frac{L}{D}\frac{v^2}{2g}$$

对于水力光滑区的沿程阻力系数 λ，其计算公式为

$$\lambda = \frac{a}{Re^b} \quad (7-20)$$

式中，a 和 b 是 n 的函数，对应不同的 n 值，见表 7-1。

表 7-1　不同 n 值下的 a 和 b 值

n	a	b	n	a	b
0.2	0.2584	0.349	0.8	0.3044	0.263
0.3	0.2740	0.325	1.0	0.3116	0.250
0.4	0.2848	0.307	1.4	0.3212	0.231
0.6	0.2960	0.281	2.0	0.3304	0.213

圆管紊流状态下的沿程阻力系数 λ 也可以按下面的半经验公式计算。

若 0.7<n<0.8，Re<15000，则

$$\frac{1}{\sqrt{\lambda}} = \frac{2.0}{n^{0.75}}\lg\left[Re\sqrt{\left(\frac{\lambda}{4}\right)^{2-n}}\right] - \frac{0.2}{n^{1.2}} \quad (7-21)$$

若 $0.698<n<0.813$，$5480<Re<42800$，则

$$\frac{1}{\lambda/4}=\frac{2.69}{n}-2.95+\frac{4.53}{n}\lg\left[Re\left(\frac{\lambda}{4}\right)^{2-n}\right]+0.68\left(\frac{5n-8}{n}\right) \quad (7-22)$$

3）环形空间中的沿程水头损失

当幂律流体在环形空间中流动时，可用环形空间的当量直径 $D_{当}$ 代替圆管直径计算沿程水头损失。

$$h_f=\lambda\frac{L}{D_{当}}\frac{v^2}{2g}=\lambda\frac{L}{D_{外}-D_{内}}\frac{v^2}{2g}$$

其沿程阻力系数 λ 可按下式计算：

层流时

$$\lambda=\frac{96}{Re_{环}} \quad (7-23)$$

紊流时

$$\frac{1}{\sqrt{\lambda}}=\frac{2.0}{n^{0.75}}\lg\left[Re_{环}\left(\frac{\lambda}{4}\right)^{1-\frac{n}{2}}\right]-\frac{0.2}{n^{1.2}} \quad (7-24)$$

2. 局部水头损失计算

幂律流体在圆管内流动的过程中，断面突然扩大的压力损失，可按照下式计算：

$$\Delta p=\rho\left(\frac{Q}{A_1}\right)^2\left(\frac{3n+1}{2n+1}\right)\left[\frac{n+3}{2(5n+3)}\left(\frac{A_1}{A_2}\right)^2-\left(\frac{A_1}{A_2}\right)+\frac{3}{2}\left(\frac{2n+1}{5n+3}\right)\right] \quad (7-25)$$

式中 ρ——流体的密度，kg/m^3；

Q——体积流量，m^3/s；

A_1，A_2——小直径圆管、大直径圆管断面面积，m^2；

n——流变指数。

对于幂律流体，其他种类的局部阻力引起的压力损失，目前尚无可靠的计算公式，一般须通过实验确定。

【例 7-3】 在一口深 1000m 的油井中，通过 2.5in 的油管（内径 $D_{内}=62$mm）对地层进行压裂，压裂液的相对密度 $d=1.0$，排量 $Q=0.6$m^3/min，流性指数 $n=0.5$，稠度系数 $k=2.156$Pa·s^n，试计算压裂液在油管中产生的压力损失。

解：压裂液在油管中流动的断面平均流速为

$$v=\frac{Q}{A}=\frac{4Q}{\pi D_{内}^2}=\frac{4\times0.6}{3.14\times0.062^2\times60}=3.31(\text{m/s})$$

计算雷诺数 Re，判断流态。

$$Re=\frac{\rho v^{2-n}D_{内}^n}{\frac{k}{8}\left(\frac{6n+2}{n}\right)^n}=\frac{1000\times3.31^{2-0.5}\times0.062^{0.5}}{\frac{2.156}{8}\times\left(\frac{6\times0.5+2}{0.5}\right)^{0.5}}=1760<2000$$

故流动状态为层流。

沿程水头损失 h_f 为

$$h_f=\frac{4Lk}{\rho gD}\left(\frac{3n+1}{4n}\right)^n\left(\frac{8v}{D}\right)^n=\frac{4\times1000\times2.156}{1000\times9.8\times0.062}\times\left(\frac{3\times0.5+1}{48\times0.5}\right)^{0.5}\times\left(\frac{8\times3.31}{0.062}\right)^{0.5}=328(\text{m})$$

压力损失为

$$\Delta p_{损} = \rho g h_f = 1000 \times 9.8 \times 328 = 3.21 \times 10^6 (\text{N/m}^2) = 3.21 (\text{MPa})$$

知识扩展

钻井液循环系统压力损失计算

在钻井工程中，由钻井泵维持钻井循环系统内钻井液的流动。为了合理地选用钻井泵，需要确定钻井循环系统各个部分的水头损失（或压力损失），并进一步确定泵压及其功率。

如图7-8所示，井场钻井液循环系统包括地面管汇（包括地面管线、立管、水龙带、水龙头、方钻杆）、钻杆、钻铤和环形空间（钻杆处与井壁之间的环形通道）。

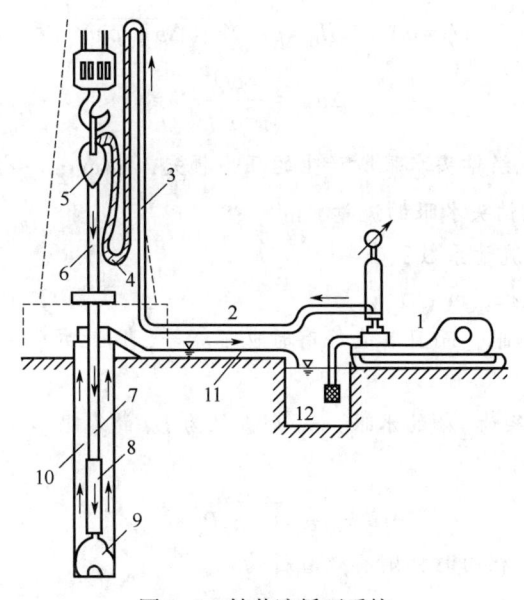

图7-8 钻井液循环系统

1—钻井泵；2—地面管线；3—立管；4—水龙带；5—水龙头；6—方钻杆；
7—钻杆；8—钻铤；9—钻头；10—环形空间；11—钻井液槽；12—钻井液池

在钻井过程中，当钻井液离开泵的出口以后，经过地面管线、立管、水龙带、水龙头和方钻杆进入钻杆的顶部，钻井液向下流过很长的钻杆，经过钻铤，由钻头的水眼流出，然后经过井壁与钻具的环形空间上返流出井口，经过钻井液槽流回钻井液池内。因为在钻杆中的流动和在环形空间中的流动基本上处于相同的位置高度，位置水头不变，所以钻井泵的泵压需要克服钻井液在整个循环系统所产生的压力损失之和，即

$$p_{泵} = \Delta p_{损失} = \Delta p_{汇} + \Delta p_{杆} + \Delta p_{铤} + \Delta p_{头} + \Delta p_{环} + \Delta p_{局} \tag{7-26}$$

式中 $p_{泵}$——钻井泵泵压，N/m²；

$\Delta p_{汇}$——钻井液在地面管汇中的压力损失，N/m²；

$\Delta p_{杆}$——钻井液在钻杆内的压力损失，N/m²；

$\Delta p_{铤}$——钻井液在钻铤内的压力损失，N/m²；

$\Delta p_{头}$——钻井液在钻头水眼处的压力损失，N/m^2；

$\Delta p_{环}$——钻井液在环形空间内的压力损失，N/m^2；

$\Delta p_{局}$——钻井液在各个局部阻力处的压力损失，N/m^2。

在位置水头不变的情况下，液体流经某段等径管路时，压力损失与水头损失的关系为

$$p_{泵}=\Delta p_{损失}=\rho g h_L \quad (7-27)$$

对于钻井循环系统各部分压力损失的计算，钻井液在钻杆、钻铤以及环形空间内的压力损失的计算可以参照前面介绍的圆形管路和环形空间中的水头损失计算，在这里仅简单介绍钻头水眼处压力损失的计算。

一、钻头水眼处压力损失计算

钻井液经过钻头水眼的压力损失可由孔口或管嘴出流的流量公式进行计算

$$Q=\mu A\sqrt{2gH_0}=\mu A\sqrt{2g(\Delta p_{头}/\rho g)}$$

$$\Delta p_{头}=\frac{8\rho Q^2}{\pi^2\mu^2 D^4} \quad (7-28)$$

式中 $\Delta p_{头}$——钻井液流经钻头水眼所产生的压力损失，N/m^2；

Q——钻井液流经钻头水眼的流量，m^3/s；

μ——钻头水眼的流量系数；

D——钻头水眼直径，m。

由于钻头上有多个水眼，而且其直径有时也不相等，因此式(7-28)中的钻头水眼直径应以有效直径 D_e 表示。

若钻头上有 n_1 个直径为 D_1 的水眼，n_2 个直径为 D_2 的水眼，…，则钻头水眼的有效直径为

$$D_e=\sqrt{n_1 D_1^2+n_2 D_2^2+\cdots} \quad (7-29)$$

当钻头上各个水眼的直径相同时，则有效直径为

$$D_e=\sqrt{nD^2} \quad (7-30)$$

【例7-4】某钻头有3个直径为9.5mm的水眼，流量系数 $\mu=0.90$，钻井液的相对密度 $\rho=1.25$，计算流量为 $Q=28.5L/s$ 时，钻井液在钻头水眼处所产生的压力损失。

解：钻头水眼的有效直径为

$$D_e=\sqrt{nD^2}=\sqrt{3\times 9.5^2}=16.45(mm)=0.01645(m)$$

$$\Delta p_{头}=\frac{8\rho Q^2}{\pi^2\mu^2 D_e^4}=\frac{8\times 1250\times 0.0285^2}{3.14^2\times 0.9^2\times 0.01645^4}$$

$$=13889345.97(N/m^2)=13.9(MPa)$$

二、钻井泵的泵压和功率确定

在钻井循环系统的各部分压力损失及泵压确定以后，便可进一步确定钻井泵的额定功率，计算公式为

$$N_\text{泵} = \frac{p_\text{泵} Q}{1000\eta'} \tag{7-31}$$

式中　$N_\text{泵}$——钻井泵的功率，kW；

　　　Q——钻井泵排量，m^3/s；

　　　η'——钻井泵效率（一般为活塞泵，$\eta'=0.85$）。

可见，计算出钻井液循环过程中各部分的水头损失，就可算出钻井泵压 $p_\text{泵}$ 及泵功率 $N_\text{泵}$。

【例7-5】 钻井液循环系统，钻井液相对密度 $d=1.2$，动切应力 $\tau_0=4.78\text{N/m}^2$，塑性黏度 $\eta=0.03\text{Pa}\cdot\text{s}$，排量 $Q=25.2\text{L/s}$，钻杆长 1000m，内径 92.5mm，外径 114mm。钻头外径 248mm，水眼三个，直径均为 9.5mm，流量系数 $\mu=0.95$，钻井泵效率 $\eta'=0.85$，设地面管汇及局部压力损失为 $\Delta p_\text{汇}=98\times10^4\text{N/m}^2$，计算钻井泵泵压和功率。

解：（1）计算钻杆中的压力损失 $\Delta p_\text{杆}$：

$$v = \frac{Q}{A} = \frac{Q}{0.785 D_\text{杆}^2} = \frac{0.025}{0.785\times 0.0925^2} = 3.75(\text{m/s})$$

$$Re_\text{综} = \frac{\rho v D_\text{杆}}{\eta\left(1+\dfrac{\tau_0 D_\text{杆}}{6\eta v}\right)} = \frac{1200\times 3.75\times 0.0925}{0.03\times\left(1+\dfrac{4.78\times 0.0925}{6\times 0.03\times 3.75}\right)} = 8383.5 > 2000$$

故流动状态为紊流，则

$$\lambda = \frac{0.125}{Re_\text{综}^{1/6}} = \frac{0.125}{28300^{1/6}} = 0.0226$$

$$h_\text{f} = \lambda\frac{L}{D}\frac{v^2}{2g} = 0.0226\times\frac{1000}{0.0925}\times\frac{3.75^2}{19.6} = 217.18(\text{m})$$

$$\Delta p_\text{杆} = \rho g h_\text{f} = 1.2\times 9800\times 217.18 = 2.55\times 10^6(\text{N/m}^2)$$

（2）计算环形空间压力损失 $\Delta p_\text{环}$：

$$v = \frac{Q}{A} = \frac{0.0252}{0.785\times(0.248^2-0.114^2)} = 0.664(\text{m/s})$$

$$D_\text{当} = D_\text{外} - D_\text{内} = 0.248 - 0.114 = 0.134(\text{m})$$

$$Re_\text{环} = \frac{\rho v D_\text{当}}{\eta\left(1+\dfrac{\tau_0 D_\text{当}}{8\eta v}\right)} = \frac{1.2\times 1000\times 0.664\times 0.134}{0.03\times\left(1+\dfrac{4.78\times 0.03}{8\times 0.03\times 0.664}\right)} = 709.7 < 2000$$

故流动状态为结构流，则

$$\lambda = \frac{96}{Re_\text{环}} = \frac{96}{709.7} = 0.135$$

$$h_\text{f} = \lambda\frac{L}{D_\text{当}}\frac{v^2}{2g} = 0.135\times\frac{1000}{0.134}\times\frac{0.664^2}{19.6} = 22.66(\text{m})$$

$$\Delta p_\text{环} = \rho g h_\text{f} = 1.2\times 9800\times 22.66 = 2.66\times 10^5(\text{N/m}^2)$$

（3）计算钻头水眼处压力损失 $\Delta p_\text{头}$：

$$D_\text{e} = \sqrt{n D_\text{眼}^2} = \sqrt{3\times 9.5^2} = 16.45(\text{mm}) = 0.01645(\text{m})$$

$$\Delta p_{\text{头}} = \frac{8\rho Q^2}{\pi^2 \mu^2 D_e^4} = \frac{8 \times 1200 \times 0.0252^2}{3.14^2 \times 0.95^2 \times 0.01645^4} = 9.24 \times 10^6 (\text{N/m}^2)$$

（4） 钻井泵泵压和功率为

$$p_{\text{泵}} = \Delta p_{\text{汇}} + \Delta p_{\text{杆}} + \Delta p_{\text{环}} + \Delta p_{\text{头}}$$
$$= 98 \times 10^4 + 2.55 \times 10^6 + 2.66 \times 10^5 + 9.24 \times 10^6$$
$$= 13.04 \times 10^6 (\text{N/m}^2) = 13.04 (\text{MPa})$$

$$N_{\text{泵}} = \frac{p_{\text{泵}} Q}{1000 \eta'} = \frac{13.04 \times 10^6 \times 0.252}{1000 \times 0.85} = 387 (\text{kW})$$

因此，钻井泵泵压为 13.04MPa，功率为 387kW。

思考题

7-1 根据流体的流变曲线，分析牛顿流体的流变性与非牛顿流体的流变性的不同。
7-2 塑性流体的极限静切应力和极限动切应力的物理意义是什么？
7-3 塑性黏度与视黏度有何区别？
7-4 牛顿流体、塑性流体和幂律流体的特性参数各是什么？
7-5 塑性液体有几种流动状态？它与牛顿液体的流动状态有何异同点？
7-6 牛顿流体和非牛顿流体在水力计算上有什么异同点？
7-7 钻井液流过整个钻井液循环系统所产生的压力损失包括哪几部分？
7-8 钻井工程中，如何确定钻井泵的泵压和功率？

习题

7-1 如习题7-1图所示，将相对密度为 $d=1.26$、极限静切应力为 20.6N/m^2 的钻井液注入内径为 16mm 的 U 形管中，在两边达到 A—A 的水平位置。U 形管弯曲部分的曲率半径 $r=4\text{cm}$，$h=1.2\text{cm}$，其两端敞于大气中。若使钻井液在 U 形管中开始流动，试求从 U 形管的一端再注入同种钻井液的高度 h。（U 形管弯曲部分的影响略而不计）

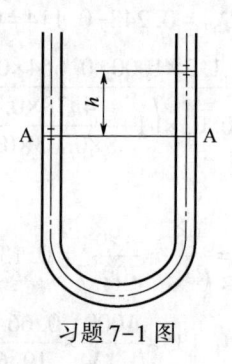

习题 7-1 图

7-2 钻井液的相对密度为 $d=1.3$，塑性黏度为 $\eta=0.035\text{Pa}\cdot\text{s}$，屈服应力 $\tau_0=6\text{N/m}^2$，钻杆外径 89mm，内径 67mm，钻头直径为 219mm。当钻井液的排量为 26L/s 时，试判别钻井液在钻杆内和环形空间内的流动状态。

7-3 水泥浆的密度为 1800kg/m³，塑性黏度 $\eta=0.04$Pa·s，屈服应力 $\tau_0=7$N/m²，井眼直径 270mm，套管外径 152mm。若使水泥浆在由套管与井壁组成的环形空间中以紊流状态运动，试确定水泥浆的最小排量。

7-4 在钻井过程中，若已知井的直径 $D_井=244$mm，钻杆外径 $D_外=114$mm，钻杆内径 $D_内=96$mm，井深 $L=1200$m。钻井液的相对密度 $d=1.3$，极限动切应力 $\tau_0=9.81$N/m²，塑性黏度 $\eta=0.01$Pa·s，钻井液流量 $Q=30$L/s。试求钻井液在钻杆和环形空间中流动的沿程水头损失各为多少？

7-5 由钻井液站经内径为 125mm，长度为 $L=2310$m 的管路将钻井液输送到钻井液罐。钻井液的密度为 1180kg/m³，塑性黏度为 $\eta=0.04$Pa·s，极限动切应力为 $\tau_0=2.94$N/m²。若泵的排量为 $Q=36$L/s。管路出口敞于大气中，并且其位置比泵的位置高 32m，试求泵压为多少？

7-6 某喷射式三牙轮钻头的三个水眼直径均为 9.5mm，钻井液的相对密度为 1.2，排量为 $Q=30$L/s，水眼的流量系数为 0.95。试求钻井液流经钻头水眼的压力损失。

第八章 气体管道流动分析

引言

在工程中常常会涉及气体流动的问题，比如飞机升力的产生、民用燃气的输配，以及天然气的开采及管道输送，那么气体和液体的运动规律有何不同？掌握气体的运动规律有助于解决天然气在开采、储存与输送过程中所遇到的工程实际问题。

与液体相比，气体具有明显的压缩性，但这并不意味着在所有情况下气体的密度都会有明显的变化，当气体以较小的流速流动时，其密度变化并不大，因此，在处理工程实际问题时，可以把低速气流看成是不可压缩流动；而当气体以较大的速度流动时，其密度会发生明显的变化，则此时气体的流动必须看成是可压缩流动。

由于可压缩流动要比不可压缩流动复杂得多，所以本章只简单介绍一元稳定流动的基本方程、声速及马赫数、滞止参数以及气体流动计算等方面的知识，为今后的进一步研究打下一个基础。

第一节 一元稳定流动基本方程

一元稳定流动是指垂直于流动方向的各截面上，运动参数（如流速 u、压力 p、密度 ρ 和气体热力学温度 T 等）都均匀一致且不随时间变化的流动，也就是说运动参数只是一个空间坐标的函数。气体在实际管道中流动时，由于气体与固体壁面间的摩擦和传热作用，气体流动参数在每个截面上都是不均匀的，不是真正的一元流动。但在工程上，对于缓变流问题，可以用各截面参数的平均值来近似地当作一元流动问题来处理。

气体的流动必然遵守自然界中的一些基本物理定律，包括质量守恒定律、牛顿第二定律、热力学第一定律和热力学第二定律等。利用这些定律可以建立起气流各参数之间的变化关系，根据这些关系，就可以从理论上来研究和分析气体的流动问题。

一、气体状态方程

由工程热力学可知，理想气体状态方程为

$$p = \rho RT \tag{8-1}$$

式中　R——气体常数，J/(kg·K)，对空气来说，$R = 287.06$ J/(kg·K)；

　　　T——热力学温度，K；

　　　p——绝对压力，Pa。

微分方程为

$$\frac{dp}{p} = \frac{d\rho}{\rho} + \frac{dT}{T} \tag{8-2}$$

式(8-2)反映了理想气体在任一平衡状态时，压力、密度、温度三者的变化关系。当已知其中任意两个参数时，便可求得第三个参数。

对于实际气体，需引入一个修正系数 Z，即

$$p = Z\rho RT \tag{8-3}$$

式中，Z 为实际气体的偏差系数，表示实际气体与理想气体的偏离程度。对于理想气体，$Z = 1$；对于实际气体，Z 是气体状态的函数。

气体状态方程的具体内容如视频 8-1 所示。

视频 8-1　气体状态方程

二、连续性方程

在一元稳定管流中，根据质量守恒定律，流束任一有效断面处的质量流量均为常数，即 $Q_{m1} = Q_{m2}$，对于高流速的气体，不能忽略压缩性，即 $\rho_1 \neq \rho_2$，则有

$$\rho_1 u_1 A_1 = \rho_2 u_2 A_2 \tag{8-4}$$

其微分方程式为

$$\frac{d\rho}{\rho} + \frac{du}{u} + \frac{dA}{A} = 0 \tag{8-5}$$

式中　ρ——气体密度，kg/m³；

　　　u——流束有效断面流速，m/s；

　　　A——流束有效断面面积，m²。

式(8-4)和式(8-5)即为气体一元稳定流动的连续性方程及其微分形式，其物理意义为：沿流程各断面处的流量相同。

在等截面管流中 $dA = 0$，则式(8-5)变为

$$\frac{d\rho}{\rho} + \frac{du}{u} = 0$$

由上式可知，对于可压缩一元稳定管流，气流速度的变化必然引起流体密度的变化。这里需指出，连续性方程不仅适用于理想流体，也适用于实际流体。一般情况下，对于不稳定流来说，在某一瞬时仍然适用。

三、能量方程

能量方程是热力学第一定律应用于流动气体所得到的数学表达式，它反映了气体在流动过程中能量转换关系。下面来讨论一元稳定流动时，理想气流伯努利方程式的推导。

在理想气体一元稳定流时，任取一微段 ds 管流，如图 8-1 所示。两端面上的压力分别为 p 和 $\left(p + \frac{\partial p}{\partial s} ds\right)$，单位质量力在 s 轴上的分量为 S。不考虑阻力，列出力的平衡方程：

$$p \cdot dA - \left(p + \frac{\partial p}{\partial s}ds\right)dA + \rho dAds \cdot S = \rho dAds \frac{dv}{dt} \qquad (8\text{-}6)$$

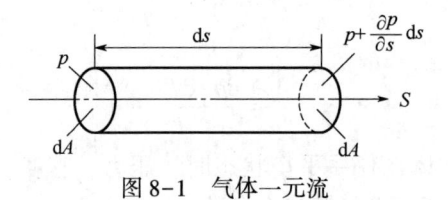

图 8-1 气体一元流

式(8-6)称为一元欧拉平衡方程。

对于稳定流

$$\frac{\partial p}{\partial s} = \frac{dp}{ds}$$

$$\frac{dv}{dt} = \frac{dv}{ds} \cdot \frac{ds}{dt} = v \cdot \frac{dv}{ds}$$

代入式(8-6),得

$$-dp + \rho ds \cdot S = \rho v dv$$

气体所受质量力只有重力,对于可压缩流体来说,研究对象通常是重量轻的气体,流动的高差变化范围小,压力和流速变化占主导地位,可以忽略重力的作用 $S=0$,代入上式,整理可得

$$\frac{dp}{\rho} + v dv = 0$$

积分

$$\int \frac{dp}{\rho} + \int v dv = 常量 \qquad (8\text{-}7)$$

要对方程积分,应找到压力 p 与密度 ρ 之间的函数关系,而 $p = f(\rho)$ 与热力过程有关,下面分别进行讨论。

1. 气体一元流等温过程

等温过程是指温度 T 保持不变的热力过程,即 $T=$ 常数,因此,状态方程为

$$\frac{p}{\rho} = RT = C$$

由上式可得 $\rho = \frac{p}{C}$,将其代入 $\int \frac{dp}{\rho}$ 中,并积分

$$\int \frac{dp}{\rho} = C \int \frac{dp}{p} = C \ln p$$

将上式代入式(8-7)中,得

$$C \ln p + \frac{v^2}{2} = 常量$$

再将 $C = \frac{p}{\rho}$ 代入上式得

$$\frac{p}{\rho} \ln p + \frac{v^2}{2} = 常量$$

等式两边同除以 g 得

$$\frac{p}{\rho g}\ln p+\frac{v^2}{2g}=常量 \tag{8-8}$$

因此，等温流动中，任意两断面间的伯努利方程式可写为

$$\begin{cases}\dfrac{p_1}{\rho_1 g}\ln p_1+\dfrac{v_1^2}{2g}=\dfrac{p_2}{\rho_2 g}\ln p_2+\dfrac{v_2^2}{2g}\\ \dfrac{p}{\rho g}\ln\dfrac{p_1}{p_2}=\dfrac{v_2^2-v_1^2}{2g}\end{cases} \tag{8-9}$$

2. 气体一元流绝热过程

在热力学中，绝热过程是指气体与外界环境之间无热量交换的状态变化过程。例如喷管中气体具有较高的流速，气流与壁面的接触时间极短，来不及进行交换，因此可以近似按绝热流动处理。对于有保温层的管路，自然也属于绝热流动。

在绝热过程中

$$\frac{p}{\rho^k}=C(常数) \tag{8-10}$$

其中
$$k=c_p/c_V$$

式中　k——绝热指数；

　　　c_p——比定压热容；

　　　c_V——比定容热容。

比定压热容 c_p 和比定容热容 c_V 是热力学概念，分别指单位质量的物质在压力不变和体积不变的条件下，温度升高或下降1K所吸收或放出的能量，其单位为 $J/(kg·K)$。

由式(8-10)得

$$\rho=\left(\frac{p}{C}\right)^{\frac{1}{k}}=C^{-\frac{1}{k}}p^{\frac{1}{k}} \tag{8-11}$$

将式(8-11)代入 $\int\dfrac{\mathrm{d}p}{\rho}$ 积分并整理得

$$\int\frac{\mathrm{d}p}{\rho}=C^{\frac{1}{k}}\int p^{-\frac{1}{k}}\mathrm{d}p=\frac{k}{k-1}\cdot\frac{p}{\rho}$$

绝热流动的能量方程为

$$\frac{k}{k-1}\cdot\frac{p}{\rho}+\frac{v^2}{2}=常量 \tag{8-12}$$

或

$$\frac{k}{k-1}\cdot\frac{p}{\rho g}+\frac{v^2}{2g}=常量 \tag{8-13}$$

对一元流任意两断面，有

$$\frac{k}{k-1}\cdot\frac{p_1}{\rho_1 g}+\frac{v_1^2}{2g}=\frac{k}{k-1}\cdot\frac{p_2}{\rho_2 g}+\frac{v_2^2}{2g} \tag{8-14}$$

气体绝热指数 k 决定于气体的分子结构。常用数值：空气 $k=1.4$；干饱和蒸气 $k=1.135$；过热蒸气 $k=1.33$。因此，空气绝热流动的伯努利方程为

$$\begin{cases} 3.5\dfrac{p}{\rho}+\dfrac{v^2}{2}=\text{常量} \\ 3.5\dfrac{p}{\rho g}+\dfrac{v^2}{2g}=\text{常量} \end{cases} \tag{8-15}$$

气体动力学又常以比焓 i（在热力学中，焓是气体内能和压力能之和，比焓是单位质量物质的焓，其单位 J/kg）为参数分析流动，从热力学可知：$i=c_p \cdot T$，$R=c_p-c_V$，由理想气体状态方程可知 $T=\dfrac{p}{\rho R}$，则

$$i=c_p T=c_p\dfrac{p}{\rho R}=c_p \cdot \dfrac{p}{\rho(c_p-c_V)}=\dfrac{p}{\rho}\dfrac{c_p}{c_p-c_V}=\dfrac{p}{\rho}\dfrac{k}{k-1}$$

于是用 i 代替 $\dfrac{p}{\rho}\dfrac{k}{k-1}$，则伯努利方程为

$$i+\dfrac{v^2}{2}=\text{常量} \tag{8-16}$$

任意两断面上的等式又可写为

$$i_1+\dfrac{v_1^2}{2}=i_2+\dfrac{v_2^2}{2} \tag{8-17}$$

根据热力学定义，比焓 i 为

$$i=\dfrac{p}{\rho}\dfrac{k}{k-1}=\dfrac{p}{\rho}\dfrac{1}{k-1}+\dfrac{p}{\rho} \tag{8-18}$$

式中 $\dfrac{p}{\rho}$——单位质量流体的压力能；

$\dfrac{p}{\rho}\dfrac{1}{k-1}$——单位质量流体的内能。

其证明如下：

$$\dfrac{p}{\rho}\dfrac{1}{k-1}=RT\dfrac{1}{k-1}=(c_p-c_V) \cdot T\dfrac{1}{\frac{c_p-c_V}{c_V}}=c_V T=U(\text{内能})$$

因此绝热流动伯努利方程式的物理意义是：理想气体稳定流动，单位质量的气流流束所具有的机械能与内能之和为常数。

绝热流动的伯努利方程，不仅适用于无摩擦的绝热流动，而且也适用于有黏性的实际气流。这是因为在管流中只要管材不导热，摩擦所产生的热量将保存在管路中，所消耗的机械能转化为内能，其总和保持不变。

【例 8-1】 如图 8-2 所示，空气自喷嘴高速喷出，使周围煤气能很好地与空气混合。在 1—1 断面上测得：$p_1=1200\text{kPa}$，$v_1=100\text{m/s}$，$T_1=300\text{K}$，$p_2=1000\text{kPa}$。求 2—2 断面上 v_2 为多少。

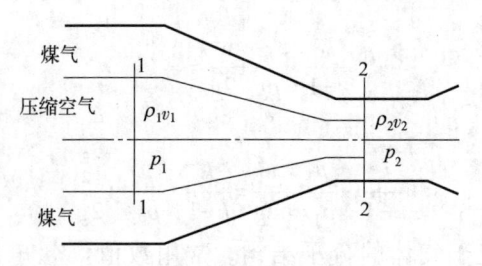

图 8-2 喷嘴计算例题

解：因为气流速度较高，喷嘴较短，来不及与外界进行热交换，故可视为绝热流动，忽略阻力损失，则理想气体绝热流动伯努利方程式为

$$3.5\frac{p_1}{\rho_1}+\frac{v_1^2}{2}=3.5\frac{p_2}{\rho_2}+\frac{v_2^2}{2}$$

则

$$v_2=\sqrt{7\left(\frac{p_1}{\rho_1}-\frac{p_2}{\rho_2}\right)+v_1^2}$$

因为空气 $R=287\text{J}/(\text{kg}\cdot\text{K})$，在 1—1 断面上可应用气体状态方程求得 ρ_1：

$$\rho_1=\frac{p_1}{RT_1}=\frac{1200\times10^3}{287\times300}\approx13.9(\text{kg/m}^3)$$

在两个断面上，根据绝热过程方程 $\frac{p}{\rho^k}=C$（其中 $k=1.4$），可求得 ρ_2：

$$\rho_2=\rho_1\left(\frac{p_2}{p_1}\right)^{\frac{1}{k}}=13.9\times\left(\frac{1000\times10^3}{1200\times10^3}\right)^{\frac{1}{1.4}}=13.9\times0.833^{0.714}=12.2(\text{kg/m}^3)$$

则

$$v_2=\sqrt{7\times\left(\frac{1200\times10^3}{14}-\frac{1000\times10^3}{12.2}\right)+100^2}=\sqrt{7\times0.4\times10^4+100^2}=195(\text{m/s})$$

四、动量方程

对流束而言，动量定律仍然成立，即作用于流束的冲量等于其动量的变化，可表达为

$$P\text{d}t=\text{d}(mu) \tag{8-19}$$

式中　P——作用在流束上的合外力，N；

　　　m——流束的质量，kg；

　　　u——流束的速度，m/s；

　　　$\text{d}t$——力 P 的作用时间，s。

式(8-19)适用于自然界中较为普遍的情况。据此原理，可推导出气体动力学应用比较方便的方程形式。

设在流场中任取一流束，如图8-3所示，选取与流束轴线相垂直的1—1、2—2两个断面，在流束中任取一质点 A，其质量为 m，速度为 u。根据式(8-19)，在 $\text{d}t$ 时间内，作用在1—2段流体上所有力的冲量在 x 轴方向上的投影之和等于动量之和在该轴线上的变化。

$$P_x\text{d}t=\text{d}\sum mu_x \tag{8-20}$$

在 $\text{d}t$ 时间内，流体由 1—2 的位置移动到 1′—2′。当流体运动为稳定流时，1′—2 中的动量总和并没有变化。所以，流体由 1—2 的位置移动到 1′—2′时，动量总和的变化只等于 2—2′与 1—1′两部分的动量差，所以

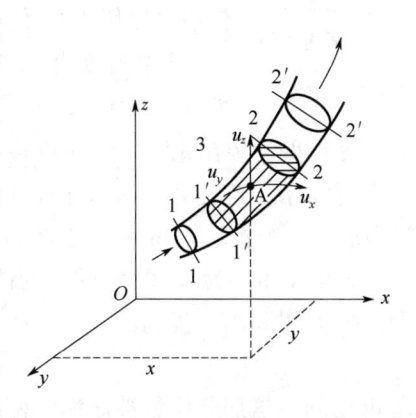

图 8-3　空间流束

$$\text{d}\sum mu_x=(u_{x2}-u_{x1})\text{d}m \tag{8-21}$$

式中 dm——1—1′或 2—2′段中的流束质量；

u_{x1}，u_{x2}——1—1、2—2 两断面处流速在 x 轴上的投影。

这段流束质量 dm 等于每秒流过断面的流体质量 m 与时间间隔 dt 的乘积，即

$$dm = mdt$$

所以

$$d\sum mu_x = (u_{x2}-u_{x1})mdt$$

把上式代入式(8-20) 得

对 y、z 轴同理可得

$$\begin{cases} P_x dt = (u_{x2}-u_{x1})mdt \\ P_y dt = (u_{y2}-u_{y1})mdt \\ P_z dt = (u_{z2}-u_{z1})mdt \end{cases} \quad (8-22)$$

式(8-22) 就是流体动力学中的动量方程。显然，利用动量方程求解作用力时，只需已知所选定的两个控制面上的流动参数，而无须知道两控制面之间的实际过程。

第二节 声速、马赫数、滞止参数

上一节讨论了一元稳定流的基本方程，即连续性方程、动量方程、能量方程及状态方程，可以用来确定速度、压力、密度和温度四个物理量。在研究可压缩流动时，由于流动的复杂性，还需进一步了解可压缩气流的相关参数。

一、声速

视频 8-2 声速

声速也称音速，是指微弱压强扰动在弹性介质中的传播速度，其大小因介质的性质和状态不同而不同（视频 8-2）。在 1 标准大气压、15℃ 的条件下空气中的声速约为 340m/s。

在第五章中介绍的水击就是一种压力波动现象，其压力、速度、密度的传播是以压力扰动波的速度来进行的。

气流中如果有扰动，它的压力、速度、密度的变化也是以压力扰动波传播的。这个压力扰动波，实质上就是声音在气流介质中的传递过程。

设活塞 A 装在充满气体的直管中，如图 8-4(a) 所示，当活塞静止时，气体的压力为 p、密度为 ρ。当活塞 A 以微小速度 dv 运动时，依次压缩其前部的气体，这种压缩的传播在管中形成一个扰动面 m—n，其推进速度即为声速 c，扰动后的压力增量为 dp。

图 8-4(b) 为活塞 t 时间后的情况，图 8-4(c) 则为 $t+$dt 时间之后的情况。于是可以得出：在 dt 时间内，扰动面 m—n 所经过的静止气体的质量 ΔM 为

$$\Delta M = \rho Ac dt \quad (8-23)$$

在 dt 时间后这部分质量被压缩，密度变为 $\rho+$dρ，体积变为 $(c-$d$v)A$dt，则质量 ΔM 变为

$$\Delta M = (\rho+d\rho)(c-dv)Adt \quad (8-24)$$

根据质量守恒原理，由式(8-23) 和式(8-24) 两式可得

$$\rho Ac dt = (\rho+d\rho)(c-dv)Adt$$

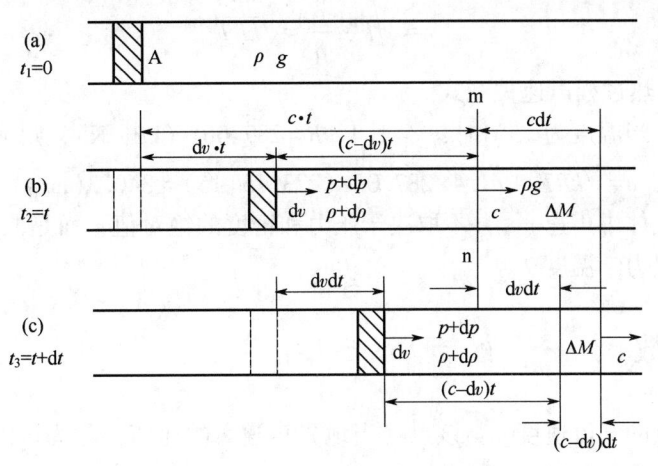

图 8-4 压力扰动面推进示意图

整理得

$$dv = \frac{c\,d\rho}{\rho + d\rho} \quad (8-25)$$

现在来确定压力增量 dp。由于质量 ΔM 在 dt 时间前是静止的，因而运动速度 $v=0$。但 dt 时间后由于活塞移动而被压缩，与此同时获得与活塞速度相同的 dv。按动量定律可得

$$[(p+dp)-p]A\,dt = \rho A c\,dt \cdot dv \quad (8-26)$$

化简上式得

$$dp = \rho c\,dv$$

将式（8-25）代入上式得

$$dp = \rho c \frac{c\,d\rho}{\rho + d\rho} = c^2 \frac{d\rho}{1 + \frac{d\rho}{\rho}}$$

式中 $\frac{d\rho}{\rho}$ 与 1 相比是高阶微量，在微弱扰动的情况下 $\frac{d\rho}{\rho}$ 是很小的，可以忽略，于是上式变为

$$dp = c^2 d\rho$$

$$c^2 = \frac{dp}{d\rho}$$

或

$$c = \sqrt{\frac{dp}{d\rho}} \quad (8-27)$$

由热力学分析可知，微弱扰动波的传播过程可以看作是绝热过程，所以有

$$\frac{p}{\rho^k} = 常数$$

取对数并微分后有

$$\frac{dp}{p} = k\frac{d\rho}{\rho}$$

故 $c^2 = \frac{dp}{d\rho} = k\frac{p}{\rho}$，代入气体状态方程，则得声速公式为

$$c=\sqrt{k\cdot\frac{p}{\rho}}=\sqrt{kRT} \tag{8-28}$$

式(8-28)即为绝热过程声速关系式。

对空气来说，当温度为15℃时，$k=1.4$，$R=287.06\text{J}/(\text{kg}\cdot\text{K})$，则绝热过程声速$c$为

$$c=\sqrt{kRT}=\sqrt{1.4\times287.06\times(273.15+15)}=340.3(\text{m/s})$$

综上所述，气体中声速c，并不取决于压力和密度的绝对值，而是取决于压力和密度的比值，即取决于热力学温度T。

二、马赫数

流场中任一点的气流速度v与该点（当地）声速c的比值，称为该点处气流的马赫数，用符号Ma表示，即

$$Ma=\frac{v}{c}=\frac{v}{\sqrt{kRT}} \tag{8-29}$$

当气流速度小于当地声速时，即$Ma<1$时，这种气流称为亚声速气流；当气流速度大于当地声速时，即$Ma>1$时，这种气流称为超声速气流；当气流速度等于当地声速时，即$Ma=1$时，这种气流称为声速气流。超声速气流和亚声速气流所遵循的规律有着本质的不同。

另外，马赫数Ma还可用来衡量气体压缩性的大小（视频8-3）。在一般情况下，当$Ma\leq0.3$时，气体密度的相对变化量很小，通常可认为是不可压缩流动；当$Ma>0.3$时，气体密度在流动过程中变化显著，就要考虑其压缩性。

视频8-3 马赫数

三、滞止参数

如果按照一定的过程将气流速度滞止到零，此时气流的参数就称为滞止参数。可以假想将某一处的流动气体引入一个容积很大的储气罐内，使之变为静止的气体，此时状态就称为滞止状态；气体绕过一个物体时，在驻点处气流受到阻滞，速度等于零，这一点的气流状态也是滞止状态。滞止状态下的温度称为滞止温度（或称为总温度），用T_0表示；压力称为滞止压力（或称为总压力），用p_0表示；密度称为滞止密度（或称为总密度），用ρ_0表示；声速称为滞止声速，用c_0表示。

1. 滞止温度 T_0

由绝热过程的能量方程式(8-16)，有

$$i+\frac{v^2}{2}=\text{常数}=i_0 \tag{8-30}$$

式中，i_0称为气流的总比焓，它表示单位质量气流所具有的总能量。当比定压热容c_p为常数时，$i=c_pT$，$i_0=c_pT_0$，代入式(8-30)整理得

$$T_0=T+\frac{v^2}{2c_p} \tag{8-31}$$

可见，当气流等熵滞止时，v 趋于零，则 T 趋于 T_0。式(8-31) 对可压缩和不可压缩气流均适用。

2. 滞止压力 p_0

由不可压缩流的伯努利方程式，不计位能时，有

$$p + \frac{\rho v^2}{2} = p_0 = 常量$$

即
$$p_0 = p + \frac{\rho v^2}{2} \tag{8-32}$$

此式表明，当不可压缩气流等熵滞止时，v 趋于零，则 p 趋于 p_0。

3. 滞止密度 ρ_0

由滞止压力 p_0 和滞止温度 T_0，根据气体状态方程式即可求得滞止密度 ρ_0：

$$\rho_0 = \frac{p_0}{RT_0} \tag{8-33}$$

4. 滞止声速 c_0

对应于滞止状态的声速称为滞止声速，用符号 c_0 表示。显然

$$c_0 = \sqrt{kRT_0} \tag{8-34}$$

四、气体的极限速度、临界声速、速度系数

1. 气体的极限速度 v_{max}

由绝能过程的能量方程式 $i + \frac{v^2}{2} = 常量 = i_0$ 可知，当气流的比焓减小到零，即 $i \to 0$ 时，则速度达到极限值 $v \to v_{max}$，说明气体分子的全部热能都转变成动能，即

$$i_0 = \frac{v_{max}^2}{2}$$

由此得到气流极限速度的表达式：

$$v_{max} = \sqrt{2i_0} \tag{8-35}$$

又因为 $i_0 = c_p T_0$，所以

$$v_{max} = \sqrt{2c_p T_0} \tag{8-36}$$

因为比定压热容 $c_p = \frac{kR}{k-1}$，因此

$$v_{max} = \sqrt{\frac{2}{k-1}kRT_0} \tag{8-37}$$

实际上，极限速度仅仅是一个理论上的极限值，目前的科学技术水平尚不可能达到的。因为当流速达到极限值时，$i=0$，因而 $T=0$，而气体温度降到绝对零度目前还做不到。

2. 临界声速 c_{cr}

由式(8-37) 可知，极限速度 v_{max} 仅是滞止温度 T_0 的函数，当 T_0 一定时，v_{max} 为定

值。因此在绝能流动中，总温度不变，$v_{\max}$ 也不变。要想提高 $v_{\max}$，唯一的办法就是提高气体的总温度。

将 $i = \dfrac{p}{\rho} \dfrac{k}{k-1}$ 代入 $i + \dfrac{v^2}{2} =$ 常数，得

$$\frac{k}{k-1}\frac{p}{\rho}+\frac{v^2}{2}=\text{常数}$$

又因

$$c^2 = k\frac{p}{\rho}$$

则

$$\frac{c^2}{k-1}+\frac{v^2}{2}=\text{常数} \tag{8-38}$$

由式(8-38)可见，随着速度减小到零（$v \to 0$），声速增加到最大值。反之，当速度增加到最大值时（$v \to v_{\max}$），声速下降到零。显然在气流速度由 0 增大到 $v_{\max}$ 的过程中，必然会有一个速度恰好等于声速，即 $v = c$，气体动力学中称这种状态为临界状态，所对应的参数称为气流的临界状态参数，此时对应的声速，称为临界声速，用 c_{cr} 表示。显然 $v_{cr} = c_{cr}$，下面讨论临界声速 c_{cr}、总温 T 以及极限速度 $v_{\max}$ 之间的关系。

由式(8-38)有

$$\frac{c^2}{k-1}+\frac{v^2}{2}=\frac{c_{cr}^2}{k-1}+\frac{c_{cr}^2}{2}=\frac{1}{2}v_{\max}^2 \tag{8-39}$$

由此

$$c_{cr}=\sqrt{\frac{k-1}{k+1}}\cdot v_{\max}=\sqrt{\frac{2}{k+1}kRT_0} \tag{8-40}$$

从上面的分析中可发现，在绝热流动时，随着速度的变化，声速 c 也发生变化，但临界声速 c_{cr} 不变，它只与气流的总温有关。当总温不变时，临界声速 c_{cr} 也不变，从而在气体动力学中得到了广泛的应用。

3. 速度系数 λ

在气体动力学中，除了用马赫数作为无因次参数以外，也常常会用到速度系数，它是指气流速度 v 与临界声度 c_{cr} 之比，用符号 λ 来表示，即

$$\lambda = \frac{v}{c_{cr}} \tag{8-41}$$

与马赫数 Ma 相比，应用速度系数 λ 最大的好处是，在绝热流动中，当气体速度 $v \to v_{\max}$ 时，声速 c 变为零，马赫数 Ma 趋于无穷大。这样在作图时 $v = v_{\max}$ 时的情况就无法表示出来，而根据式(8-40)可知

$$\lambda_{\max}=\frac{v_{\max}}{c_{cr}}=\sqrt{\frac{k+1}{k-1}} \tag{8-42}$$

显然，$\lambda_{\max}$ 为确定的值，这样就解决了上述问题。如对空气来说，$k = 1.4$，$\lambda_{\max} = 2.449$。

速度系数 λ 和马赫数 Ma 之间有确定的对应关系：

$$\lambda^2 = \frac{\frac{k+1}{2}Ma^2}{1+\frac{k-1}{2}Ma^2} \tag{8-43}$$

或

$$Ma^2 = \frac{\frac{2}{k+1}\lambda^2}{1-\frac{k-1}{k+1}\lambda^2} \tag{8-44}$$

上述关系可以绘制出如图8-5所示的曲线。由此可见：

当$Ma<1$时，则$\lambda<1$，为亚声速流。

当$Ma=1$时，则$\lambda=1$，为声速流。

当$Ma>1$时，则$\lambda>1$，为超声速流，此类情况在航空动力学中才会遇到；当$Ma \geqslant 5$时为超高声速，目前我国已经成功研制出超高声速飞机，并已试飞成功。

当$Ma=0$时，则$\lambda=0$，无流动。

当$Ma=\infty$时，则$\lambda=\sqrt{\frac{k+1}{k-1}}$，流速最大。

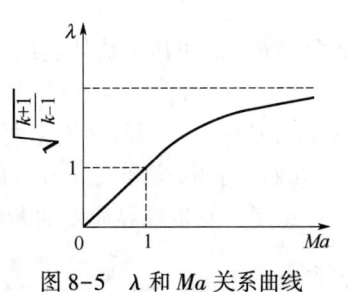

图8-5 λ和Ma关系曲线

因此，速度系数λ和马赫数Ma一样，也是表示亚声速和超声速气流的一个简单标志。另外气流参数与滞止参数之比也可以用速度系数λ来表示（读者感兴趣可自行推导）。

【例8-2】 气流的速度为800m/s，温度为530℃，等熵指数$k=1.25$，气体常数$R=322.8$J/(kg·K)。试计算当地声速与马赫数。

解：当地声速为

$$c = \sqrt{kRT} = \sqrt{1.25 \times 322.8 \times (273+530)} = 569.22(\text{m/s})$$

马赫数为

$$Ma = \frac{v}{c} = \frac{800}{569.22} = 1.405$$

【例8-3】 已知大气层中温度随高程H的变化规律为：$T=288-aH$，式中$a=0.0065$K/m，若此时有一架飞机在10000m的高空飞行，飞行马赫数为1.5。试确定飞机的飞行速度。已知：空气绝热指数$k=1.4$；气体常数$R=287$J/(kg·K)。

解：依题意

$$T = 288-aH = 288-0.0065 \times 10000 = 223(\text{K})$$
$$c = \sqrt{kRT} = \sqrt{1.4 \times 287 \times 223} = 299.33(\text{m/s})$$
$$v = Ma \cdot c = 1.5 \times 299.33 = 449(\text{m/s})$$

第三节 气体流动计算

一、气流速度与断面关系

根据连续性方程：$\rho vA=$常量，对管流任意两断面，有

$$\rho_1 v_1 A_1 = \rho_2 v_2 A_2$$

上式取微分得

$$\frac{dv}{v}+\frac{d\rho}{\rho}+\frac{dA}{A}=0 \tag{8-45}$$

根据 $\frac{dp}{\rho}+vdv=0$，消去密度 ρ，并将 $c^2=\frac{dp}{d\rho}$，$Ma=\frac{v}{c}$ 代入，则可将式 (8-45) 表达为断面 A 与气流速度之间的关系式：

$$\frac{dA}{A}=(Ma^2-1)\frac{dv}{v} \tag{8-46}$$

式 (8-46) 是可压缩流体连续性微分方程的另一种形式，有以下几种情况：

(1) $Ma<1$，即 $v<c$，即气流速度小于声速的流动，称为亚声速流动。此时，式中 dA 与 dv 的符号相反，因而气流速度增加，则断面面积减小，这与不可压缩流体的规律基本一致。

(2) 当 $Ma=1$ 时，$v=c$，即气流速度等于声速的流动，称为声速流动，此时的速度称为临界速度。发生临界速度的断面为临界断面，临界断面是最小断面，此断面上的参数称为临界参数，如 p_{cr}、T_{cr} 等。当 $Ma=1$ 时，$\frac{dA}{ds}=0$，也就是说，是断面面积 A 沿 s 变化的极值，此时断面面积以 A_{cr} 表示，由于在 $Ma<1$ 时，速度增加，面积减小，当速度 v 达到声速 c，断面面积 A 达到极小值 A_{cr}。于是得出：在任何可压缩流体中，只能在最小断面上才能达到声速。

(3) $Ma>1$，即 $v>c$，即气流速度大于声速的流动，称为超声速流动。在式 (8-46) 中，dA 与 dv 符号相同，即超声速气流的速度随断面的增加而增加，与亚声速流动规律完全相反。在临界断面后，断面逐渐扩大才能产生超声速气流，如图 8-6 所示。

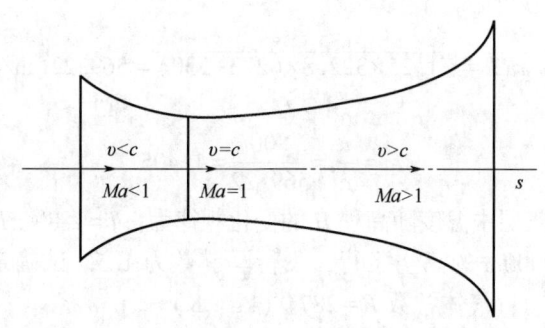

图 8-6 气流速度与断面关系（拉瓦尔喷管）

这是因为气流流速 v 增大时，气体密度 ρ 必定要减小。亚声速流动时，密度 ρ 减小的程度比速度 v 增大的程度缓慢，即 $v_2>v_1$，$\rho_2 v_2>\rho_1 v_1$。由连续性方程可知 $A_2<A_1$，也就是说在亚声速区域内，速度的增加，必然引起面积的减少；而超声速流动时，密度 ρ 减小的程度比速度 v 增加的程度来得迅速，即 $v_2>v_1$，$\rho_2 v_2<\rho_1 v_1$，同理 $A_2>A_1$。于是得出：速度增大时，断面也需增大。因此，在临界断面 A_{cr} 以后，如果不扩张断面便不能获得超声速气流。这也就是说，在任何圆柱形或收敛形的管嘴中，都不可能产生超声速气流。只有在如图 8-6 所示的形状中，才能获得超声速气流，这种形状的喷管，称为拉瓦尔喷管（视频 8-4）。拉瓦尔喷管的结构实际上可以起到"流速增大器"的作用，因此拉瓦尔喷管常应用于火箭发动机和航空发动机。

视频 8-4 拉瓦尔喷管

二、气流长管常用计算

1. 绝热管流

前面给出了一元流动等温、绝热多变过程伯努利方程式，它们适用于忽略摩擦损失情况下的流动，如喷嘴流动。而对于气流长管，则必须考虑摩擦损失。由于摩擦损失造成压力沿流程下降，必然引起气体密度的减小，从而造成管内通过的体积流量逐渐增大，气流平均速度也逐渐增大。这样，第四章给出的沿程水头损失公式就不能直接用于全管长，而只能应用在长度为 dl 的微小管段上。于是有

$$dh_f = \lambda \frac{dl}{D} \frac{v^2}{2} \tag{8-47}$$

式中，λ 是气体的阻力系数，它是雷诺数与相对粗糙度的函数。在未达到完全粗糙区时，λ 是 Re 的函数。

$$Re = \frac{\rho v D}{\mu}$$

将 $v = \dfrac{Q}{A} = \dfrac{4Q}{\pi D^2}$ 代入上式，得

$$Re = \frac{4\rho Q D}{\pi D^2 \mu} = \frac{4Q_m}{\pi D \mu}$$

其中
$$Q_m = \rho Q$$

式中　Q_m——质量流量，kg/s；

　　　D——圆管直径，m；

　　　μ——气体动力黏度，μ 值随温度变化而变化。

温度降低，气体 μ 值下降，Re 增大。所以阻力系数 λ 随着温度的变化而变化。μ、λ 均随管长 l 变化，所以对气体管流必须建立微分方程，然后积分，求出压力差。

应用微分形式的伯努利方程，加上微小管段阻力损失一项，即得出了实际流体微分形式的能量方程式

$$\frac{dp}{\rho} + v\,dv + \lambda \frac{dl}{D} \frac{v^2}{2} = 0 \tag{8-48}$$

方程两边同除以 v^2，整理可得

$$\frac{dp}{\rho v^2} + \frac{dv}{v} + \lambda \frac{dl}{2D} = 0$$

因为 $v = \dfrac{Q_m}{\rho A}$，代入上式第 1 项，得

$$\frac{A^2}{Q_m^2} \rho\, dp + \frac{1}{v} dv + \frac{\lambda}{2D} dl = 0$$

将绝热过程 $\rho = C^{-\frac{1}{k}} p^{\frac{1}{k}}$ 代入上式，令 λ 不变，在管流任取两断面 1、2 上进行积分，可得

$$\frac{A^2}{Q_\mathrm{m}^2}C^{-\frac{1}{k}}\int_{p_1}^{p_2}p^{\frac{1}{k}}\mathrm{d}p+\int_{v_1}^{v_2}\frac{1}{v}\mathrm{d}v+\frac{\lambda}{2D}\int_0^l\mathrm{d}l=0$$

积分并整理,得

$$\frac{k}{k+1}p_1\rho_1\left[1-\left(\frac{p_2}{p_1}\right)^{\frac{k+1}{k}}\right]=\frac{Q_\mathrm{m}^2}{A^2}\left(\ln\frac{v_2}{v_1}+\frac{\lambda l}{2D}\right) \qquad (8\text{-}49)$$

对于等直径的气体管路,则连续性方程为 $\rho_1 v_1 = \rho_2 v_2$,于是可得

$$\frac{v_2}{v_1}=\frac{\rho_1}{\rho_2}=\left(\frac{p_1}{p_2}\right)^{\frac{1}{k}}$$

代入式(8-49)得

$$\frac{k}{k+1}p_1\rho_1\left[1-\left(\frac{p_2}{p_1}\right)^{\frac{k+1}{k}}\right]=\frac{Q_\mathrm{m}^2}{A^2}\left(\frac{1}{k}\ln\frac{p_1}{p_2}+\frac{\lambda l}{2D}\right) \qquad (8\text{-}50)$$

应用气体状态方程 $\frac{p_1}{\rho_1}=RT_1$,又将 $A=\frac{\pi}{4}D^2$ 代入上式,求解 Q_m,于是得到流量方程

$$Q_\mathrm{m}=\frac{\pi D^2}{4}\sqrt{\frac{k}{k+1}\frac{p_1^2}{RT_1}\left[1-\left(\frac{p_2}{p_1}\right)^{\frac{k+1}{k}}\right]}\bigg/\sqrt{\left(\frac{1}{k}\ln\frac{p_1}{p_2}+\frac{\lambda l}{2D}\right)} \qquad (8\text{-}51)$$

给定 p_1、p_2、T_1、l、D,估算 λ 值后,即可按式(8-48)求出质量流量,然后再对 λ 值进行校核计算。

当流动中 v_2 接近 v_1 时,即气流速度变化不大时,$\frac{v_2}{v_1}\approx 1$,$\frac{p_1}{p_2}\approx 1$,对数项可以忽略,近似的流量公式为

$$Q_\mathrm{m}=\sqrt{\frac{\pi^2 D^5}{8\lambda l}\frac{k}{k+1}\frac{p_1^2}{RT_1}\left[1-\left(\frac{p_2}{p_1}\right)^{\frac{k+1}{k}}\right]} \qquad (8\text{-}52)$$

式(8-52)即为速度变化较小时的绝热管流计算公式。当给定了 p_1、p_2、l、D、λ,便可计算出 Q_m。同理,给定必要条件也可求出管径 D 和压降 Δp。

应当注意,式(8-51)计算的质量流量要根据出口流速是否小于或等于声速来检验它们正确与否。在绝热流动条件下,出口断面的流速不可能大于声速,如果计算得出的出口断面的流速大于声速,则实际流量只能按声速计算。

2. 等温管流

许多工业输气管路,由于与外界进行热交换的结果,管路中气体的温度会较快地接近外界介质的温度,因此,这种气体在管中流动可视为等温管流,如煤气在管路中的输送。

在等温过程中,气体动力黏度 μ 为定值,Re 在管中任意断面都是常数,从而阻力系数 λ 值也不变。

对于等温过程,根据热力学可知,绝热指数 $k=1$,于是将绝热管流中所有计算公式,基本方程中 k 取 1 即得到等温管流公式。

将 $k=1$ 代入式(8-49)得

$$\frac{1}{2}p_1\rho_1\left[1-\left(\frac{p_2}{p_1}\right)^2\right]=\frac{Q_\mathrm{m}^2}{A^2}\left(\ln\frac{v_1}{v_2}+\frac{\lambda l}{2D}\right) \qquad (8\text{-}53)$$

当 $\dfrac{v_2}{v_1} \approx 1$ 时，可忽略对数项，且 $\rho_1 = \dfrac{p_1}{RT}$，$A = \dfrac{\pi}{4}D^2$，代入上式得

$$p_1^2 - p_2^2 = \frac{16\lambda RT l Q_m^2}{\pi^2 D^5} \tag{8-54}$$

又因为 $v = \dfrac{Q}{A} = \dfrac{Q_m}{\rho A}$，进一步整理可得

$$p_2 = p_1 \sqrt{1 - \frac{\lambda l}{D} \frac{v_1^2}{RT}} \tag{8-55}$$

式（8-54）与式（8-55）可以计算压差较大的等温管流，称为压力平方差公式或大压差公式。根据式（8-52）也可求得质量流量 Q_m：

$$Q_m = \sqrt{\frac{\pi^2 D^5}{16\lambda RT l}(p_1^2 - p_2^2)} \tag{8-56}$$

应当注意，式（8-56）计算出的流量 Q_m 要根据出口马赫数 Ma 是否等于或小于 $\sqrt{1/k}$ 来检验。在等温流动条件下，出口断面 Ma 值不能大于 $\sqrt{1/k}$。如果出口断面 Ma 值大于 $\sqrt{1/k}$，则实际流量只能按 $Ma = \sqrt{1/k}$ 计算。关于这一点，可以证明如下。

在等温管流中，能量方程为

$$\frac{\mathrm{d}p}{\rho} + v\mathrm{d}v + \frac{\lambda \mathrm{d}l}{2D} \cdot v^2 = 0$$

各项除以 p/ρ，整理得

$$\frac{\mathrm{d}p}{p} + \frac{v\mathrm{d}v}{p/\rho} + \frac{v^2}{p/\rho}\frac{\lambda \mathrm{d}l}{2D} = 0$$

由声速 $c^2 = kp/\rho$ 可得 $p/\rho = c^2/k$，代入上式，得

$$\frac{\mathrm{d}p}{p} + \frac{kv^2}{c^2}\frac{\mathrm{d}v}{v} + \frac{kv^2}{c^2}\frac{\lambda \mathrm{d}l}{2D} = 0$$

又知 $Ma = v/c$，则

$$\frac{\mathrm{d}p}{p} + kMa^2 \frac{\mathrm{d}v}{v} + kMa^2 \frac{\lambda \mathrm{d}l}{2D} = 0 \tag{8-57}$$

由于等温流动 $\dfrac{p}{\rho} =$ 常数，则 $\dfrac{\mathrm{d}p}{p} = \dfrac{\mathrm{d}\rho}{\rho}$；又由于断面面积不变，$\rho v =$ 常数，$\dfrac{\mathrm{d}\rho}{\rho} = -\dfrac{\mathrm{d}v}{v}$，则

$$\frac{\mathrm{d}p}{p} = \frac{\mathrm{d}\rho}{\rho} = -\frac{\mathrm{d}v}{v} \tag{8-58}$$

将式（8-58）代入式（8-57）得

$$-\frac{\mathrm{d}v}{v} + kMa^2 \frac{\mathrm{d}v}{v} + kMa^2 \frac{\lambda \mathrm{d}l}{2D} = 0$$

$$\frac{\mathrm{d}v}{v} = \frac{kMa^2}{1 - kMa^2} \frac{\lambda \mathrm{d}l}{2D} \tag{8-59}$$

上式说明，等温管流为亚声速流动时，流速不断增大，但 Ma 不可能超过 $\sqrt{1/k}$。因为 Ma 超过此值时，$1 - kMa^2$ 从正到负，即从加速变为减速，又使 Ma 减小，Ma 值降到 $\sqrt{1/k}$ 以

下。说明在管道中，管道的出口断面 Ma 只能等于或小于 $\sqrt{1/k}$，即

$$Ma \leqslant \sqrt{1/k}$$

上述等温管流计算公式，是在气体状态变化满足 $\dfrac{p}{\rho}=RT$ 这一方程的条件下给定的。但在高压下（大于 1000atm）的天然气就不能应用上式，必须重新推导公式，这里不再介绍。

天然气环状管网计算，可采用压力平方差公式，即式（8-54），与不可压缩流体环状管网计算的不同之处，就是以压力的平方差代替压力差，其他程序基本没有差别。

【例 8-4】 有一直径为 $D=100\text{mm}$ 的输气管道，在某一截面处测得压力 $p_1=980\text{kPa}$，$t_1=20℃$，速度 $v_1=30\text{m/s}$。试问气流流过距离 $l=100\text{m}$ 以后，压力降为多少？

解： 空气在 20℃ 时，查表 1-3 可得运动黏度 $\nu=15.7\times10^{-6}\text{m}^2/\text{s}$，计算出雷诺数为

$$Re=\dfrac{vD}{\nu}=\dfrac{30\times0.1}{15.7\times10^{-6}}=1.91\times10^5>2000$$

故流动状态为紊流，取 $\lambda=0.0155$。

可由式（8-55）计算 p_2，即

$$p_2=p_1\sqrt{1-\dfrac{\lambda l}{D}\dfrac{v_1^2}{RT}}=980\times\sqrt{1-\dfrac{0.0155\times100\times30^2}{0.1\times287\times293}}=895(\text{kPa})$$

相应的压力降为

$$\Delta p=p_1-p_2=980-895=85(\text{kPa})$$

知识扩展

气体动力学函数

从前面的分析可知，气流滞止参数与气流参数之比可以用气流的马赫数或速度系数的函数表示出来，其实流量公式和动量方程式也可以用马赫数或速度系数表示出来，这些马赫数或速度系数的函数就称为气体动力学函数。在工程应用时，把各函数随速度系数 λ 变化的数值计算出来列成数值表，运用这种函数及其数值表就可将公式大大简化，而且可使计算工作变得十分简便。在这里只简单介绍第一组气体动力学函数的应用。

由工程热力学可知 $c_p=\dfrac{k}{k-1}R$，将其代入式 $T_0=T+\dfrac{v^2}{2c_p}$，得

$$\dfrac{T_0}{T}=1+\dfrac{k-1}{2}\dfrac{v^2}{kRT}$$

声速 $c=\sqrt{kRT}$，所以

$$\dfrac{T_0}{T}=1+\dfrac{k-1}{2}Ma^2 \tag{8-60}$$

将式（8-44）代入上式，则有

$$\dfrac{T}{T_0}=1-\dfrac{k-1}{k+1}\lambda^2$$

令 $\tau(\lambda)=\dfrac{T}{T_0}$，则

$$\tau(\lambda) = \frac{T}{T_0} = 1 - \frac{k-1}{k+1}\lambda^2 \qquad (8-61)$$

将 $c^2 = k\dfrac{p}{\rho}$ 代入式 $\dfrac{p_0}{p} = \left(1 + \dfrac{k-1}{2}\dfrac{u^2}{k\dfrac{p}{\rho}}\right)^{\frac{k}{k-1}}$，化简后得

$$\frac{p_0}{p} = \left(1 + \frac{k-1}{2}Ma^2\right)^{\frac{k}{k-1}} \qquad (8-62)$$

将式(8-44)代入式(8-62)，并令 $\pi(\lambda) = \dfrac{p}{p_0}$，则有

$$\pi(\lambda) = \frac{p}{p_0} = \left(1 - \frac{k-1}{k+1}\lambda^2\right)^{\frac{k}{k-1}} \qquad (8-63)$$

由绝热过程方程 $\dfrac{p}{\rho^k} = $ 常数，有

$$\frac{p_0}{p} = \frac{\rho_0^k}{\rho^k} \qquad (8-64)$$

将上式代入式(8-62)得

$$\frac{\rho_0}{\rho} = \left(1 + \frac{k-1}{2}Ma^2\right)^{\frac{1}{k-1}} \qquad (8-65)$$

将式(8-41)代入式(8-65)，并令 $\varepsilon(\lambda) = \dfrac{\rho}{\rho_0}$，则

$$\varepsilon(\lambda) = \frac{\rho}{\rho_0} = \left(1 - \frac{k-1}{k+1}\lambda^2\right)^{\frac{1}{k-1}} \qquad (8-66)$$

显然，三个气体动力学函数之间的关系为

$$\varepsilon(\lambda) = \frac{\pi(\lambda)}{\tau(\lambda)} \qquad (8-67)$$

【例 8-5】 用风速管测得空气流中一点的总压力 $p_0 = 9.81 \times 10^4 \mathrm{Pa}$，静压 $p = 8.44 \times 10^4 \mathrm{Pa}$，用热电偶测得该点空气流的总温度 $T_0 = 400\mathrm{K}$，试求该点气流的速度 v。

解： 由式(8-63)可得

$$\pi(\lambda) = \frac{p}{p_0} = \frac{8.44 \times 10^4}{9.81 \times 10^4} = 0.86$$

由气动函数表（$k = 1.4$）可查得 $\lambda = 0.5025$，则气流速度为

$$v = \lambda c_{\mathrm{cr}} = \lambda\sqrt{\frac{2}{k+1}kRT_0}$$

$$= 0.5025 \times \sqrt{\frac{2}{1.4+1} \times 1.4 \times 287.05 \times 400}$$

$$= 187(\mathrm{m/s})$$

思考题

8-1　说明理想气体绝热流动伯努利方程各项物理意义。

8-2　说明理想气体一元稳定流的连续性方程的物理意义。

8-3　什么是声速？与何因素有关？通常情况下声速为340m/s，是指空气在什么状态下的声速？

8-4　为什么说亚声速气流在收缩形管路中，无论管路多长也得不到超声速气流？

8-5　区分声速、滞止声速、临界声速，并找出三者的关系。

8-6　什么是气流的极限速度？

8-7　什么是气流的速度系数及马赫数？它们之间有何关系？

8-8　在什么条件下，才可能把管流视为绝热流动或者等温流动？

习题

8-1　有一收缩形喷嘴，如图8-2所示，已知下列参数 $p_{1绝}=140\text{kPa}$，$p_{2绝}=100\text{kPa}$，$v_1=80\text{m/s}$，$T_1=293\text{K}$。试求2—2断面上速度。

8-2　仍如上题，假如 p_1、v_1、T_1 不变，$p_{2绝}$ 变为120kPa，问 v_2、ρ_2 为多少？

8-3　一架飞机在12200m高空（已知温度为216.5K、绝对压力为18738Pa）以644km/h的速度飞行。试求马赫数、滞止温度、滞止压力及飞行速度系数。

8-4　某种气体作等熵流动，某点的温度 $T_1=60℃$，速度 $v_1=14.8\text{m/s}$，在同一流线上，另一点的温度 $T_2=30℃$，已知该气体 $R=189\text{J/(kg·K)}$，$K=1.29$，求该点的速度。

8-5　已知煤气管路的直径为20cm、长度为3000m，气源绝对压力 $p_1=980\text{kPa}$，$T_1=300\text{K}$，$\lambda=0.012$，$R_{煤气}=490\text{J/(kg·K)}$，$K=1.3$。当出口的外界压力为490kPa，求质量流量 Q_m。

8-6　空气自压力为1960kPa，温度为293K的气罐中流出，沿长度 $L=20\text{m}$，$D=2\text{cm}$ 的管道流入 $p_2=392\text{kPa}$ 的介质中。设流动为等温过程，$\lambda=0.015$，不计局部阻力，求出口流量。

附　录

附录 A　国际单位、工程单位对照换算表

量	符号	国际单位 名称	国际单位 代号	工程单位 名称	工程单位 代号	换算关系
长度（length）	L	米	m	米	m	$1m=100cm$
质量（mass）	M	千克	kg	$\dfrac{公斤力·秒^2}{米}$	$\dfrac{kgf·s^2}{m}$	$1kg=10^3 g$
时间（time）	t	秒	s	秒	s	
力（force）	F	牛顿 = $\dfrac{千克·米}{秒^2}$	$N=\dfrac{kg·m}{s^2}$	公斤力	kgf	$1kgf=9.8N$
平面角（plane angle）	θ	弧度	rad	弧度	rad	
温度（temperature）	T	开尔文	K	摄氏度	℃	$1K=t℃+273.15$
应力（pressure）	p	$\dfrac{牛顿}{米^2}$ = 帕	$\dfrac{N}{m^2}=Pa$	$\dfrac{公斤力}{米^2}$	$\dfrac{kgf}{m^2}$	$1\dfrac{kgf}{m^2}=9.8Pa$
密度（density）	ρ	千克/米³	kg/m³	$\dfrac{公斤力·秒^2}{米^4}$	$\dfrac{kgf·s^2}{m^4}$	$1\dfrac{kgf·s^2}{m^4}=9.8\dfrac{kg}{m^3}$
重度（specific weight）	γ	牛顿/米³	N/m³	$\dfrac{公斤力}{米^3}$	$\dfrac{kgf}{m^3}$	
速度（velocity）	u	米/秒	m/s	米/秒	m/s	
加速度（acceleration）	a	米/秒²	m/s²	米/秒²	m/s²	
角速度（velocity of angle）	ω	弧度/秒	rad/s	弧度/秒	rad/s	
功、能（energy）	W	$\dfrac{千克·米^2}{秒^2}$ = 焦耳	$\dfrac{kg·m^2}{s^2}=J$	公斤力·米	kgf·m	$1kgf·m=9.8J$
功率（power）	N	$\dfrac{千克·米^2}{秒^3}$ = 瓦	$\dfrac{kg·m^2}{s^3}=W$	$\dfrac{公斤·秒}{米}$	$\dfrac{kgf·s}{m}$	$1\dfrac{kg·m}{s}=9.8W$
动力黏度（dynamic viscosity）	μ	$\dfrac{千克}{米·秒}$ = 帕·秒	$\dfrac{kg}{m·s}=Pa·s$ $=\dfrac{N·s}{m^2}$	$\dfrac{公斤·秒}{米^2}$	$\dfrac{kgf·s}{m^2}$	$1\dfrac{kgf·s}{m^2}=9.8Pa·s$
运动黏度（kinematic viscosity）	ν	米²/秒	m²/s	厘米²/秒（斯）	cm²/s（St）	$1m^2/s=10^4 St$

附录 B 常见气体性质

名称	分子式	分子量 M	摩尔容积 V_M m³/kmol	气体常数 R J/(kg·K)	密度 ρ kg/m³	临界温度 T_c K	临界压力 p_c MPa	临界密度 ρ_c kmol/m³	爆炸极限(体积分数),% 下限 LEL	爆炸极限(体积分数),% 上限 UEL	动力黏度 μ ×10⁶Pa·s	运动黏度 γ ×10⁶m²/s	沸点 ℃	质量定压热容 c_p kJ/(m³·K)	绝热指数 k	导热系数 λ W/(m²·K)	偏心因子 ω
甲烷	CH_4	16.043	22.362	518.75	0.7174	190.58	4.544	10.050	5.0	15.0	10.60	14.50	-161.49	1.545	1.309	0.03024	0.0126
乙烷	C_2H_6	30.070	22.187	276.64	1.3553	305.42	4.816	6.756	2.9	13.0	8.77	6.41	-88.60	2.244	1198	0.01861	0.0978
乙烯	C_2H_4	28.054	22.257	296.56	1.2605	282.36	4.966	8.065	2.7	34.0	9.50	7.46	-103.68	1.888	1.258	0.0164	0.101
丙烷	C_3H_8	44.097	21.936	188.65	2.0102	369.82	4.194	4.999	2.1	9.5	7.65	3.81	-42.05	2.960	1.161	0.01512	0.1541
丙烯	C_3H_6	42.081	21.990	197.77	1.9136	364.75	4.550	5.525	2.0	11.7	7.80	3.99	-47.72	2.675	1.170	—	0.150
正丁烷	$n-C_4H_{10}$	58.124	21.504	143.13	2.7030	425.18	3.747	3.921	1.5	8.5	6.97	2.53	-0.50	3.710	1.144	0.01349	0.2015
异丁烷	$i-C_4H_{10}$	58.124	21.598	143.13	2.6912	408.14	3.600	3.801	1.8	8.5	6.68	2.48	-11.72	—	1.144	—	0.184
正戊烷	$n-C_5H_{12}$	72.151	20.891	115.27	3.4537	469.65	3.325	3.215	1.4	8.3	6.48	1.85	36.06	—	1.121	—	0.2524
异戊烷	$i-C_5H_{12}$	72.151	21.056	115.27	3.426	460.39	3.381	3.247	1.4	8.3	6.64	1.94	—	1.298	1.407	0.2163	0.2286
氢	H_2	2.016	22.427	412.67	0.0898	33.25	1.280	15.385	4.0	75.9	8.52	93.0	-252.75	1.298	1.407	0.2163	-0.219
一氧化碳	CO	28.010	22.398	297.14	1.2501	132.95	3.453	10.749	12.5	74.2	16.90	13.30	-191.48	1.302	1.403	0.0230	0.0442
氧	O_2	31.999	22.392	259.97	1.4289	154.33	4.971	13.624	—	—	19.80	13.60	-182.98	1.315	1.400	0.0250	0.0200
氮	N_2	28.013	22.403	296.95	1.2507	125.97	3.349	11.099	—	—	17.00	13.30	-195.78	1.302	1.402	0.02489	0.0372
二氧化碳	CO_2	44.010	22.260	189.04	1.9768	304.25	7.290	10.638	—	—	14.30	7.09	-78.20 (升华)	1.620	1.304	0.01372	0.2667
硫化氢	H_2S	34.076	22.180	244.17	1.5392	373.55	8.890	10.526	4.3	45.5	11.90	7.63	-60.20	1.557	1.320	0.01314	0.0920
空气	—	28.966	22.400	287.24	1.2931	132.40	3.725	17.857	—	—	17.50	13.40	-192.00	1.306	1.401	0.02489	
水蒸气	H_2O	18.015	21.629	461.76	0.833	647.00	21.830	17.857	—	—	8.60	10.12	—	1.491	1.335	0.01617	0.3434

附录 C 输水管局部阻力计算表

表 C-1 突然扩大的局部阻力系数 ξ

$$h_j = \xi \frac{v^2}{2g}$$

流速 v, m/s（小直径为准）	\multicolumn{11}{c}{直径比 D/d（D—大直径，d—小直径）}										
	1.2	1.4	1.6	1.8	2.0	2.5	3.0	4.0	5.0	10.0	∞
0.6	0.11	0.26	0.40	0.51	0.60	0.74	0.83	0.92	0.96	1.00	1.00
0.9	0.10	0.26	0.39	0.49	0.58	0.72	0.80	0.89	0.93	0.99	1.00
1.2	0.10	0.25	0.38	0.48	0.56	0.70	0.78	0.87	0.91	0.96	0.98
1.5	0.10	0.24	0.37	0.47	0.55	0.69	0.77	0.85	0.89	0.95	0.96
1.8	0.10	0.24	0.37	0.47	0.55	0.68	0.76	0.84	0.88	0.93	0.95
2.1	0.10	0.24	0.36	0.46	0.54	0.67	0.75	0.83	0.87	0.92	0.93
2.4	0.10	0.21	0.36	0.46	0.53	0.66	0.74	0.82	0.86	0.91	0.93
3.0	0.09	0.23	0.35	0.45	0.52	0.65	0.73	0.80	0.84	0.89	0.91
3.6	0.09	0.23	0.35	0.44	0.52	0.64	0.72	0.79	0.83	0.88	0.90
4.5	0.09	0.22	0.34	0.43	0.51	0.63	0.70	0.78	0.82	0.86	0.88
6.0	0.09	0.22	0.33	0.42	0.50	0.62	0.69	0.76	0.80	0.84	0.86
9.0	0.09	0.21	0.32	0.41	0.48	0.60	0.67	0.74	0.77	0.82	0.83
12.0	0.08	0.20	0.32	0.40	0.47	0.58	0.65	0.72	0.75	0.80	0.81

表 C-2 突然缩小的局部阻力系数 ξ

$$h_j = \xi \frac{v^2}{2g}$$

流速 v, m/s（小直径为准）	\multicolumn{12}{c}{直径比 D/d（D—大直径，d—小直径）}											
	1.1	1.2	1.4	1.6	1.8	2.0	2.2	2.5	3.0	4.0	5.0	10.0	∞
0.6	0.03	0.07	0.17	0.26	0.34	0.38	0.40	0.42	0.44	0.47	0.48	0.49	0.49
0.9	0.04	0.07	0.17	0.26	0.34	0.38	0.40	0.42	0.44	0.46	0.48	0.48	0.49
1.2	0.04	0.07	0.17	0.26	0.34	0.37	0.40	0.42	0.44	0.46	0.47	0.48	0.48
1.5	0.04	0.07	0.17	0.26	0.34	0.37	0.39	0.41	0.43	0.46	0.47	0.48	0.48
1.8	0.04	0.07	0.17	0.26	0.34	0.37	0.39	0.41	0.43	0.45	0.47	0.48	0.48
2.1	0.04	0.07	0.17	0.26	0.34	0.37	0.39	0.41	0.43	0.45	0.46	0.47	0.47
2.4	0.04	0.07	0.17	0.26	0.33	0.36	0.39	0.40	0.42	0.45	0.46	0.47	0.47
3.0	0.04	0.08	0.18	0.26	0.33	0.36	0.38	0.40	0.42	0.44	0.45	0.46	0.47
3.6	0.04	0.08	0.18	0.26	0.32	0.35	0.37	0.39	0.41	0.43	0.45	0.46	0.46
4.5	0.04	0.08	0.18	0.25	0.32	0.34	0.37	0.38	0.40	0.42	0.44	0.45	0.45

续表

流速 v, m/s（小直径为准）	直径比 D/d （D—大直径，d—小直径）												
	1.1	1.2	1.4	1.6	1.8	2.0	2.2	2.5	3.0	4.0	5.0	10.0	∞
6.0	0.05	0.09	0.18	0.25	0.31	0.33	0.35	0.37	0.39	0.41	0.42	0.43	0.44
9.0	0.05	0.10	0.19	0.25	0.29	0.31	0.33	0.34	0.36	0.37	0.38	0.40	0.41
12.0	0.06	0.11	0.20	0.24	0.27	0.29	0.30	0.31	0.33	0.34	0.35	0.36	0.38

表 C-3　管路进口和出口的局部阻力系数 ξ

具有交角 α° 的进口（α≤90°）										
α°	5	10	15	20	30	40	50	60	70	80	90
ξ	1.00	0.99	0.98	0.96	0.91	0.85	0.78	0.70	0.63	0.56	0.50

垂直进口的 ξ			垂直出口，注入水池 ξ
未修圆	稍修圆	完全修圆	
0.50	0.20~0.25	0.05~0.10	1.00

表 C-4　等径三通的局部阻力系数 ξ

简图	局部阻力系数 ξ	公式
汇合	$Q_总 = Q_支$ 时，$\xi_1 = 1.5$ $Q_支 = 0$ 时，$\xi_2 = 0.1$	$h_{j_1} = \xi_1 \dfrac{v^2}{2g}$ $h_{j_2} = \xi_2 \dfrac{v^2}{2g}$
分支	$Q_支 = Q_总$ 时，$\xi_1 = 1.5$ $Q_支 = 0$ 时，$\xi_2 = 0.1$	
直流	0.1	$h_j = \xi \dfrac{v^2}{2g}$
转弯	1.5	
分支	1.5	
汇合	3.0	

表 C-5 弯管和弯头局部阻力系数 ξ

弯管

简图	局部阻力系数 ξ									公式
90°弯管	$\dfrac{R}{d}$	0.5	1.0	1.5	2.0	3.0	4.0	5.0	$h_j = \xi_{90°} \dfrac{v^2}{2g}$
	$\xi_{90°}$	1.20	0.80	0.60	0.48	0.36	0.30	0.29	
任意角度弯管	$\alpha°$	20	30	40	50	60	70	80	$\xi_{\alpha°} = \alpha \xi_{90°}$
	α	0.40	0.55	0.65	0.75	0.83	0.88	0.95	$h_j = \xi_{\alpha°} \dfrac{v^2}{2g}$
	$\alpha°$	90	100	120	140	160	180		
	α	1.00	1.05	1.13	1.20	1.27	1.33		

铸铁弯头 $h_j = \xi \dfrac{v^2}{2g}$

标准铸铁 90°弯头	d	75	100	125	150	200	250	300	350	400	450	500	600	700	800	900
	ξ	0.34	0.42	0.43	0.48	0.48	0.50	0.52	0.59	0.60	0.62	0.64	0.67	0.68	0.70	0.71
标准铸铁 45°弯头	d	75	100	125	150	200	250	300	350	400	450	500	600	700	800	900
	ξ	0.17	0.21	0.22	0.24	0.24	0.26	0.26	0.30	0.30	0.32	0.32	0.34	0.34	0.35	0.36
标准可能铸铁 90°弯头	d	15	20	25	32	40	50	70	80	100	125	150				
	ξ	0.95	1.00	1.03	1.04	1.10	1.10	1.12	1.13	1.14	1.16	1.18				

表 C-6 阀件、节流及滤水装置的局部阻力系数 ξ

$$h_j = \xi \dfrac{v^2}{2g}$$

类别	局部阻力系数 ξ								
升降式止回阀	7.5								
旋启式止回阀	d	150	200	250	300	350	400	500	≥ 600
	ξ	6.5	5.5	4.5	3.5	3.0	2.5	1.8	1.7
闸阀	开启度	$\dfrac{1}{8}$	$\dfrac{2}{8}$	$\dfrac{3}{8}$	$\dfrac{4}{8}$	$\dfrac{5}{8}$	$\dfrac{6}{8}$	$\dfrac{7}{8}$	全开
	ξ	97.8	17.0	5.52	2.06	0.81	0.26	0.15	0.05
孔板	$\dfrac{d}{D}$	0.30	0.40	0.45	0.50	0.55	0.60	0.65	0.70	0.75	0.80
	ξ	309	87	50.4	29.8	18.4	11.3	7.35	4.37	2.66	1.55
标准喷嘴	$\dfrac{d}{D}$	0.30	0.40	0.45	0.50	0.55	0.60	0.65	0.70	0.75	0.80
	ξ	108.8	29.8	16.9	9.9	5.9	3.5	2.1	1.2	0.76	—

续表

类别	局部阻力系数 ξ									
升降式止回阀	7.5									
文丘里管	$\dfrac{d}{D}$	0.30	0.40	0.45	0.50	0.55	0.60	0.65	0.70	0.75	0.80
	ξ	19	5.3	3.06	1.9	1.15	0.69	0.42	0.26	—	—
无底阀滤水网	2~3									
有底阀滤水网	d	40	50	75	100	150	200	250	300	350~450	500~600
	ξ	12	10	8.5	7.0	6.0	5.2	4.4	3.7	3.6	3.5

附录 D 工程流体力学部分实验

实验一 静水压强测定

一、实验简介

根据玻意耳定律，用 U 形管测压计测量大水箱内气体压强，用组合式测压计测量液体内部 A、B、C 三点的相对压强，确定某种液体的密度，验证不可压缩流体静力学基本方程（动画 D-1）。

动画 D-1 静水压强测定

二、实验目的

(1) 验证静水力学方程：$\dfrac{p}{\rho g}+z=C$（常数）；
(2) 掌握测定液体中某点的压强方法，测定某点的压强；
(3) 测定某种液体的密度，观察马利奥特容器现象。

三、实验装置

静水压强实验仪的结构如图 D-1 所示。本仪器主体是一个透明密闭容器，在不同高度安置 4 根不同类型的测压管，可演示容器中表面压强 $p_0>p_a$（大气压强）及 $p_0<p_a$（真空状态）两种情况下，U 形测压管中液面的变化。

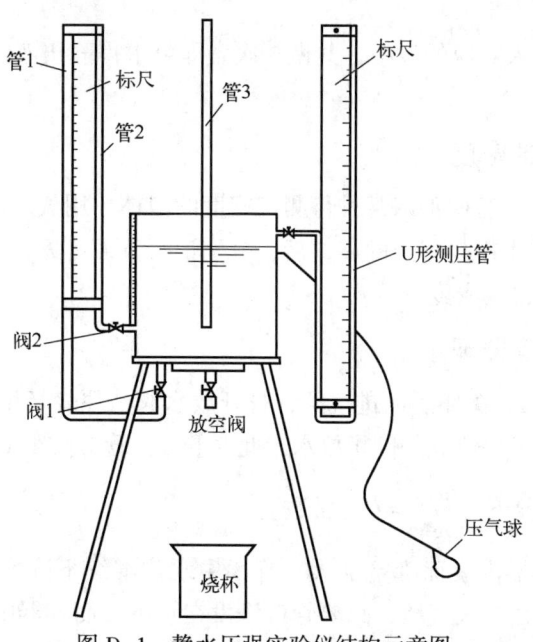

图 D-1 静水压强实验仪结构示意图

四、实验原理

(1) 在静止液体中,各点的比位能(位置水头)、比压能(压力水头)可能不相等,并且一种能量的增加依赖于另一种能量的减少,但两者之和在各点处总是相等的,即总机械能守恒,也就是各点的总水头相等,即 $\frac{p}{\rho g}+z=C$（常数），在实验中可得验证。

(2) 用测压管测定液体某一深度处的压强,即 $p=p_0+\rho gh$。

(3) 测定未知液体的密度: $\rho_水 gh = \rho_{未知} gh_{未知} \Rightarrow \rho_{未知} = \rho_水 \frac{h}{h_{未知}}$。

五、实验步骤

1. 验证水静力学基本方程式

(1) 打开阀1、阀2及容器后面的进气阀,使表面压强为大气压。此时管1、管2、管3及容器中的水位在同一条水平线上。

(2) 关闭阀1、阀2,用压气球对容器表面加压,此时管3中的水位上升至一定高度时,关闭进气阀。

(3) 开启阀1、阀2,此时管1和管2中的水位会逐渐上升,直至升到与管3水位高度一致。由此可验证水静力学基本方程式的正确性。

2. 测定液面下某一深度的压强

(1) 用气压球对容器表面加压,使管2中的水位上升一定的高度 h_1,测得液体中某点所在的位置高度 h_2。

(2) 将所得数据填入对应的表中,共做3次。即可求得静止液体中该点的压强: $p=p_0+\rho g(h_1-h_2)$。

3. 测定未知液体的密度

(1) 在右侧U形测压管中加入某种待测定密度的液体,用气压球对容器表面加压。

(2) 使U形测压管中产生一定的高差后,分别记录下 h_3、h_4 的数值,填入相应的表格中,然后,根据公式求得其密度。

4. 观察马利奥特容器现象

(1) 开启阀1、阀2,关闭后面进气阀,打开放水阀,往烧杯里放水,使容器表面呈真空。当管3中水位降至某一位置,停止放水,此时管1、管2、管3中的水位仍在一水平面上,说明当 $p_0<p_a$ 的情况下, $\frac{p}{\rho g}+z=C$（常数）。

(2) 继续放水,容器内表面真空加大,管3中水位继续下降,当水位降至管口时,管口进气,此时管口的压强为大气压,只要管口淹没在水下,而容器中水面高于管口时,流经放水阀的流量保持恒定。此种现象即为物理学上的马利奥特容器现象。

六、实验数据记录及处理

将实验数据填入表 D-1 中。

表 D-1　实验数据记录表

序号	h_1, mm	h_2, mm	p	h_3, mm	h_4, mm	ρ
1						
2						
3						

七、注意事项

（1）用打气球加压、减压需缓慢操作，以防液体溢出及液柱吸附在管壁上；打气后务必关闭打气球下端阀门，以防漏气。
（2）真空实验时，放出的水应通过水箱顶部的漏斗倒回水箱中。
（3）在实验过程中，装置的气密性要求保持良好。

实验二　文丘里管流量系数测定

一、实验简介

流体流经文丘里管时，根据连续性方程和伯努利方程，得到不计阻力作用时的文丘里管的流量关系式 $Q=K\sqrt{\Delta h}$。由于阻力的存在，实际通过的流量 Q_0 恒小于 Q。引入一无量纲系数 $\mu=Q_0/Q$（μ 称为流量系数）。在实验中，测得实际通过的流量 Q_0 和测压管水头差 Δh，即可求得流量系数 μ（动画 D-2）。

动画 D-2　文丘里管流量系数测定

二、实验目的

（1）掌握文丘里流量计测流量的方法和原理。
（2）测定文丘里流量计的流量系数。

三、实验装置

多功能水力实验仪的结构如图 D-2 所示。

四、实验原理

当管路中的液体流过节流装置时，液流的过流断面缩小，流速增大，压力降低，使节流装置前后产生压差，通过测量压差可计算液体的流量。

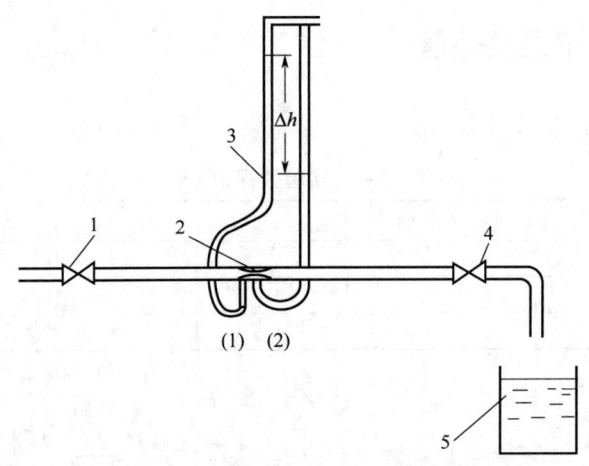

图 D-2　多功能水力实验仪结构示意图
1—进水阀；2—文丘里流量计；3—测压计；4—出水阀；5—计量箱

在文丘里流量计收缩前的断面（1）和收缩喉道处断面（2）上建立伯努利方程，以文丘里管轴线所在的水平面为基准面，$z_1 = z_2 = 0$；两断面的压强分别为 p_1 和 p_2，流速为 v_1、v_2。若不计水头损失，两断面的伯努利方程为

$$\frac{p_1}{\rho g} + \frac{v_1^2}{2g} = \frac{p_2}{\rho g} + \frac{v_2^2}{2g} \tag{D-1}$$

由连续性方程可得

$$A_1 v_1 = A_2 v_2 \tag{D-2}$$

联立式(D-1)、式(D-2)，可得

$$Q = \frac{A_2}{\sqrt{1-\left(\frac{A_2}{A_1}\right)^2}} \sqrt{2g \frac{p_1 - p_2}{\rho g}}$$

或

$$Q = \frac{\frac{\pi D_2^2}{4}}{\sqrt{1-\left(\frac{D_2}{D_1}\right)^4}} \sqrt{2g \frac{p_1 - p_2}{\rho g}} \tag{D-3}$$

式中的 $\sqrt{\frac{p_1 - p_2}{\rho g}}$ 为两断面测压管内水头差，即测压计内的液面高差 Δh。

令

$$K = \frac{\frac{\pi D_2^2}{4}}{\sqrt{1-\left(\frac{D_2}{D_1}\right)^4}} \sqrt{2g}$$

则上式可写成

$$Q = K\sqrt{\Delta h} \tag{D-4}$$

因此，读出测压计的水位高差 Δh 后，代入上式即可求得理论流量 Q。

由于实际所取得的两个断面之间存在着水头损失,所以实际流量 Q_0 要比理论计算流量小。实际流量可用数字流量计或体积法测得。其流量系数为

$$\mu = \frac{Q_0}{Q} \tag{D-5}$$

式中　Q_0——实际流量,cm³/s;

　　　Q——理论计算流量,cm³/s;

　　　μ——流量系数。

五、实验步骤

(1) 按操作规程启泵。

(2) 稍开启进水阀,调整阀门开启度,查看测压管内是否有气,有则排气。

(3) 打开进水阀门,待断面(1)上的测压管内液柱稳定到高为165cm左右时,记录下前后两个过流断面的液位高 h_1、h_2,并测得对应的流量 Q_0。

(4) 关小进水阀门,待断面(1)测压管内液位下降8~10cm时,待液面稳定后,读出两个过流断面的液位高度 h_1、h_2,并测得此时的流量 Q_0。

(5) 记录测压管液位高度 h_1、h_2 和流量 Q_0;

(6) 重复步骤(4),共测定5次。

(7) 按操作规程停泵,整理数据。

注:在实验过程中如测压管液面波动不稳时,应对两测压管同时测读;每次关闭出水阀门时动作应缓慢进行。每次测读完一组数据后再进行下一次操作。

六、实验数据记录及处理

管径:D_1 = _____ mm;收缩断面直径:D_2 = _____ mm。

计算理论流量 Q 和文丘里流量计的流量系数 μ,并填入表 D-2 中。

表 D-2　实验数据记录表

序号	h_1 cm	h_2 cm	Δh cm	Q_0 cm³/s	Q cm³/s	μ
1						
2						
3						
4						
5						

七、注意事项

(1) 在观察测压管水头变化时,要缓缓打开进水阀和针阀,使测压管1、4的水面差达到最大;

(2) 保证实验在溢流状态下进行;

(3) 对实验系统进行排气。

实验三　沿程阻力系数测定

一、实验简介

利用伯努利方程式、达西公式，并用体积法测得流量，算出平均流速，即可测定出管道沿程阻力系数 λ（动画 D-3）。

动画 D-3　沿程阻力系数测定

二、实验目的

掌握沿程阻力系数的测定原理，会测定沿程阻力系数。

三、实验装置

多功能水力实验仪的结构如图 D-3 所示。

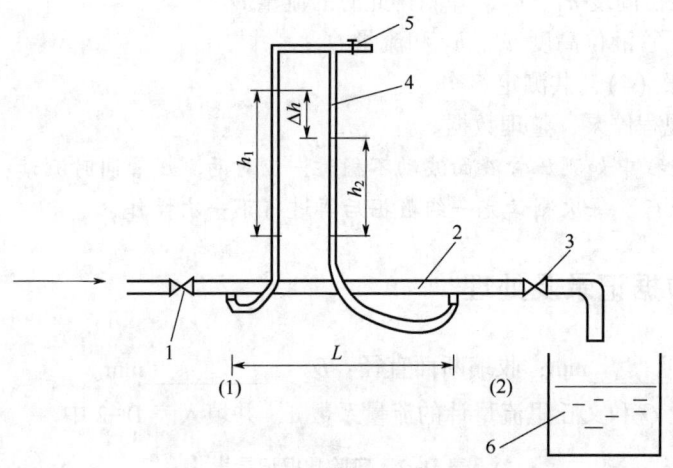

图 D-3　多功能水力仪结构示意图
1—进水阀；2—水平实验管路；3—出水阀；4—测压计；5—排气阀；6—计量筒

四、实验原理

在水平等径管路中流动的液流，位能、动能都未发生变化，能量减小是由于沿程阻力损失引起的。可在管路中的（1）、（2）两过流断面上建立伯努利方程式，可求得长度 L 的沿程压头损失为

$$h_f = \frac{p_1}{\rho g} - \frac{p_2}{\rho g} = \Delta h$$

式中　Δh——两过流断面上的测压管中的水头差。

根据达西公式求得沿程阻力损失为

$$h_f = \lambda \cdot \frac{L}{D} \cdot \frac{v^2}{2g}$$

用体积法测得流量 Q，断面平均流速 $v = 4Q/\pi D^2$ 代入达西公式，即可求出沿程阻力系数为

$$\lambda = \frac{\pi^2 g d^5 \Delta h}{8LQ^2}$$

五、实验步骤

（1）按操作规程启泵。

（2）打开进水阀门，让过流断面（1）上测压管中的液位高度 h_1 保持在 160cm 左右，待测压管中的液位稳定后，读 h_1、h_2 的数值，并测出此时的流量，记入表 D-3 中。

（3）逐渐关小进水阀门，使 h_1 的下降幅度在 7~8cm，测读 h_1、h_2 及 Q，并记入表 D-3 中。

（4）重复步骤（3）。本实验要求测取 5 组数据。

（5）按操作规程停泵，整理数据，计算沿程阻力系数 λ。

六、实验数据记录及处理

管径：$D =$ _____ mm；管长：$L =$ _____ mm。

表 D-3　实验数据记录表

序号	h_1 cm	h_2 cm	Δh cm	Q cm³/s	λ
1					
2					
3					
4					
5					
6					
7					

七、注意事项

（1）注意用电安全，启泵时按操作规程操作。

（2）读数时要等液柱平稳，及时读值。

实验四　局部阻力系数测定

一、实验简介

在局部装置前后设两测点，取该两测点所在过流断面建立伯努利方程式，测定管道局部

阻力系数（动画 D-4）。

二、实验目的

（1）掌握局部水头损失的基本测定方法。
（2）能够测定阀门不同开启度（90°、45°、30°）时的局部阻力系数。

三、实验装置

多功能水力实验仪的结构如图 D-4 所示。

动画 D-4 局部阻力系数测定

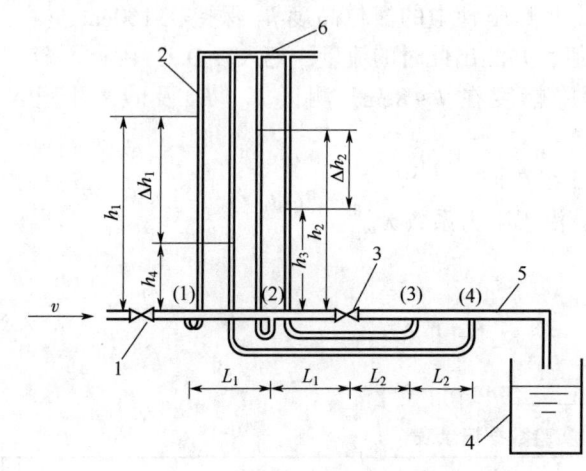

图 D-4 多功能水力实验仪结构示意图
1—进水阀；2—测压计；3—阀门；4—水箱；
5—水平管路；6—放气管

四、实验原理

在阀门两端建立过流断面（1）、（2）、（3）、（4），对（1）、（4）两个断面建立伯努里方程，可求得阀门局部水头损失及 2（L_1+L_2）长度上管路的沿程水头损失，以 h_{w1} 表示，则有

$$h_{w1} = \frac{p_1-p_4}{\rho g} = \Delta h_1$$

对（2）、（3）断面建立伯努利方程，可求得阀门的局部水头损失及（L_1+L_2）长度上管路的沿程水头损失，以 h_{w2} 表示，则有

$$h_{w2} = \frac{p_2-p_3}{\rho g} = \Delta h_2$$

所以，阀门的局部水头损失 h_j 为

$$h_j = 2\Delta h_2 - \Delta h_1$$

即

$$\xi \frac{v^2}{2g} = 2\Delta h_2 - \Delta h_1$$

阀门的局部阻力系数为

$$\xi = (2\Delta h_2 - \Delta h_1)\frac{2g}{v^2}$$

式中，v 为管路中的平均流速，即

$$v = \frac{Q}{A} = \frac{4Q}{\pi D^2}$$

因此

$$\xi = \frac{\pi^2 g D^4 (2\Delta h_2 - \Delta h_1)}{8Q^2}$$

五、实验步骤

（1）本实验需测定三组实验数据：阀门开启度为全开；阀门开启度为45°；阀门开启度为30°。每组实验取 5 个实验点。

（2）按操作规程启动水泵，检查测压管中是否有气体存在。

（3）将阀门全部开启，打开进水阀，让（1）断面上的测压管中液位高 h_1 为 160cm 左右，作为第一个实验数据的采集。待测压管内的液位稳定后，读各测压管的液位高度及测出流量 Q，记录在表 D-4 中。

（4）逐渐关小进水阀，在让各实验点的压差不要太接近，h_1 中的液面高度下降 7~8cm，在液位平稳时，读出各测压管中的高度 h_1、h_4、h_2、h_3，并测出对应流量 Q。重复步骤（4）操作，连续测 5 组数据，并把各数据填入数据记录表 D-4 中；

（5）将阀门开启度依次调整为 45°、30°，重复步骤（3）、（4），每个开启度测 5 次，分别填入表中；

（6）按操作规程停泵，整理数据，计算局部阻力系数 ξ。

六、实验数据记录及处理

将实验数据填入表 D-4 中。

L_1 = _____ cm；L_2 = _____ cm；D = _____ mm。

表 D-4　实验数据记录表

开启度	序号	h_1 cm	h_4 cm	Δh_1 cm	h_2 cm	h_3 cm	Δh_2 cm	Q cm^3/s	ζ
全开	1								
	2								
	3								
开 30°	1								
	2								
	3								
开 45°	1								
	2								
	3								

七、注意事项

（1）打开电子调速器开关，使恒压水箱充水，排出实验管道中的滞留气体。待水箱溢流后，检查流量调节阀全关时，各测压管液面是否齐平，若不平则需排气调平。

（2）测压管读数超出测量范围时，应适当关小流量调节阀，待流量稳定后，测记测压管读数。

附录 E　工程流体力学部分理论公式推导

一、理想流体运动微分方程式推导

下面分析流体受力及运动之间的动力学关系，即建立理想流体动力学方程式。

在运动理想流体中取出边长为 dx、dy、dz 的微元六面体，如图 E-1 所示。六面体中心 A 点的压力为 p。流速沿各坐标方向的分量为 u_x、u_y、u_z，密度为 ρ，作用在微元六面体上的力有表面力和质量力。现以 x 方向为例进行分析。

表面力：对于理想流体表面力只受压力，不受其他的力。作用在微元六面体中心点 A 点的压力为 p。

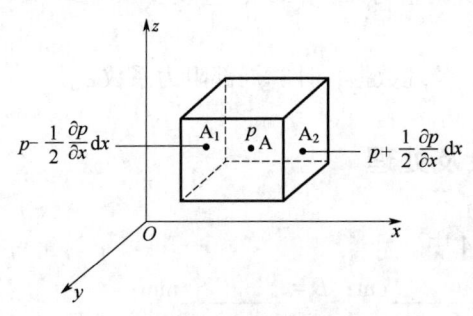

图 E-1　运动理想流体的微元六面体

左侧 A_1 点压力：
$$p - \frac{1}{2}\frac{\partial p}{\partial x}dx$$

右侧 A_2 点压力：
$$p + \frac{1}{2}\frac{\partial p}{\partial x}dx$$

质量力：设流体的单位质量力在 x 轴的分量为 X，则微元六面体的质量力在 x 轴的分量为 $X\rho dxdydz$。

根据牛顿第二定律，作用在微元六面体上的各个力在任一轴投影的代数和应等于微元六面体的质量与该轴上的分加速度的乘积。对于 x 轴侧有

$$X\rho dxdydz + \left(p - \frac{1}{2}\frac{\partial p}{\partial x}dx\right)dydz - \left(p + \frac{1}{2}\frac{\partial p}{\partial x}dx\right)dydz = \rho dxdydz\frac{du_x}{dt}$$

整理，得

$$X\rho dxdydz - \frac{\partial p}{\partial x}dxdydz = \rho dxdydz\frac{du_x}{dt}$$

等式两边除以微元六面体质量 $\rho dxdydz$，则得单位质量流体运动方程为

$$X - \frac{1}{\rho}\frac{\partial p}{\partial x} = \frac{du_x}{dt}$$

同理可得
$$Y - \frac{1}{\rho}\frac{\partial p}{\partial y} = \frac{du_y}{dt}, \quad Z - \frac{1}{\rho}\frac{\partial p}{\partial z} = \frac{du_z}{dt} \tag{E-1}$$

对于平衡流体来说，$u_x = u_y = u_z = 0$，则从上式即可导出欧拉静平衡微分方程。

式（E-1）中 $\dfrac{du_x}{dt}$，$\dfrac{du_y}{dt}$，$\dfrac{du_z}{dt}$ 为 A 点的分加速度。根据复合函数求导法则，得

$$a_x = \frac{du_x}{dt} = \frac{\partial u_x}{\partial t} + \frac{\partial u_x}{\partial x}\frac{dx}{dt} + \frac{\partial u_x}{\partial y}\frac{dy}{dt} + \frac{\partial u_x}{\partial z}\frac{dz}{dt}$$

由于运动质点坐标对时间的导数等于该质点的速度分量，即

$$\frac{dx}{dt} = u_x, \quad \frac{dy}{dt} = u_y, \quad \frac{dz}{dt} = u_z$$

故

$$\begin{cases} a_x = \dfrac{\partial u_x}{\partial t} + u_x\dfrac{\partial u_x}{\partial x} + u_y\dfrac{\partial u_x}{\partial y} + u_z\dfrac{\partial u_x}{\partial z} \\ a_y = \dfrac{\partial u_y}{\partial t} + u_x\dfrac{\partial u_y}{\partial x} + u_y\dfrac{\partial u_y}{\partial y} + u_z\dfrac{\partial u_y}{\partial z} \\ a_z = \dfrac{\partial u_z}{\partial t} + u_x\dfrac{\partial u_z}{\partial x} + u_y\dfrac{\partial u_z}{\partial y} + u_z\dfrac{\partial u_z}{\partial z} \end{cases} \quad (\text{E-2})$$

如将各分加速度代入上式，则得

$$\begin{cases} X - \dfrac{1}{\rho}\dfrac{\partial p}{\partial x} = \dfrac{\partial u_x}{\partial t} + u_x\dfrac{\partial u_x}{\partial x} + u_y\dfrac{\partial u_x}{\partial y} + u_z\dfrac{\partial u_x}{\partial z} \\ Y - \dfrac{1}{\rho}\dfrac{\partial p}{\partial y} = \dfrac{\partial u_y}{\partial t} + u_x\dfrac{\partial u_y}{\partial x} + u_y\dfrac{\partial u_y}{\partial y} + u_z\dfrac{\partial u_y}{\partial z} \\ Z - \dfrac{1}{\rho}\dfrac{\partial p}{\partial z} = \dfrac{\partial u_z}{\partial t} + u_x\dfrac{\partial u_z}{\partial x} + u_y\dfrac{\partial u_z}{\partial y} + u_z\dfrac{\partial u_z}{\partial z} \end{cases} \quad (\text{E-3})$$

如果质量力是有势能，必然存在势函数 U，即

$$X = \frac{\partial U}{\partial x}, \quad Y = \frac{\partial U}{\partial y}, \quad Z = \frac{\partial U}{\partial z}$$

则上式可表达为

$$\begin{cases} \dfrac{\partial U}{\partial x} - \dfrac{1}{\rho}\dfrac{\partial p}{\partial x} = \dfrac{\partial u_x}{\partial t} + u_x\dfrac{\partial u_x}{\partial x} + u_y\dfrac{\partial u_x}{\partial y} + u_z\dfrac{\partial u_x}{\partial z} \\ \dfrac{\partial U}{\partial y} - \dfrac{1}{\rho}\dfrac{\partial p}{\partial y} = \dfrac{\partial u_y}{\partial t} + u_x\dfrac{\partial u_y}{\partial x} + u_y\dfrac{\partial u_y}{\partial y} + u_z\dfrac{\partial u_y}{\partial z} \\ \dfrac{\partial U}{\partial z} - \dfrac{1}{\rho}\dfrac{\partial p}{\partial z} = \dfrac{\partial u_z}{\partial t} + u_x\dfrac{\partial u_z}{\partial x} + u_y\dfrac{\partial u_z}{\partial y} + u_z\dfrac{\partial u_z}{\partial z} \end{cases} \quad (\text{E-4})$$

式（E-2）、式（E-3）及式（E-4）即为理想流体运动微分方程式，也称为欧拉运动方程式。它建立了作用在理想流体上的力与流体运动参数——加速度之间的关系。它是研究理想流体各种运动规律的基础，对于可压缩及不可压缩理想流体的稳定流或不稳定流都是适用的。在不可压缩流体中密度 ρ 为常数；在可压缩流体中密度是压力和温度的函数，即 $\rho = f(p, T)$。

一般情况下，作用在流体上的质量力 X、Y、Z 是已知的，对理想不可压缩流体由于 $\rho =$ 常数，故上述微分方程的未知数有 4 个，即 u_x、u_y、u_z 和 p。式（E-4）有 3 个方程，加上连续性方程就有 4 个方程，所以从理论上来说，理想流体的流动问题是完全可以解决的。

二、实际流体运动微分方程式——纳维—斯托克斯方程式

实际流体运动与理想流体的区别仅在于存在内摩擦力或黏性力,因此对于实际流体的运动分析,仍可取如图 E-2 所示的微小六面体来进行。其平行于坐标轴各边的长度为 dx、dy 及 dz,其质量为 $M=\rho \mathrm{d}x\mathrm{d}y\mathrm{d}z$。由于它们在空间方向上的质量力 F 以及它们在空间方向上的加速度都与推导理想流体运动微分方程时完全相同,因此,现仅分析作用在六面体表面上的表面力。

如图 E-3 所示,在六面体各表面上,每个面上都受到 1 个法向应力 p,2 个切向应力 τ,共 3 个表面力,六个面上就有 18 个应力。在图中仅绘出围绕坐标原点 A 的三个面上的应力分布,而其他各表面上的应力分布见表 E-1。(各应力下脚标规定:下脚标的第 1 位代表作用面的法线方向,下脚标第 2 位表示应力的方向。)

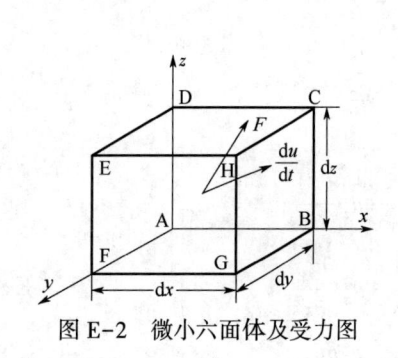

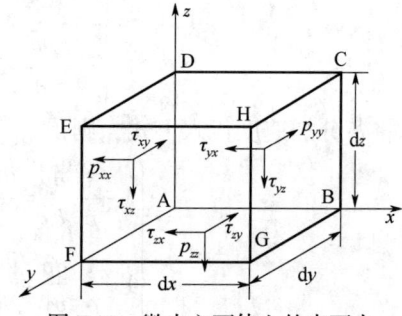

图 E-2　微小六面体及受力图　　　　图 E-3　微小六面体上的表面力

根据表 E-1,计入质量力,按照 $\sum F_k = Ma_x$ 的公式写出沿 x 轴方向的动平衡方程式,并用质量 $M=\rho \mathrm{d}x\mathrm{d}y\mathrm{d}z$ 除等式两边,简化得单位质量力的总和等于沿 x 轴方向加速度的平衡式:

$$X + \frac{1}{\rho}\left(-\frac{\partial p_{xx}}{\partial x} + \frac{\partial \tau_{yz}}{\partial y} + \frac{\partial \tau_{zx}}{\partial z}\right) = \frac{\mathrm{d}u_x}{\mathrm{d}t}$$

同理可得

$$Y + \frac{1}{\rho}\left(+\frac{\partial p_{xy}}{\partial x} + \frac{\partial \tau_{yy}}{\partial y} + \frac{\partial \tau_{zy}}{\partial z}\right) = \frac{\mathrm{d}u_y}{\mathrm{d}t} \quad (\text{E-5})$$

$$Z + \frac{1}{\rho}\left(+\frac{\partial p_{xz}}{\partial x} + \frac{\partial \tau_{yz}}{\partial y} + \frac{\partial \tau_{zz}}{\partial z}\right) = \frac{\mathrm{d}u_z}{\mathrm{d}t}$$

表 E-1　表面应力分析

面	法向应力	切向应力	
AE	$+p_{xx}$	$-\tau_{xy}$	$-\tau_{xz}$
AC	$+p_{yy}$	$-\tau_{yz}$	$-\tau_{yx}$
AG	$+p_{zz}$	$-\tau_{zx}$	$-\tau_{zy}$
BH	$-\left(p_{xx}+\frac{\partial p_{xx}}{\partial x}\mathrm{d}x\right)$	$+\left(\tau_{xy}+\frac{\partial \tau_{xy}}{\partial x}\mathrm{d}x\right)$	$+\left(\tau_{xz}+\frac{\partial \tau_{xz}}{\partial x}\mathrm{d}x\right)$

续表

面	法向应力	切向应力	
FH	$-\left(p_{yy}+\dfrac{\partial p_{yy}}{\partial y}\mathrm{d}y\right)$	$+\left(\tau_{yz}+\dfrac{\partial \tau_{yz}}{\partial y}\mathrm{d}y\right)$	$+\left(\tau_{yx}+\dfrac{\partial \tau_{yx}}{\partial y}\mathrm{d}y\right)$
DH	$-\left(p_{zz}+\dfrac{\partial p_{zz}}{\partial z}\mathrm{d}z\right)$	$+\left(\tau_{zx}+\dfrac{\partial \tau_{zx}}{\partial z}\mathrm{d}z\right)$	$+\left(\tau_{zy}+\dfrac{\partial \tau_{zy}}{\partial z}\mathrm{d}z\right)$

式（E-5）中包含有 12 个未知数，求解很困难。为此，要运用广义的牛顿内摩擦定律及 $\tau_{xz}=\tau_{zx}$，$\tau_{yz}=\tau_{zy}$，$\tau_{yx}=\tau_{xy}$ 的关系可得切向应力与变形之间的关系为

$$\begin{cases} \tau_{zx}=\tau_{xz}=\mu\left(\dfrac{\partial u_x}{\partial z}+\dfrac{\partial u_z}{\partial x}\right) \\ \tau_{xy}=\tau_{yx}=\mu\left(\dfrac{\partial u_y}{\partial x}+\dfrac{\partial u_x}{\partial y}\right) \\ \tau_{yz}=\tau_{zy}=\mu\left(\dfrac{\partial u_z}{\partial y}+\dfrac{\partial u_y}{\partial z}\right) \end{cases} \quad (\text{E-6})$$

再通过进一步的分析，便可得到水动压强 p 与三个分量 p_{xx}、p_{yy}、p_{zz} 及线变形率之间的关系为

$$\begin{cases} p_{xx}=p-2\mu\dfrac{\partial u_x}{\partial x} \\ p_{yy}=p-2\mu\dfrac{\partial u_y}{\partial y} \\ p_{zz}=p-2\mu\dfrac{\partial u_z}{\partial z} \end{cases} \quad (\text{E-7})$$

注：要详细了解分析过程，请参见相关文献。

将切向应力和法向应力与变形间的关系式（E-6）及式（E-7）代入以应力形式表示的实际流体运动微分方程式（E-5）中，以 x 轴为例，代入并展开整理后有

$$X-\dfrac{1}{\rho}\dfrac{\partial p}{\partial x}+\dfrac{\mu}{\rho}\left(\dfrac{\partial^2 u_x}{\partial x^2}+\dfrac{\partial^2 u_x}{\partial y^2}+\dfrac{\partial^2 u_x}{\partial z^2}\right)+\dfrac{\mu}{\rho}\dfrac{\partial}{\partial x}\left(\dfrac{\partial u_x}{\partial x}+\dfrac{\partial u_y}{\partial y}+\dfrac{\partial u_z}{\partial z}\right)=\dfrac{\mathrm{d}u_x}{\mathrm{d}t}$$

对不可压缩流体，等式左侧第 4 项括号内等于零，且 $\dfrac{\mu}{\rho}=\nu$，故

$$\begin{cases} X-\dfrac{1}{\rho}\dfrac{\partial p}{\partial x}+\nu\left(\dfrac{\partial^2 u_x}{\partial x^2}+\dfrac{\partial^2 u_x}{\partial y^2}+\dfrac{\partial^2 u_x}{\partial z^2}\right)=\dfrac{\mathrm{d}u_x}{\mathrm{d}t} \\ Y-\dfrac{1}{\rho}\dfrac{\partial p}{\partial y}+\nu\left(\dfrac{\partial^2 u_y}{\partial x^2}+\dfrac{\partial^2 u_y}{\partial y^2}+\dfrac{\partial^2 u_y}{\partial z^2}\right)=\dfrac{\mathrm{d}u_y}{\mathrm{d}t} \\ Z-\dfrac{1}{\rho}\dfrac{\partial p}{\partial z}+\nu\left(\dfrac{\partial^2 u_z}{\partial x^2}+\dfrac{\partial^2 u_z}{\partial y^2}+\dfrac{\partial^2 u_z}{\partial z^2}\right)=\dfrac{\mathrm{d}u_z}{\mathrm{d}t} \end{cases} \quad (\text{E-8})$$

式（E-8）即为适用于不可压缩实际流体的运动微分方程式，通称为纳维—斯托克斯方程式。与理想流体欧拉运动微分方程式一样，它包含有四个未知参数 p、u_x、u_y、u_z。若为理想流体，则 $\nu=0$，方程就化为欧拉运动方程式；若流体不运动，则 $u_x=u_y=u_z=0$，就变成

欧拉平衡方程式。因此，纳维—斯托克斯方程式更具有普遍意义。求解纳维—斯托克斯方程式是流体力学一项重要任务，许多层流问题，如圆管层流、平行平面间层流、同心圆环间层流都可用纳维—斯托克斯方程式求得精确解，此外，润滑问题、附面层问题也可以用纳维—斯托克斯方程式求得近似解。

三、伯努利方程式推导

在稳定流条件下，流体的速度、压力只是坐标的连续性函数，而与时间无关，即

$$\frac{\partial u_x}{\partial t}=\frac{\partial u_y}{\partial t}=\frac{\partial u_z}{\partial t}=\frac{\partial p}{\partial t}=0$$

所以方程（E-2）中各式右边的第一项均为零。

为了从欧拉方程式推导出伯努利方程式，将欧拉方程式(E-2)中各式分别乘以流线上两点坐标的增量 dx、dy、dz。因为是稳定流，$\frac{\partial u_x}{\partial t}$、$\frac{\partial u_y}{\partial t}$、$\frac{\partial u_z}{\partial t}$ 中的 u 仅与坐标位置有关，所以相加得

$$(Xdx+Ydy+Zdz)-\frac{1}{\rho}\left(\frac{\partial p}{\partial x}dx+\frac{\partial p}{\partial y}dy+\frac{\partial p}{\partial z}dz\right)=\left(\frac{du_x}{dt}dx+\frac{du_y}{dt}dy+\frac{du_z}{dt}dz\right) \quad (E-9)$$

此外，稳定流时，流线与迹线重合，质点沿流线运动，故流线上速度分量为

$$u_x=\frac{dx}{dt};\quad u_y=\frac{dy}{dt};\quad u_z=\frac{dz}{dt}$$

因此

$$\frac{du_x}{dt}dx+\frac{du_y}{dt}dy+\frac{du_z}{dt}dz = u_x du_x+u_y du_y+u_z du_z$$
$$=\frac{1}{2}d(u_x^2+u_y^2+u_z^2)$$
$$=\frac{1}{2}d(u^2)$$

代入式(E-9)得

$$(Xdx+Ydy+Zdz)-\frac{1}{\rho}\left(\frac{\partial p}{\partial x}dx+\frac{\partial p}{\partial y}dy+\frac{\partial p}{\partial z}dz\right)=\frac{1}{2}d(u^2)$$

即

$$(Xdx+Ydy+Zdz)-\frac{1}{\rho}dp=\frac{1}{2}d(u^2)$$

如果作用在流体上的质量力仅为重力，z 轴垂直向上为"+"，向下为"-"，则上式可写成

$$-gdz-\frac{1}{\rho}dp-\frac{1}{2}d(u^2)=0$$

或

$$gdz+\frac{1}{\rho}dp+\frac{1}{2}d(u^2)=0$$

如果流体为不可压缩，即 ρ=常数，积分得

$$gz+\frac{p}{\rho}+\frac{u^2}{2}=C'$$

各项分别除以 g，则

$$z+\frac{p}{\rho}+\frac{u^2}{2g}=C \qquad (E-10)$$

式(E-10)即为单位重力不可压缩流体在稳定流条件下，沿流线的伯努利方程式，对同一流线上任意两点，则式(E-10)可以写成

$$z_1+\frac{p_1}{\rho g}+\frac{u_1^2}{2g}=z_2+\frac{p_2}{\rho g}+\frac{u_2^2}{2g}$$

从推导中可知，它的应用条件和范围：理想流体；不可压缩流体、质量力只受重力作用、沿稳定流的流线或流束运动。

参 考 文 献

[1] 袁恩熙. 工程流体力学. 北京：石油工业出版社, 1989.
[2] 杨树人, 汪志明, 何光渝, 等. 工程流体力学. 北京：石油工业出版社, 2006.
[3] 曹伟立. 水力学. 北京：石油工业出版社, 1989.
[4] 贺礼清. 工程流体力学. 北京：石油工业出版社, 2004.
[5] 马贵阳. 工程流体力学. 北京：石油工业出版社, 2009.
[6] 武汉水利电力学院, 华东水利学院. 水力学. 北京：人民教育出版社, 1982.
[7] 李诗久. 工程流体力学. 北京：机械工业出版社, 1983.
[8] 张维佳, 潘大林. 工程流体力学. 哈尔滨：黑龙江科学技术出版社, 2001.
[9] 王春生, 冯翠菊, 杨树人. 工程流体力学学习指南. 北京：石油工业出版社, 2009.
[10] 黄卫星, 李建明, 肖泽仪. 工程流体力学. 北京：化学工业出版社, 2009.
[11] 禹华谦. 工程流体力学新型习题集. 天津：天津大学出版社, 2008.
[12] 高殿荣. 工程流体力学. 北京：机械工业出版社, 2009.
[13] 林建忠. 流体力学. 北京：清华大学出版社, 2005.
[14] 夏泰淳. 工程流体力学. 上海：上海交通大学出版社, 2006.
[15] 毛根海. 应用流体力学. 北京：高等教育出版社. 2006.
[16] 杜广生. 工程流体力学. 北京：中国电力出版社. 2014.
[17] 伍悦滨. 工程流体力学. 北京：中国建筑工业出版社, 2006.